Avertissement.

Ces Poissons cy etc. doivent estre de la Mer Indienne, et specialement des Isles Moluques, ou, pendant douze ans de temps, ils ont esté designés par un, nommé Samuel Falours, qui a esté expressement mesné en ces Pays là par le General Hollandois van Hoorn, pour peindre ces sortes d'Animaux Marins apres la Nature; Ce Peintre doit avoir declaré, que son pinceau n'avoit jamais pû atteindre la beauté, et perfection de leurs Couleurs, tandisqu'ils ont estés en Vie: Presupposé donc tout cecy, l'on ne sçauroit certainement pas assez admirer les productions merveilleuses de la Nature, ou plustost de celuy, qui en est le Createur; Le mesme Peintre se rapporte aussi, pour verifier, ce qu'il a avancé, sur le tesmoignage d'un Ministre de l'Eglise à Dort, nommé Valentin, qui, selon le Sr. Louys Renard, Agent à Amsterdam de Sa Majesté Le Roy de la Grande Bretagne ~~[illegible]~~, doit avoir attesté, que la plus part de ces Animaux a esté en Vie encore, quand le Maitre les a peint, et qu'ils soient fort bien rencontrés; La mesme chose dit il, dans l'Original, qu'il a presenté à Sa dte Majesté /: le quel livre se trouve presentement gardé à Hannovre dans la Bibliotheque Rojale :/ avoit esté confirmé par des Marchands, aussi bien que des Maitres des Navires, qui avient fait plusieurs Vojages en ces Pays là; Moi cependant, qui ay fait copier ce Livre cy, par expresse permission de Sa Majesté, avec assez de depence, je puis dire avec verité, que j'ay trouvé toutes les figures assez ressemblantes, à la reserve des Couleurs, qui dans la Copie sont effect:nt un peu trop fortes ou chargées; Le Peintre cependant asseure, qu'en quelque tems d'icy, cette force se diminuera, et qu'il n'y aura alors guerre de difference.

Hannovre
le 7e Septembr
1717

Le Certificat de Ce Livre au reste se trouve cy joinct Imprimé à Amster dam 1718.

H. v. Bülow mp

N. 1. De Grote Taffel Visch ; La Grande Table ; Poisson de l'Isle de Hila ; du poids de 20. à 25 livres ; tres excellent, du goust du Tarbot.

2. Jean :/: S. Poisson :/ Swangi : Est fort beau, mais dangereux, et les piqueures en sont evenimées : Il y a plus de cent sortes d'Jeans Swangi, tous de couleurs merveilleuses, et de differentes formes, dont plusieurs se trouvent exprimés dans ce Livre.

3. De Spits Neus ; Nez pointu ; Sont petits ; On les mange à l'Eau comme la perche. Ils sont aussi communs à Amboine, qu'à Hila, comme les boths à Amsterdam. Les ventres en sont ordinairement de couleur de Rose, mais ils different en la couleur de nageoires.

Nro. 1.

2.

3.

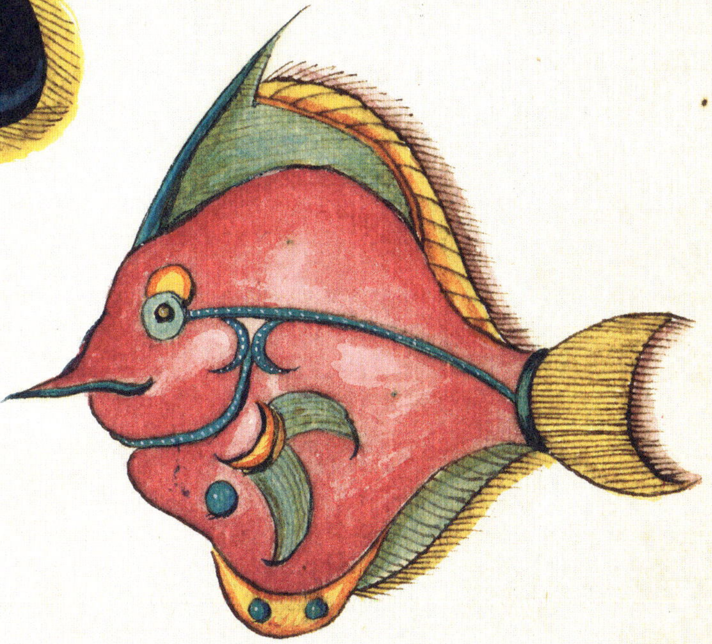

4. Salmoniach. Petit Saulmonet; tres bon à la sauce à l'Oyseille; on les peche au passage ou fort de Bagewal, pres d'Amboine, dans les mois d'Avril et de May, et jamais en un autre temps. La teste en est bonne, comme celle d'un Saulmon. Le Male Voj. n. 290.

5. Poisson maigre; On les peche dans la Baye des Portugais proche d'Amboine C'est un' Espece de Remora. Voj. n. 175, avec la remarque, qui s'y trouve.

6. Perche de Riviere, que l'on prend à l'Isle de la Rique; tres bon à manger.

7. Ican Bantam, que l'on peche en grande quantité à la Rique; On les sale et est fort bon en guise de Morue.

8. Ce poisson n'a pas de nom fixe; Je l'ay dessiné à l'Isle des trois Freres. Il s'attache aux Rochers pour sucer la mousse et l'Escume de la Mer.

N°: 4.

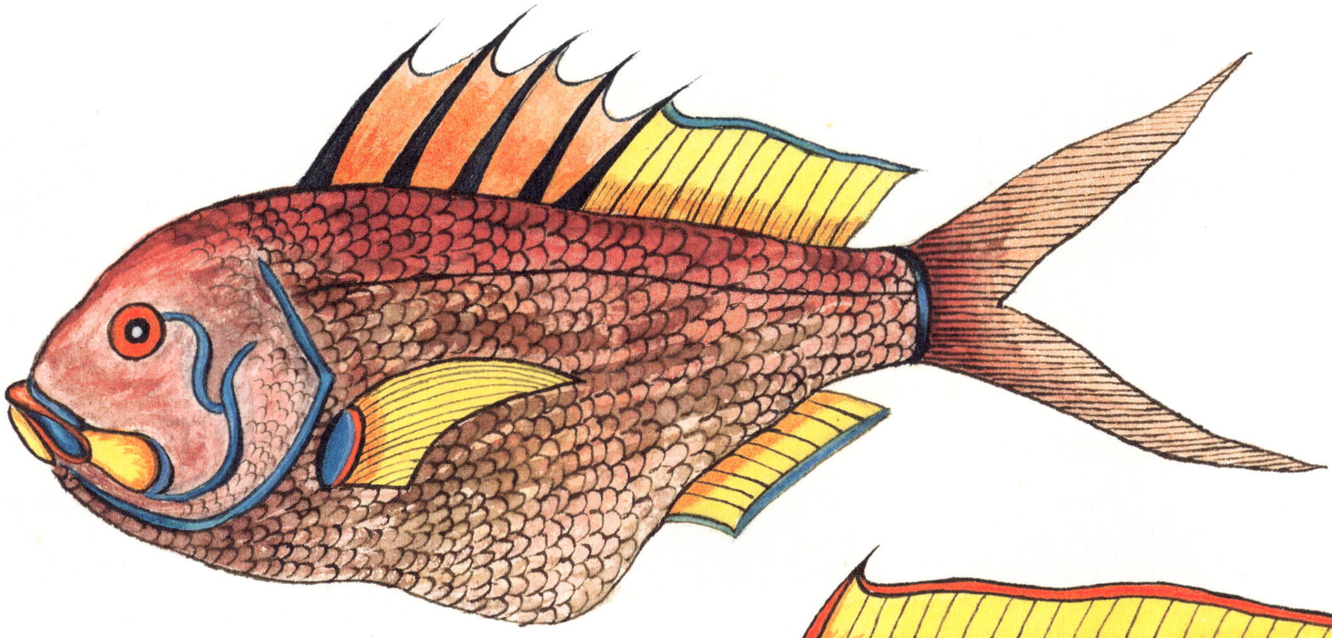

7.

5.

6.

8.

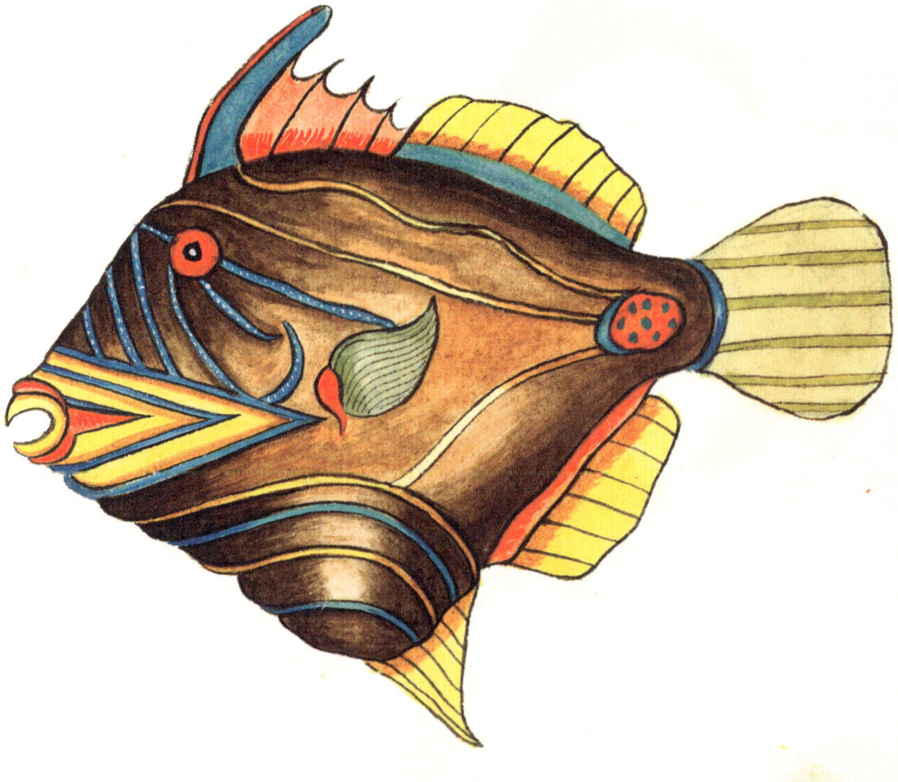

9. De bedrieger ; Le trompeur ; Il est grand et bon comme le Cabillau. Voj. n. 67 ou il est peint, lorsqu'il lance ; sa trompe, qu'il tient dans la bouche cachée pour attraper les autres poissons. On le prend à l'Isle de Loëven.

10. De lang neus ; Le long nez ; Il est aussi nommé par quelques uns Schlicht Hooft ; L'on en trouve plusieurs sortes, dont quelques uns ont la teste rouge ; On le prend dans la Baye Portugaise, et pour le manger on l'ecorche.

11. De bonte Haan ; Le Coq panaché. On le prend à la Rigue ; Les Noirs les mangent, mais les Hollandois point.

12. Klip Visch : Ils sont appellez ainsi, parcequ'on les prend au tour des Rochers : Il y en a une infinité de ces petits poisson, qui sont admirables et pour la diversité de leurs couleurs inimitables ; On les garde dans des Viviers et reservoirs de pierres pour le plaisir ; Environ une trentaine de sortes se trouvent dessinées dans ce Livre cy.

13. Amboneese Visch ; Commun à Amboine, de diverses couleurs ; fort delicat.

14. Le Goujon Rayé, commun à Amboine et assez bon.

N:. 9.
i2.
i0.
i3.
ii
i4.

15. Harockse ; Brasem . On l'a peché au fort de Bagewael ; Il forme la queue comme une tenaille , pour prendre les autres poissons ; tres bon . Voj. la femelle n. 266.

16. Porpoc se - Boot ; On le peche à la Rique ; Les Noirs en sont friands , et l'ecorchent . Voj. le Male . n. 78.

17. Halve Beck ; Demi - bec de Bagewael ; tres bon roty ; Il a le goust de l'Eturgeon .

18. Klip - Visch .

19. Poisson de l'Isle de Lamme ; On l'escorche avant de le Cuire .

N:15.

18.

16.

19.

17.

20. Coffer Visch ; Ican Tomtombo ; On le peche à Amboine. Celuy cy est le Male ; La femelle Voj. n. 24. Il est enfermé dans un Escaille, comme dans un Coffre, qu'il faut rompre à coups de hache. Voj. en de differentes sortes n. 184. 188. 307. et 326.

21 Klip-Visch, de Kaeyman Rock, assez drole et familiere. On le mange à l'Eau comme la perche ; aussi roty. Voj. le Male n. 226.

22. Paradys Vischye ; Poisson de Paradis ; Il y en a beaucoup d'Especes ; blancs - rouges - jeaunes - verts - et de couleurs aussi differentes presque comme les Tulipes en leurs especes. Voj. n. 353. On les garde pour leurs beauté dans les fontaines ; Il est si privé, qu'il vient d'abord, quand on appelle, en sifflant : Celuy cy est la femelle. Il y en a une espece plus grande n. 71.

23. Jacob Everse, nommé ainsi par un Capitaine de Vaisseau. Il y en a de diverses sortes de couleurs, mais tous tachetes, comme des truites. Est excellent à manger, quoyqu'il ayt cela de meauvois, qu'il ne puisse pas estre mangé frays, ou nouvellement peché, mais il le faut garder quelques jours, sans cela la chair se detache par Esclats lesquels deviennent durs et coriasses, comme de cuir. Voj. n. 88 - 170 - 171 - 180 - 189 - 257 - 272 - 302 - 322 - 324 - 327.

N:20.

21.

23.

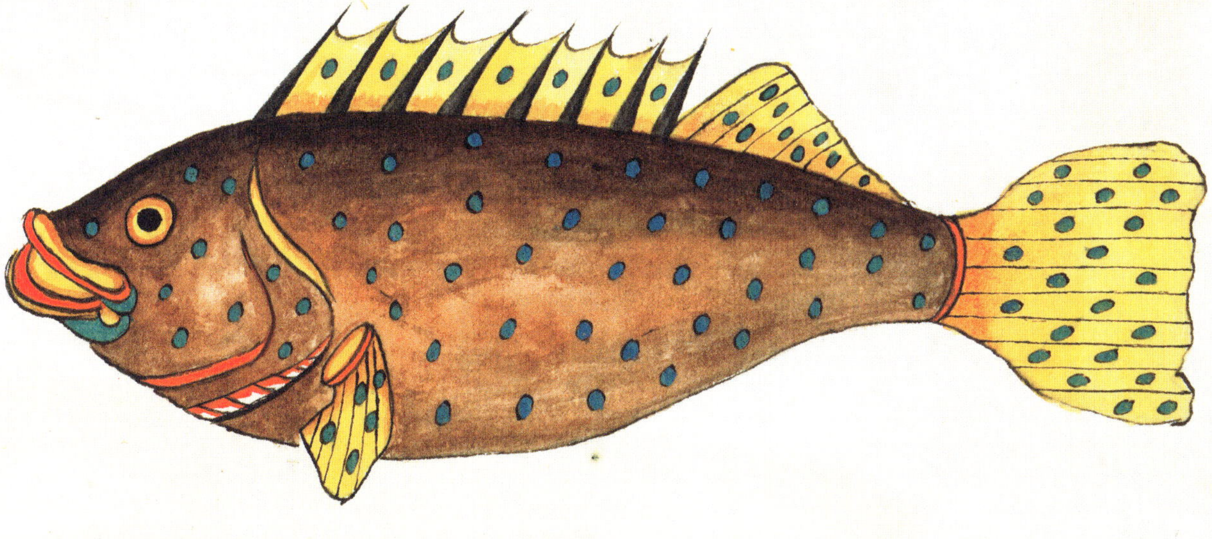

22.

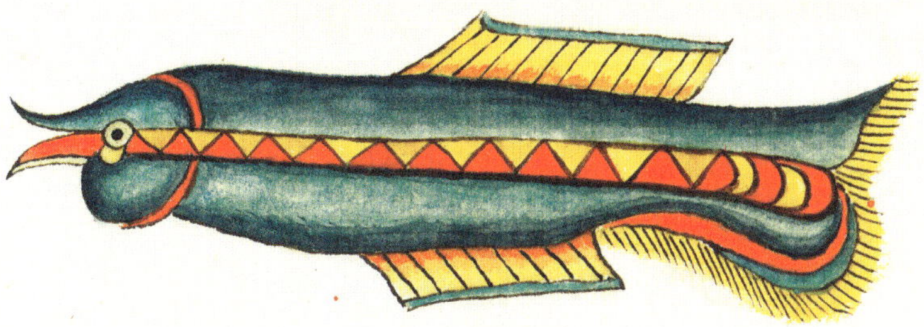

24. La femelle de n. 20.

25. Joly poisson, qui se conserve dans des bouteilles.

26. Zee-Kat ; Chat marin d'Amboine ; On s'en sert pour teindre la toille en noir ; Car quand on fait buillir ce poisson, l'Eau devient plus noire, que l'Encre, et d'une teinture plus forte : Celuy cy est la femelle. Voj. le Male n. 54.

27. Poisson de la Rique ; de la grandeur d'un Harang ; On le garde dans des Bacs de Pierre, pour le manger, quand on veut

28. Poisson qui se peche à la Rique ; On le fait frire.

N°: 24.

5.

26.

28.

27.

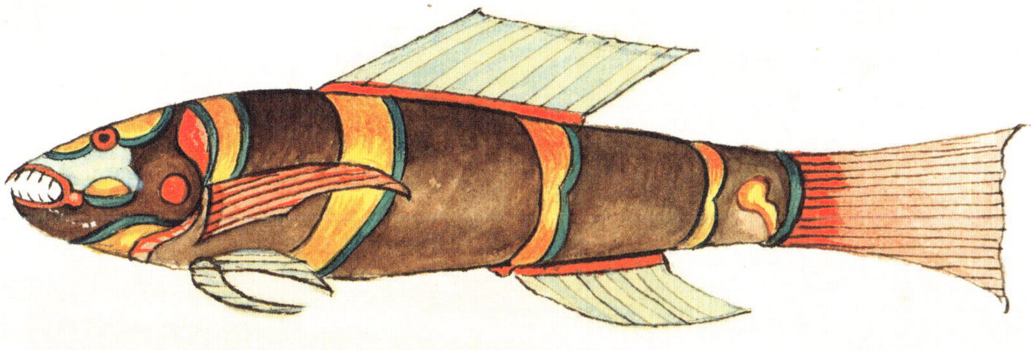

29. Bonte Jager ; Le Chasseur panaché, commun à Amboine ; Il est long de six pieds ; C'est un' espece de brochet, dont il y a plusieurs sortes variées de differentes taches, et couleurs. On les sale dans les tonneaux pour la provision.

30. Streepeling ; Le Rayé bleu d'Amboine ; On le mange cuit, comme le Schelvisch, avec une sauce au beur, avec du persil.

31. De Nonne van Ambona ; Ce poisson est fort abondant de plusieurs Especes, toutes tres belles les uns bleux, les autres rouges, croisez tachetes de diverses couleurs ; On le mange ordinairement frit à la poile.

32. De Vaan-Drager. L'Enseigne. Le drapeau et les nageoirs ne se ressemblent pas toujours par les Couleurs, mais toujours par la forme. On ne les mange point, mais on les gardes par curiosité dans les reservoirs ; Il n'age à fleur d'Eau, à la teste d'autres poissons ; Et est fort divertissant.

N:29.

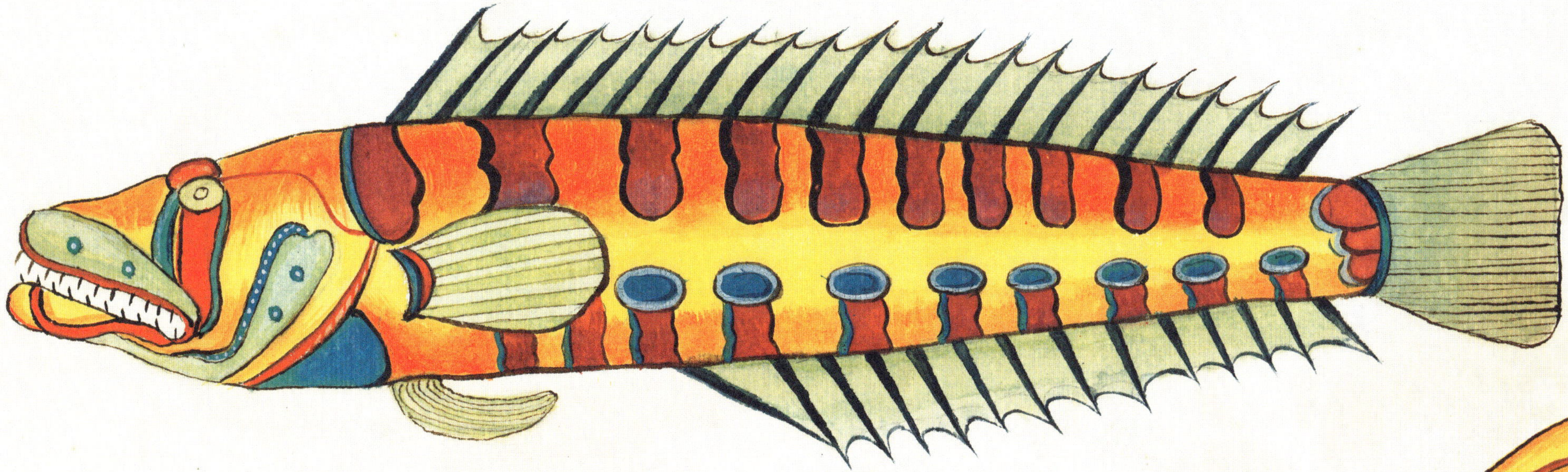

30.

31.

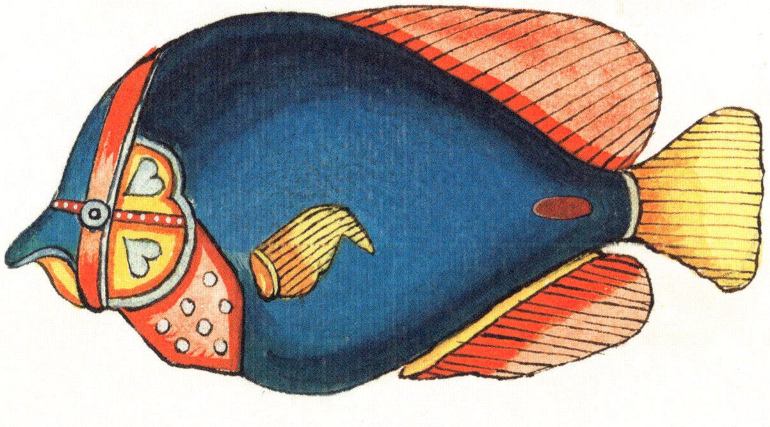

32.

33. De Groote Eyländer ; L'Insulaire de Manipe, il est long de 10. à 12. pieds, et gros à proportion ; Les Hollandois n'en mangent point, parcequ'il sent trop l'huyleux.

34. Zee-Os ; Boeuf Marin, le Male : La femelle Voj. 147. L'arreste du dos est aux Males rouge, avec un bouton barré de jeaune et de bleu ; aux femelles cett' arreste est bleue. Les femmes s'en font un ornement, qu'elles portent au Col ; Les Noirs s'en font aussi un remede contre la fievre. Ils font bruler les dites arrets, et en avalent les cendres, comm' un remede Specifique. Le Male peut peser environ 40. livres.

35. De Springer ; Le Sauteur de Louven. Il est excellent à manger, en haché et fricassée, et ressemble à la chair de Veau.

36. De marmerde Klip-Visch ; Le poisson Marbré de la Rique : tres bon à manger.

N:33.

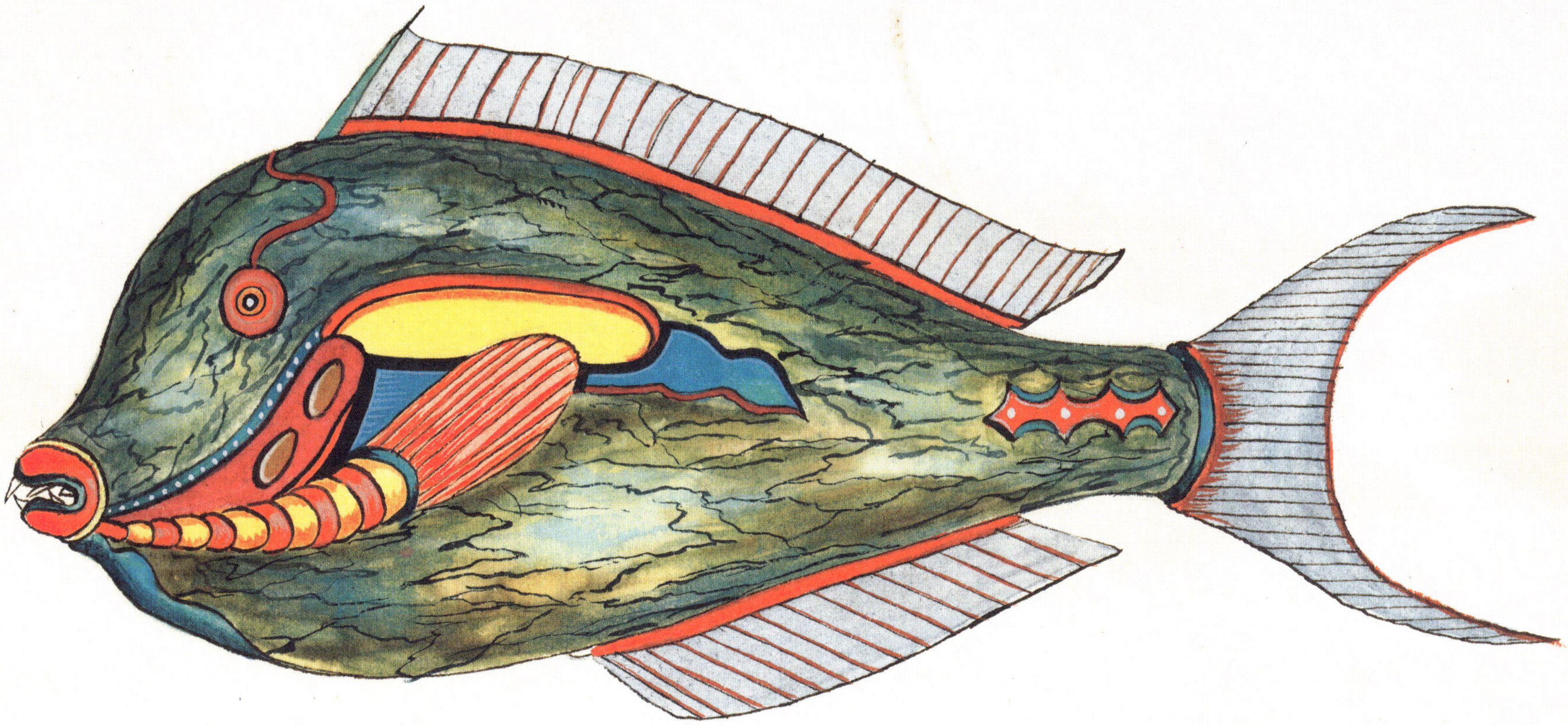

34.

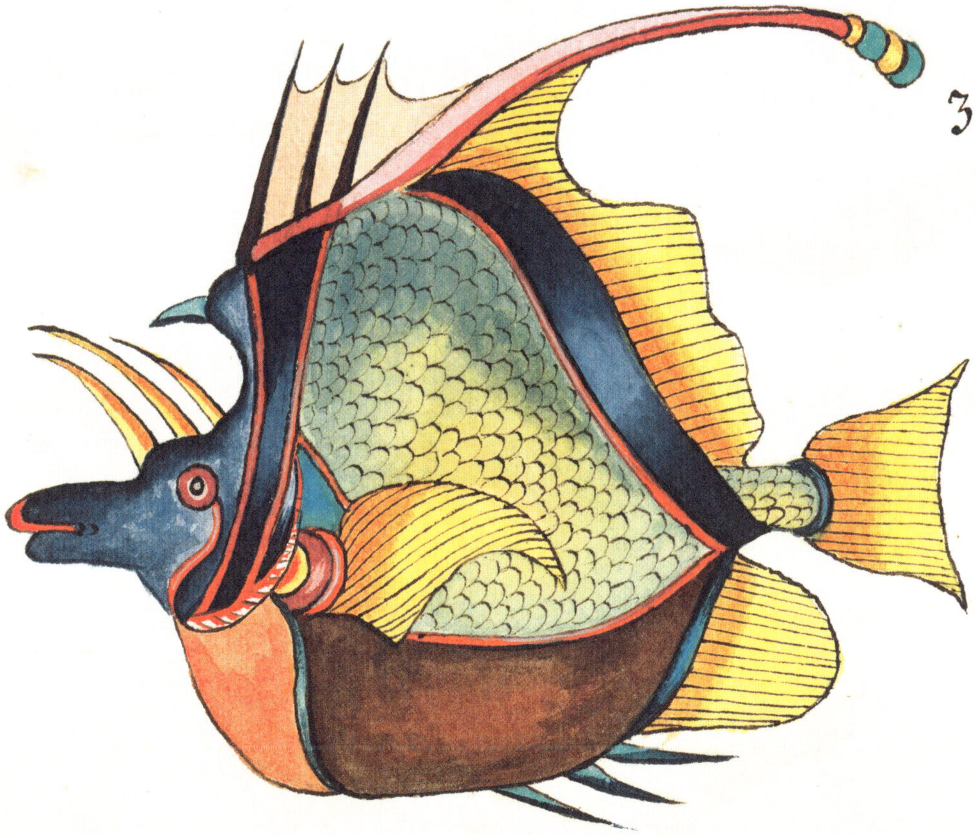

35.

36.

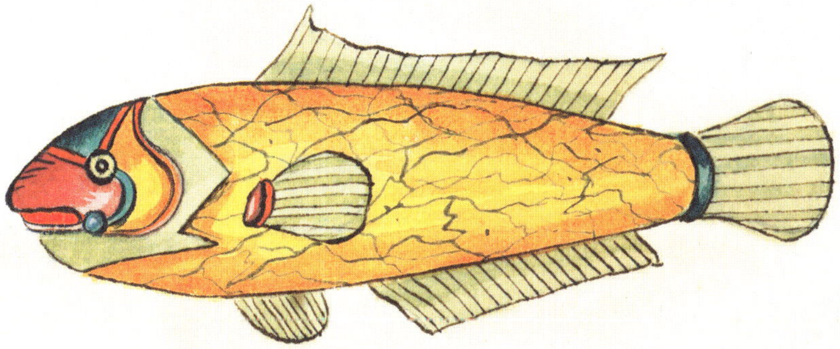

37. Duyvels Visch ; Jean Satan , ou poisson du Diable . Le Peintre dit l'avoir veu pecher à Amboine dans les fosses du Chateau ; Il est long d'un aune et demy , et gros à proportion ; Il a une grande forie . Les arrest bleues tuent , à ce qu'on dit , en deux heures , qui en sont blesses . Il a comme deux Esperons d'Os tres durs sur le nez , qui luy servent de defences ; Il les lance en avant et à costé comme il veut ; et la piqueure en est , à ce que l'on veut , mortelle.

38. Jean Cabessa ; poisson de Riviere , petit et tres joly , que l'on garde dans les reservoirs .

39. Bantemmer Snock ; Brochet de Banda ; Le Peintre asseure l'avoir peché luy mesme , et qu'il estropia de la Main un de ses Camerades . Il avoit esté long de deux aunes et demy ; pour manger il n'avoit pas esté bon , ayant la chair huileuse et les Arrestes vertes . On le tient pour un tres dangereux poisson .

40. Ce petit poisson cy se prend quelque fois dans les inondations d'Eaux douces pres d'Amboine ; Il a une loupe sur le nez , et on le garde pour le plaisir .

41. Petit poisson à bec de Canard ; on les prend et garde comme cy dessus .

40.

N°: 37.

8.

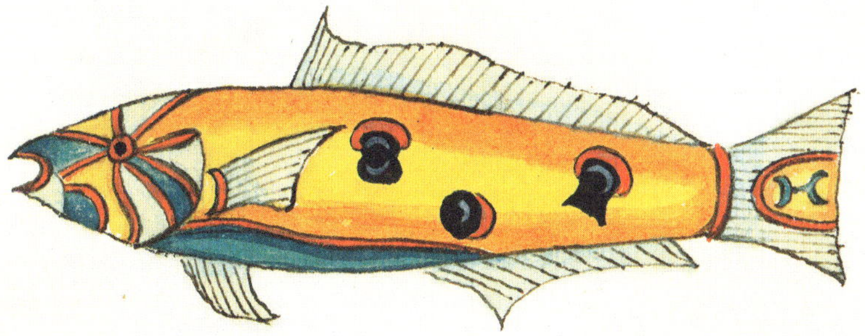

41.

39.

42. De Sael Visch ; Le poisson sellé ; femelle ; Il a une Selle et une housse, telle que l'on voit. Le Peintre à dessiné celuy cy à Sosselauw ; Le Male est au n. 371. Il les a veu manger aux Noirs apres l'avoir Ecorché et bouilly ; Il en a mangé luy mesme aux trois Freres, et la trouvé bon roty.

43. Zee-Drakje ; Dragon de Mer : Poisson volant dessiné à Hila ; Il est mangé par les Noirs. Voj. n. 123.

44. Bruyntie van Manire. Petit poisson de plaisir dans les reservoirs.

45. Le Peintre a pris et dessiné ce poisson au passage de Baguewael ; Les Noirs en mangent volontiers.

46. Le Piquet bandé. Il y en a de diverses sortes. On les prend dans les Eaux douces. Il a esté dessiné lorsqu'il estoit deja mort.

40.

N:37.

8.

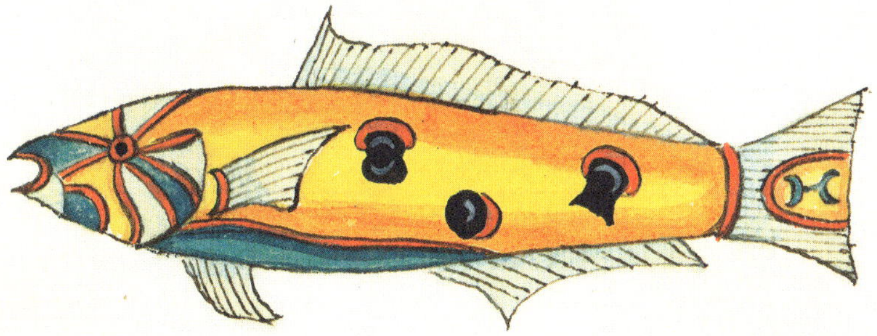

41.

39.

42. De Sael Visch ; Le poisson sellé ; femelle ; Il a une selle et une housse, telle que l'on voit. Le Peintre à dessiné celuy cy à Soselauw ; Le Male est au n. 371. Il les a veu manger aux Noirs apres l'avoir Ecorché et bouilly ; Il en a mangé luy mesme aux trois Freres, et la trouvé bon roty.

43. Zee-Drakje, Dragon de Mer : Poisson volant dessiné à Hila ; Il est mangé par les Noirs. Voj. n. 123.

44. Bruyntie van Manire. Petit poisson de plaisir dans les reservoirs.

45. Le Peintre a pris et dessiné ce poisson au passage de Baguewael ; Les Noirs en mangent volontiers.

46. Le Piquet bandé. Il y en a de diverses sortes. On les prend dans les Eaux douces. Il a esté dessiné lorsqu'il estoit deja mort.

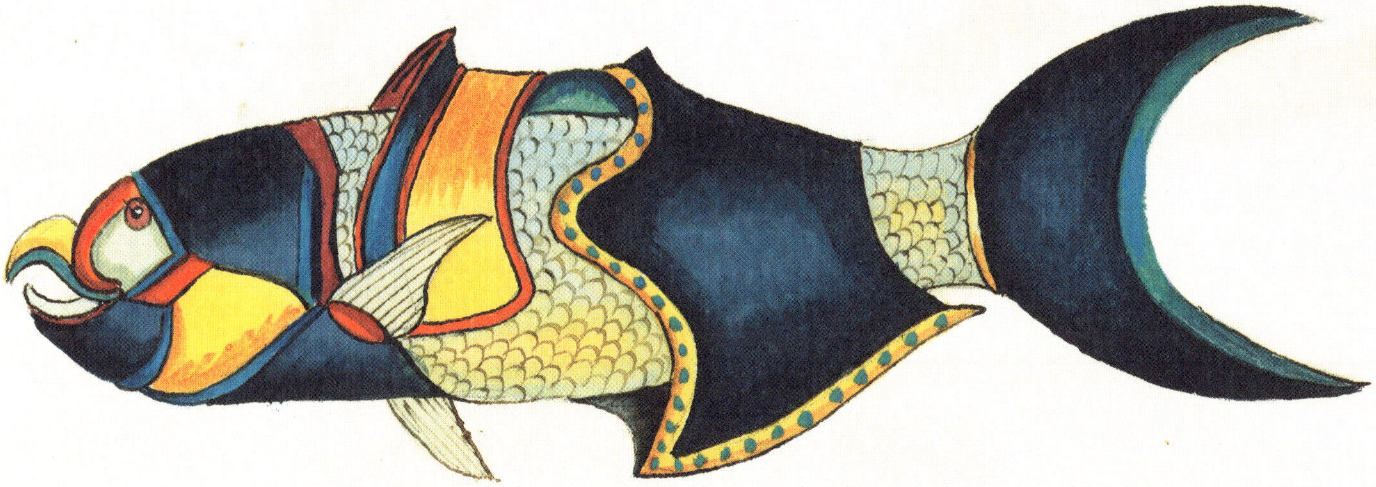

N°: 42.

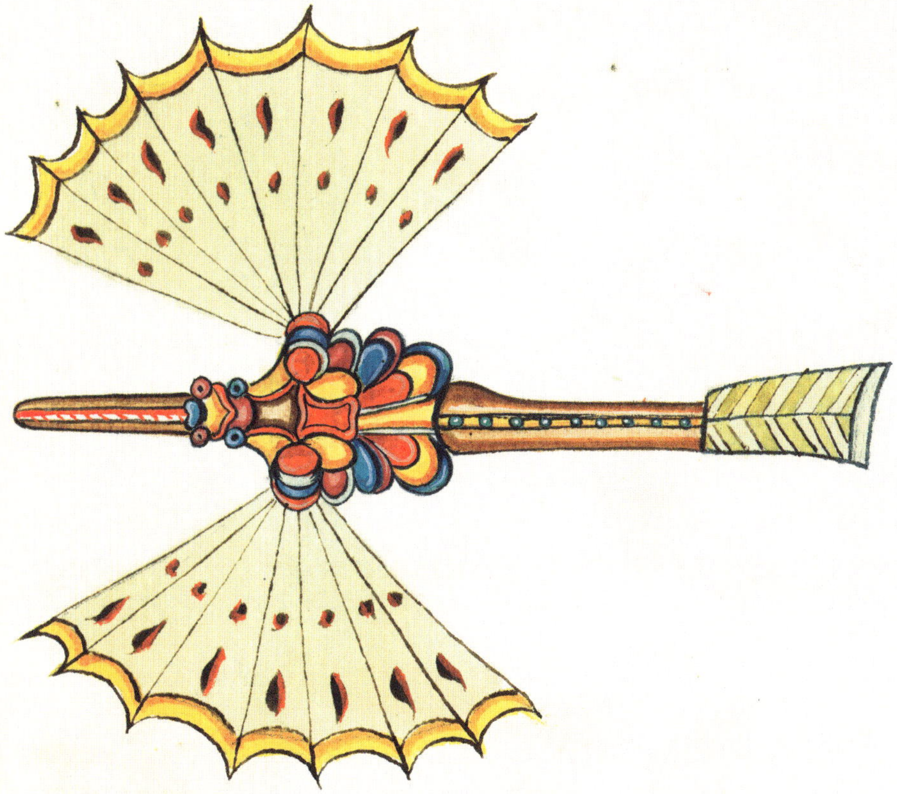

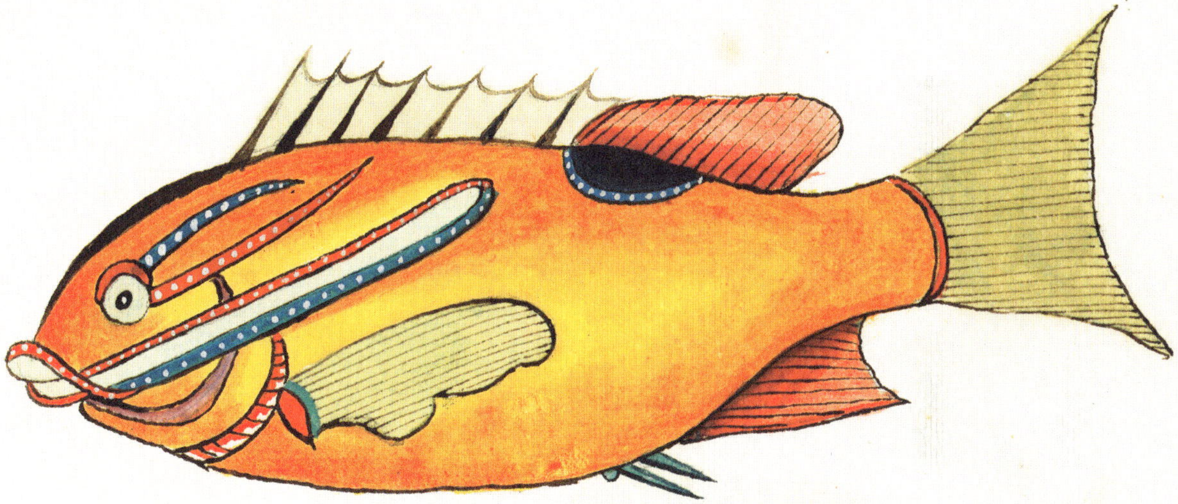

45.

44.

46.

47. Le Peintre dit de n'avoir veu ce poisson qu'une fois à Manipe ou on les prend rarement ; Les Hollandois n'en ont pas voulu manger ; mais les Noirs le trouvent fort bon.

48. Schlecht Hooft ; Teste verte ; Il estoit de la longueur d'un empa et demy, quand il l'a veu à Hila. Il a le goust du Wyting.

49. Diable Cornû. L'Ouvrier asseure d'avoir eu ce poisson cy quatre jours en Vie à Amboine, ou il avoit couru par tout.

50. Egel-Visch ; Le Herisson, ou Jean Doriou. Il cache sa teste dans sa coquille, ou Gros Cuir, qui l'Envelope. Celuy cy est la famelle ; Voj: le n. 247. Les Noirs mangent ce poisson ; Et du cuir ils se font des bonnets, qui sont à l'Epreuve de la hache.

51. Pylvisch ; La fleche de Hila ; On la garde dans les Reservoirs ; Il a comme une fleche peinte en rouge sur le dos.

Nº: 47.

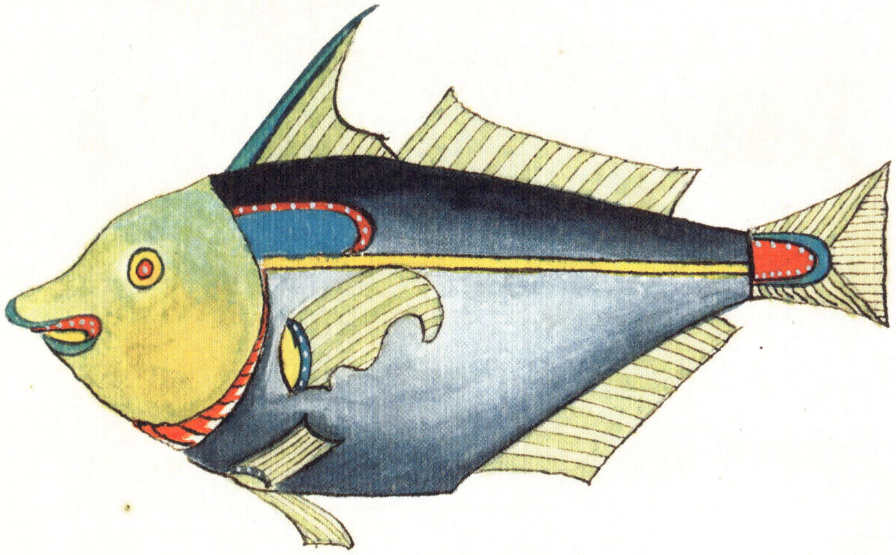

50.

49.

51.

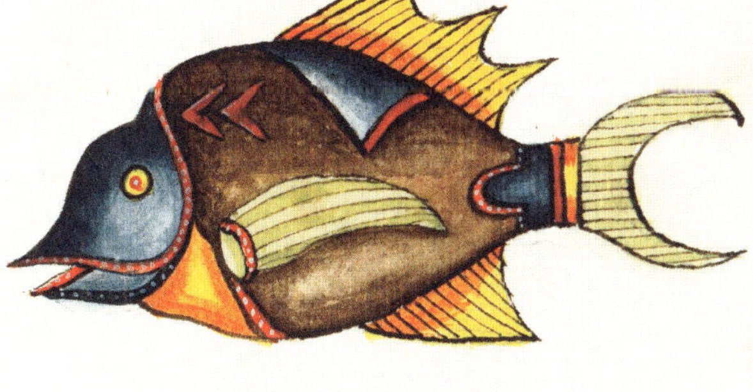

52. Kap-Mes ; Jean Paringh ; On la peché dans la Baye Portugaise ; Il a esté long 17. pieds et 8 pouces ; Le peintre dit en avoir mangé, et il l'avoit trouvé meilleur, que L'Eturgeon.

53. Jean Boulantomtombo ; Poisson à l'Escaille.

54. Chat Marin d'Amboine ; Voj. n. 26.

55. Slecht Hooft ; Tete sotte ; Il est de la Compagnie du Port Enseigne n. 32. ; fort bon à manger, et du gout de Wyting.

56. Petit tomtombo, poisson à Escaille.

N°: 52.

3.

55.

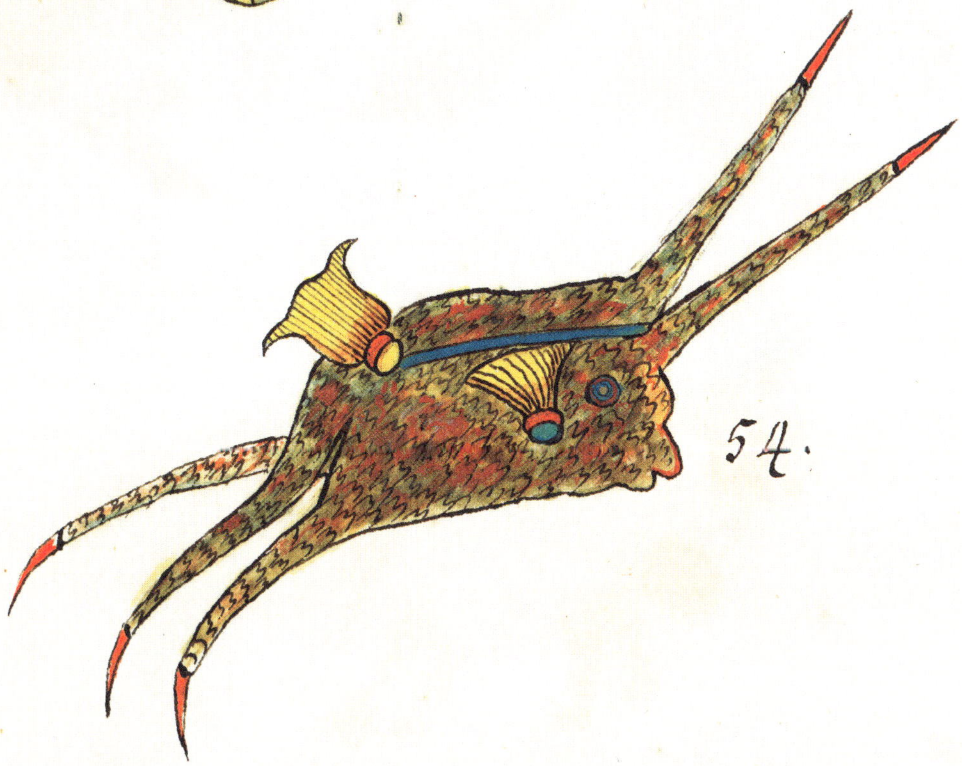

54.

56.

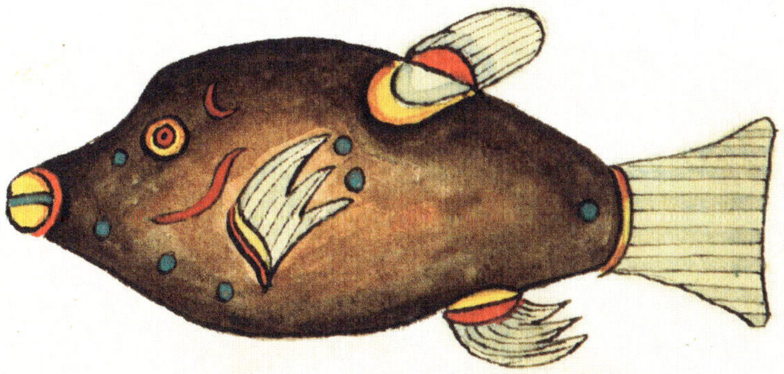

57. Sorte d'Ican Swangi, pris à Amboine, de deux pieds de long ; Un poisson tres dangereux et dont les arrets sont tres evenimée.

58. La None burdée d'Amboine ; On le mange à l'Eau avec du persil.

59. Rouger Piquet ; On les tient dans le reservoirs pour le plaisir.

60. Le Harang Rayé ; Poisson assez maigre.

61. Petit poisson, qui s'attache aux Roches, et le Peintre dit l'avoir eu de Hila par le Ministre Valentin.

N.: 57.
8.
60.
61.
59.

62. Drates Vocaris le Male ; Voj: la femelle n. 331. à la Rique
tres bons à manger, à diverses sauces.

63. L'Estoille d'Amboine ; Joly et bon poisson.

64. Poisson de la Compagnie des Porte Enseigne, pour le plaisir
dans les reservoirs.

65. Brunet Sanglé de la Rique ; assez bon Escorché.

66. Spits-beck ; nez pointu ; On le prend aux Pagodes de
Mont Rouge ; Il faut l'ecorcher, et allors il est
assez bon.

N:62.

63.

65.

64.

66.

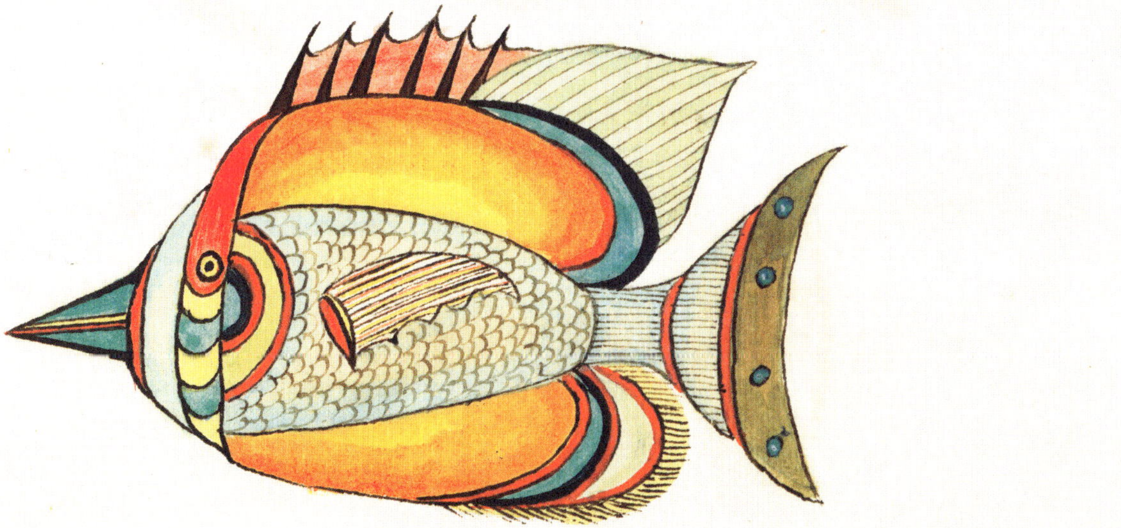

67. de Bedrieger . Voj: n. 9. Il est de la bonté et du goust
de la Carpe ; et s'apreste de mesme.

68. Petit poisson d'Estang , pour le plaisir ; de plusieurs couleur
Voj: 176 _ 263.

69. Poissons tres jolys pour les reservoirs ; Sont fort docile ;
Ils viennent par troupes , quand on les appelle , pour mang

70. Poisson à l'Escaille de Banda.

71. Groot Paradys - Visch ; Grand poisson de Paradis ;
Long d'un pied ; On les prend aux trois Freres ; Est
tres joly pour les reservoirs ; des plus petits Voj: n. 22
et 353.

N.: 67.

68.

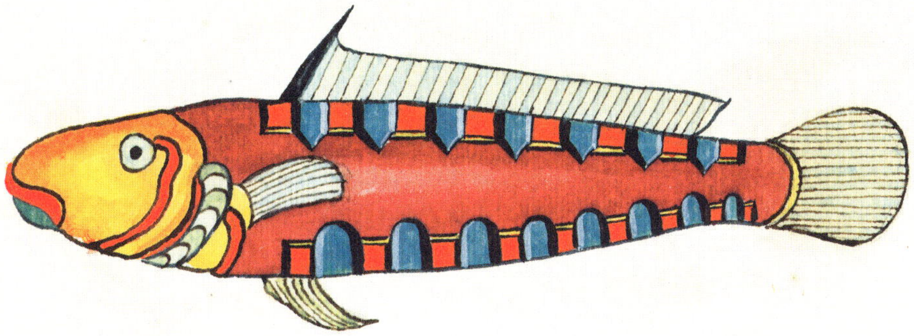

70.

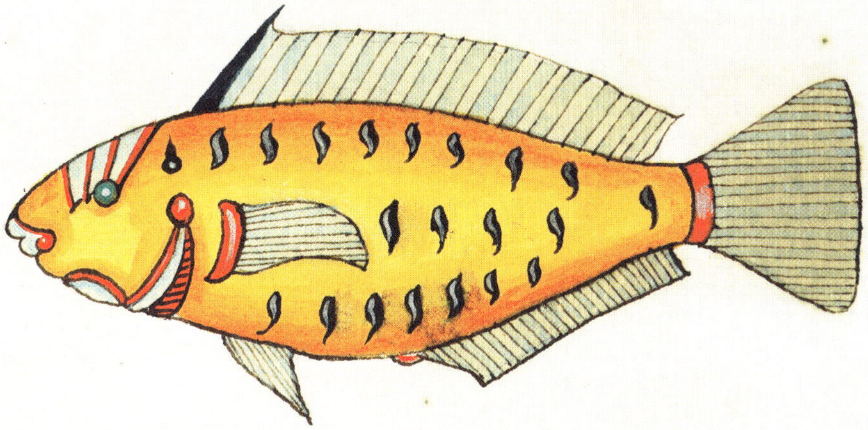

69.

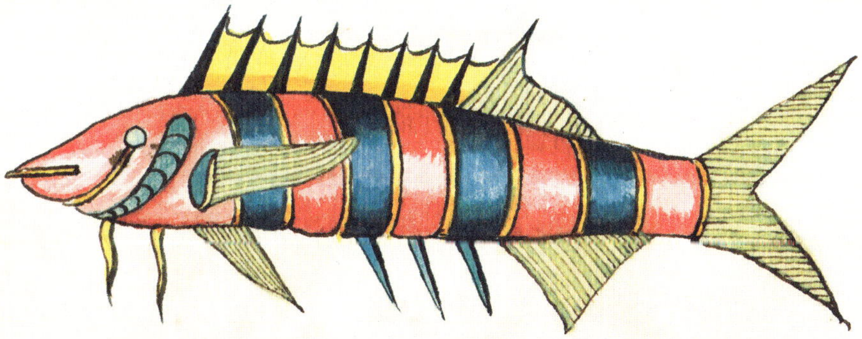

71.

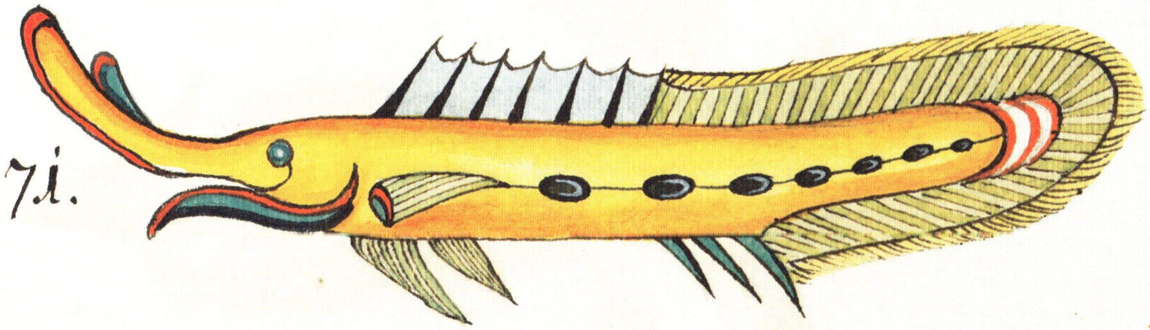

72. Pots-Kop ; Ce poisson est commun et bon ; Il se conserve parfaitement dans le Sel, et ne cede en rien à la meilleure Morue, mais il est plus petit.

73. Barbot d'Amboine, fort bon.

74. Caffertje ; Le Male ; Voj: la femelle n. 103 – 212. pour le plaisir dans des reservoirs.

75. Papouse bot ; H. Ambonische Gravinj, Comtesse d'Amboine ; poisson du passage de Bagewall ; assez bon, mais mol.

76. Poisson de plaisir, qui entend, quand on appelle, dans les Estangs.

N.: 72.

73.

75.

74.

76.

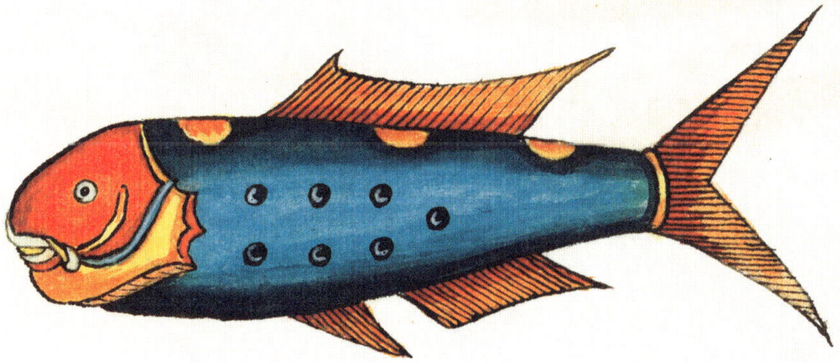

77. De Bonte Wolff ; Le Loup chamaré ; L'on en prend rarement ; Le Peintre l'a dessiné en Mont Rouge, pres des Ke

78. Porpoesse bot . Voj. n. 16.

79. Kalkoentje ; Espece de Sauterelle d'Eau, grosse comme un Enchois ; il est commun.

80. Poisson de reservoir de Loeven ; Il est rare ; Le Peintre l'a veu en Vie.

81. La Princesse barrée ; C'est un poisson grand comme un assiette ; On le prend à Hila ; bon à toutes sauces. Voj. n. 90.

82. Le Goujon vert bandé, de la Rique tres commun, mais fort bon.

77.

80.

78.

81.

79.

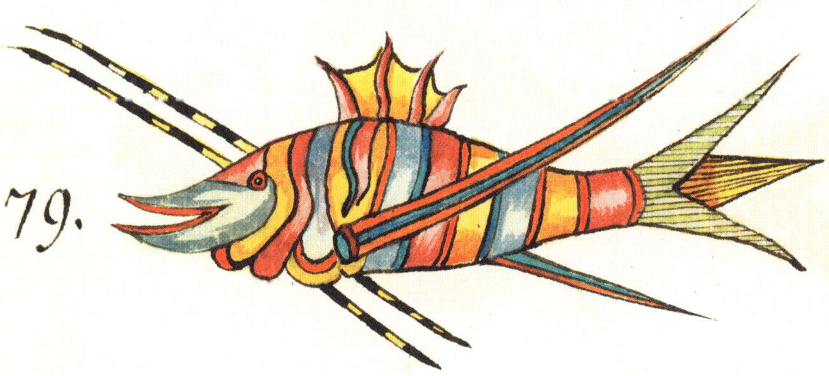

82.

83. Snip-Visch ; La Begasse d'Amboine, tres bon bouilly et roty.

84. Schout by nacht ; bon comme la perche.

85. Sans nom ; de la trouppe du port Enseigne ; Tres joly et agreable dans les reservoirs.

86. Le Cornu ; aussi de la sus dite trouppe, et pour les reservoirs.

87. La Poirne ; femelle ; de mesme de cette troupe et pour les reservoirs.

3.

84.

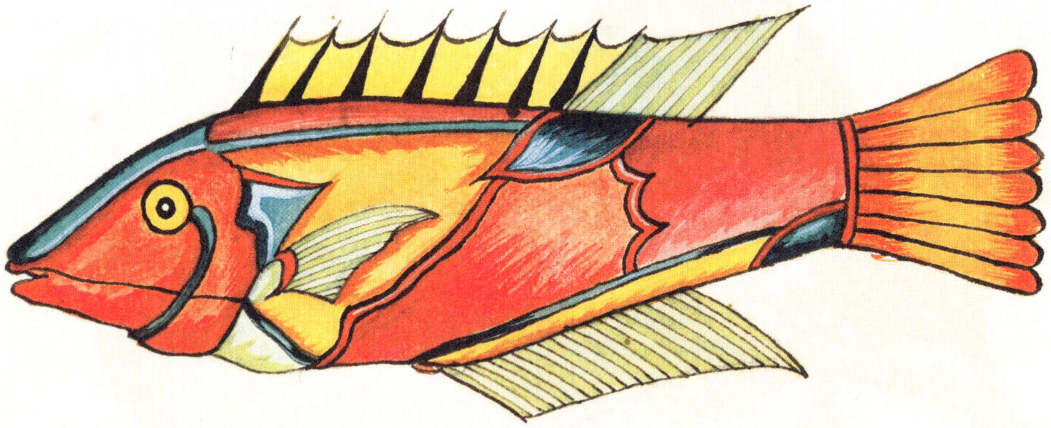

86.

85.

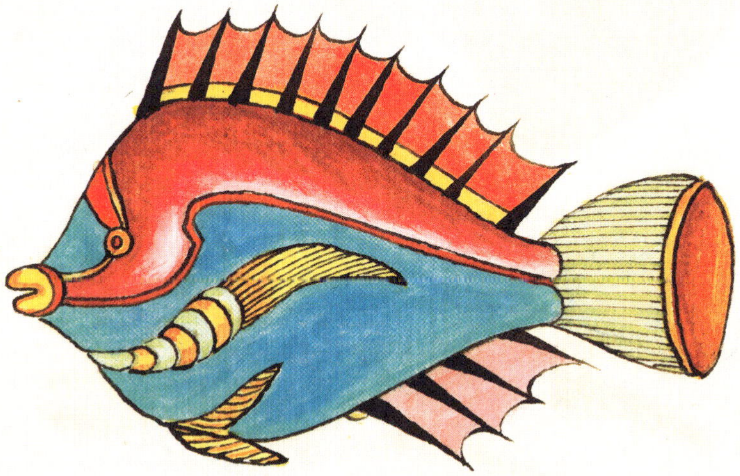

87.

88. Jacob Everse, d'Amboine ; Voj: n. 23.

89. Jean Kalle Koentie.

90. Princesse de Hila. Voj: n. 90.

91 Sorte de Schel-Visch d'Amboine ; petit mais bon.

92. Fransmannetje ; Le poisson françois, nommé ainsi à cause des fleurs de Lys. Mons. Valentin l'a donné à Hila au Peintr

93. Strepeling, la femelle ; Voj. le Male de la Rigue n. 137.

88.

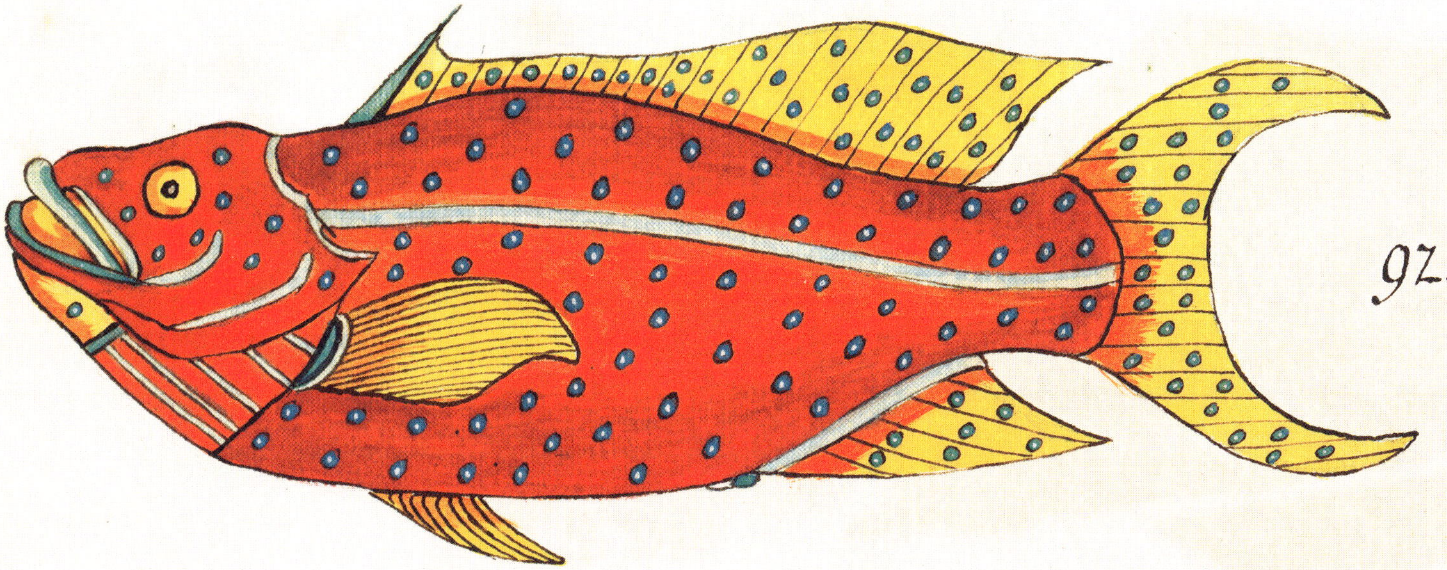

92.

9.

91.

90.

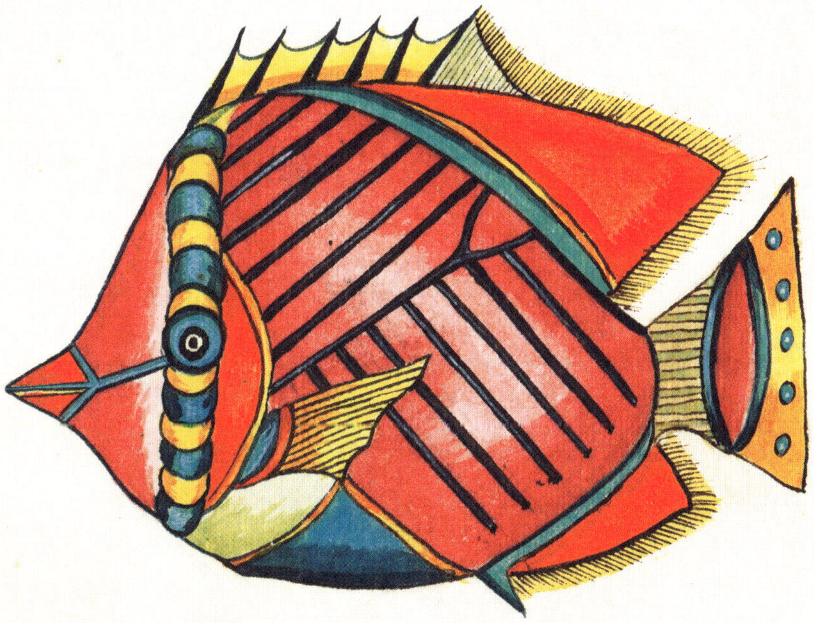

93.

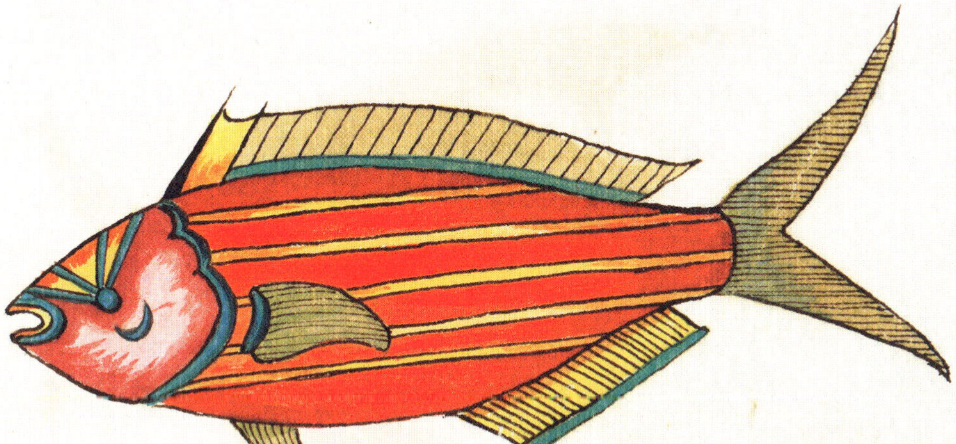

94. Le Prince de Ceram ; bon à toutes sauçes.

95. Iean Boulan ; Les Hollandois n'en mangent pas.

96. Kleyn Byter ; tres bon, bouilly en fricassé.

97. Harder d'Amboine ; L'on en fait du Stock-Visch.

98. Iuffertje van Lieven ; tres bon.

99: Goujon Rosé ; tres bon.

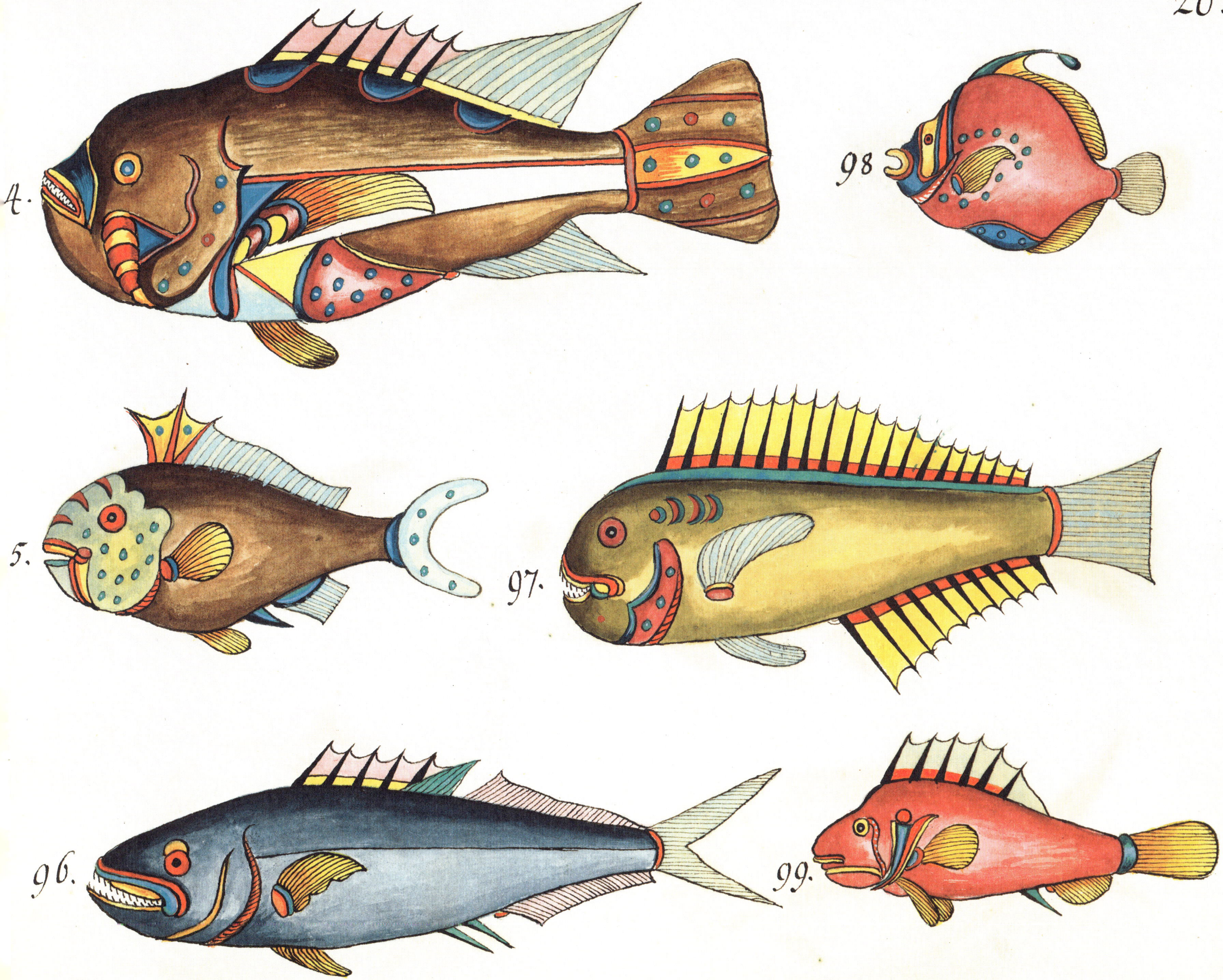
4.
98
5.
97.
96.
99.

100. De Seerumse Visch ; Poisson de Ceram ; On l'ecorche, et le decoupe dans des pots, avec du Sel, du poivre et du vinaigre, et il est tres bon.

101. Jean Popoe, assez commun, mais fort delicieux. On le fait ordinairement secher, et apres l'avoir frotté de boeure, ou d'huile, on le rottit sur le Grill.

102. Poisson, que l'on mange Cuit comme la perche, et les Goujons à l'Eau.

103. Caffertje ; Voj. n. 74.

104. Monstre dessiné à Amboine, tout composé de ligatures, comme un Ver.

105. De Boer d'Amboine ; fort bon.

100.

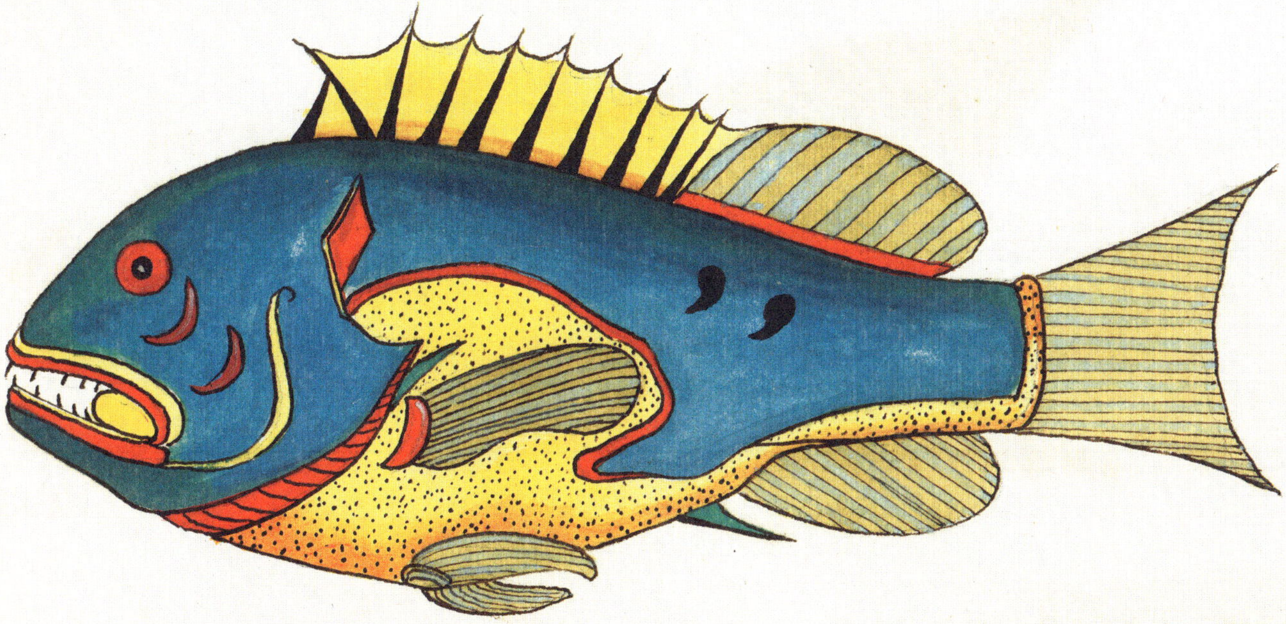

103.

01.

104.

102.

105.

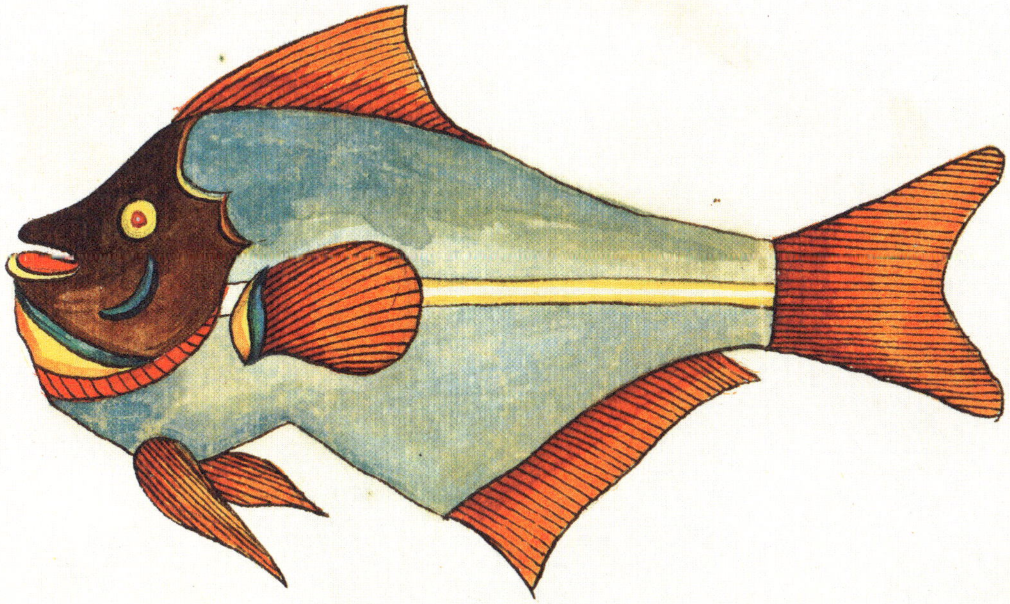

106. De Groote Moor; Le grand Moine de Hila, grand comme le Cabliau, et pour le moins aussi bon.

107. Espece de Harang.

108. De Schnavelaar; La grande Grâvin; Il est agreable à manger; On le prend à Hila.

109. Jean Papoitje, Voj. la femelle n. 333. Il est commun et excellent.

110. Jean Tambour; C'est un poisson de la trouppe du Porte-Enseigne, et fort familier.

Nº. 106.

7.

109.

108.

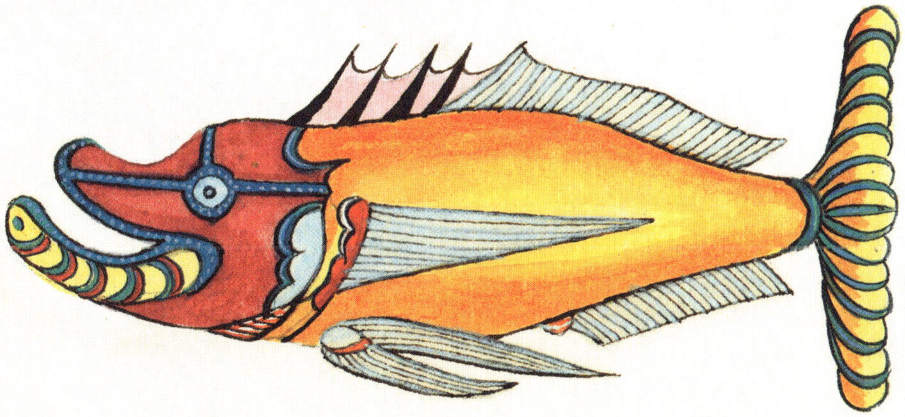

110.

111. Iean Tabula ; Le poisson des dez à Hila ; Il faut l'escorcher ayant la peau dure, et allors il est fort bon.

112. Le Peintre dit avoir veu prendre ce poisson cy à Hila ; On le fit bouillir tout vivant, mais la chair s'en trouva dure et coriasse, comme du Cuir ; On luy avoit dit, qu'il faudroit l'avoir gardé deux jours, et qu'alors il auroit esté bon.

113. Speer-Visch ; de la Rique.

114 } 115 } Deux poissons inconnus Male et femelle ; On les ay pris tous deux au passage de Baguewal.

116. De Groene Suyger.

111.

114.

112.

115.

113.

116.

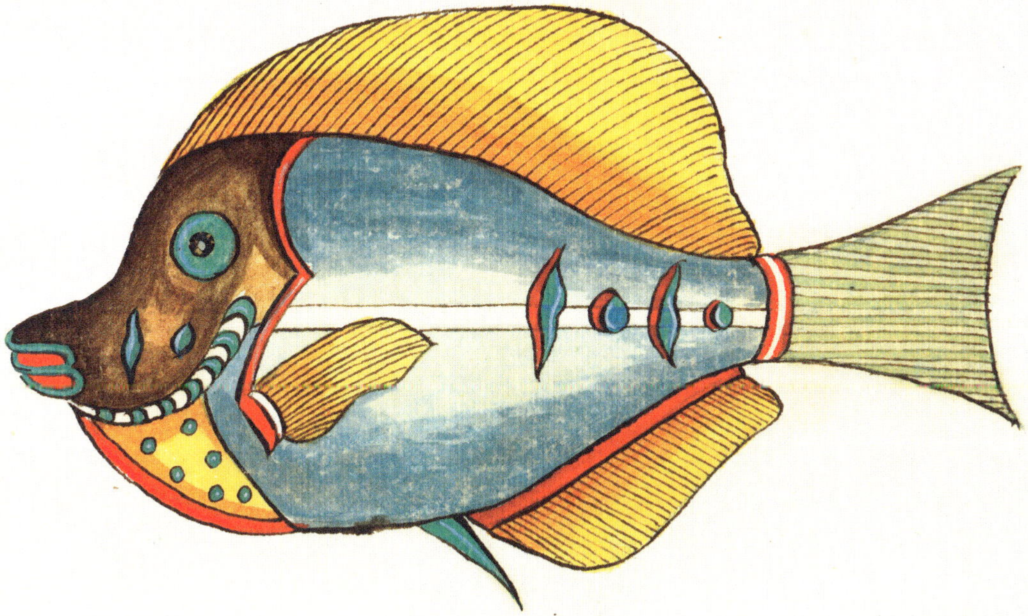

117. Klip-Visch.

118. Le Kaketou de Hila et de la coté de Papoe, la femelle. Le Male Voj. n. 231. bon à manger.

119. L'Hirondelle de Mer; Le Peintre l'a veu prendre à Amboine; On ne le mange point.

120. Le Male du Hart-Visch; Il a des cornes sur le Ventre; la femelle se trouve n. 198.

121. Klip-Visch.

122. Le Coffertje à Bande.

120.

8.

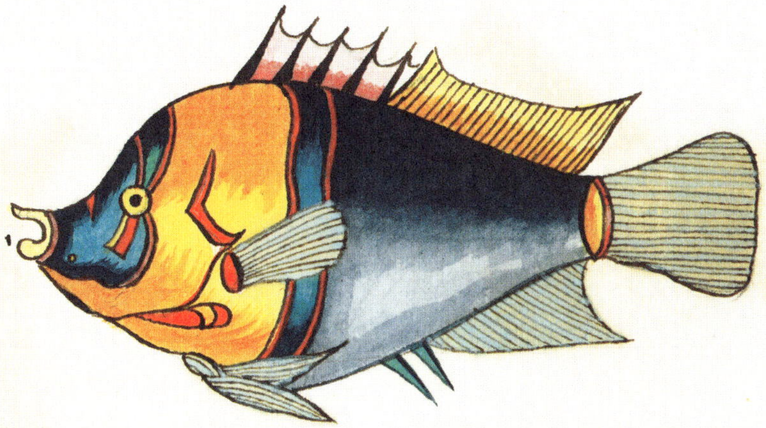

121.

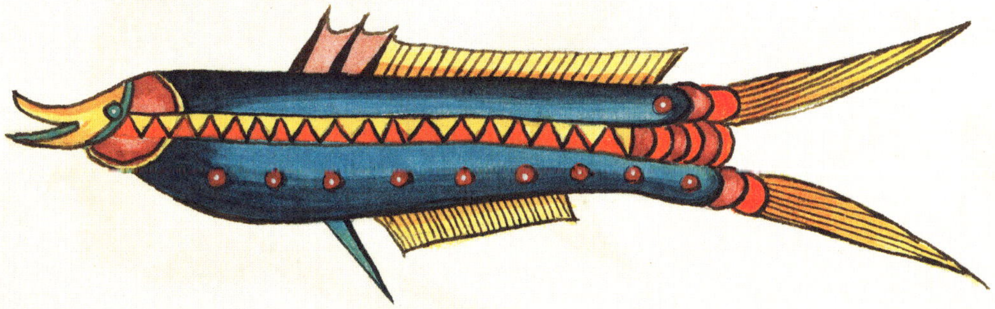

19.

122.

123. Zee-Drack; Le Dragon Marin. Vej: n. 83.

124. L'Indien de Loeuve; Le Peintre asseure de l'avoir gardé 10. jours en vie, et qu'il en a souvent mangé à la friture.

125. Klip-Visch.

126. Jean Matte; Oog Visch; Poisson à 10 yeux; On les garde dans le reservoirs de pierre pour le plaisir.

127. Roos-Visch; Le poisson à Rose, d'Hila; ses levres sont boutonnées, comme de Rose; tres bon.

128. Jean Pidou; On le prend au Kaymans hoek, et il est bon, comme la perche, à manger à toutes sauçes.

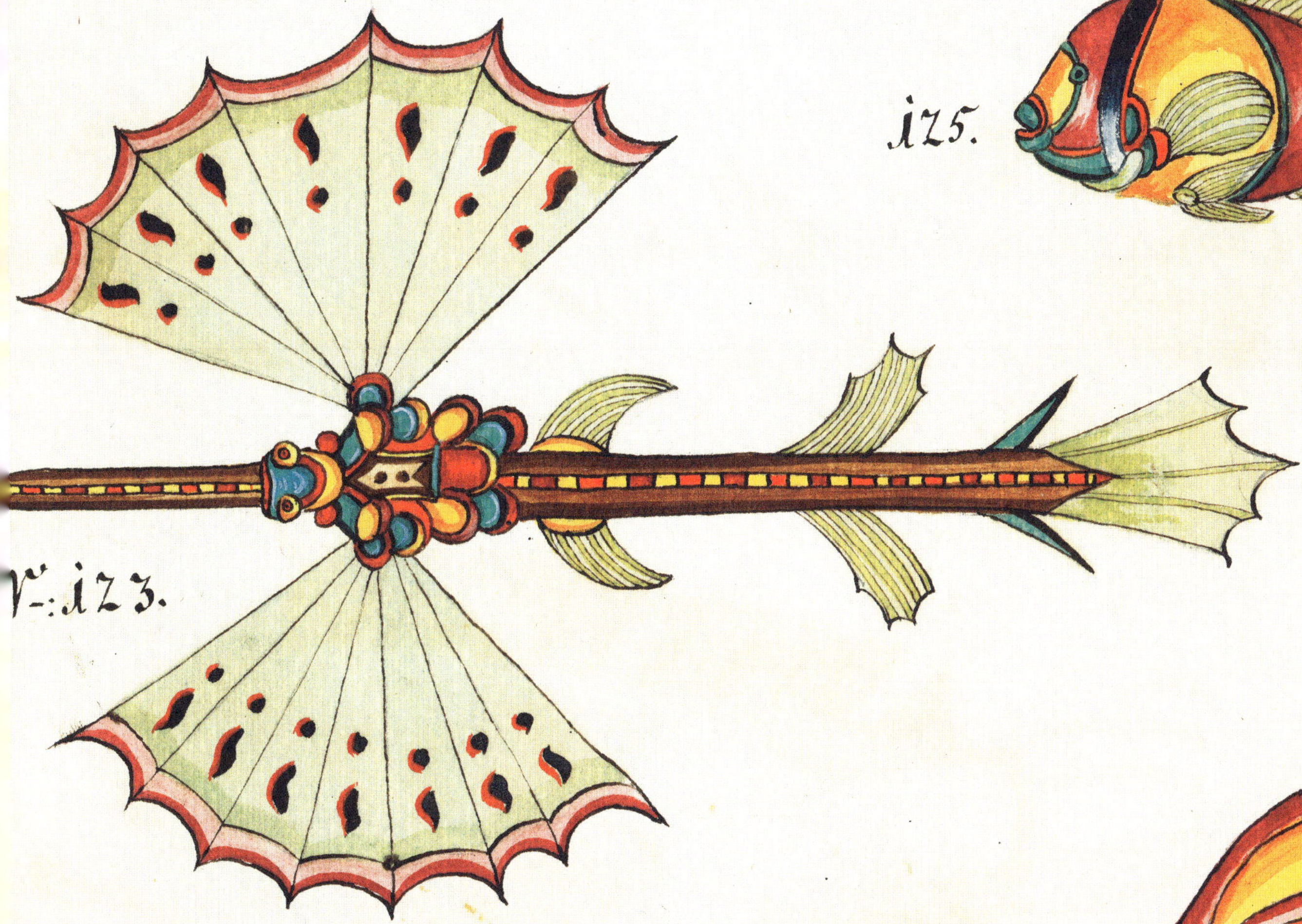

V.: 123.

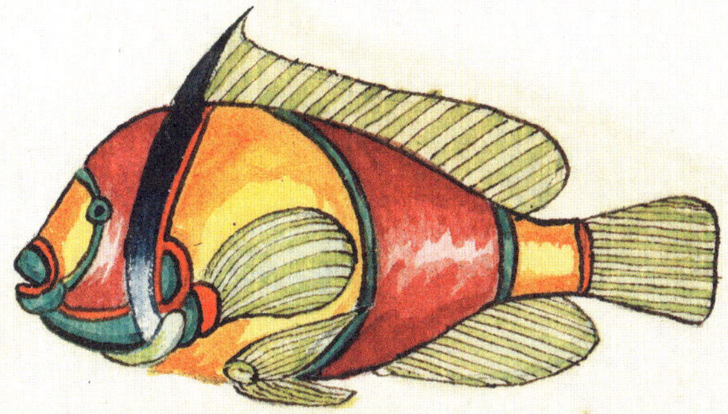

125.

126.

127.

4.

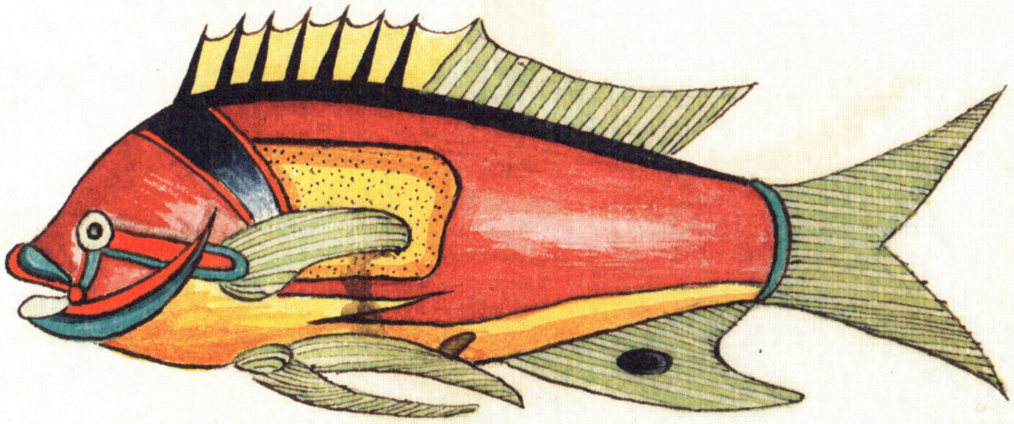

128.

129. Tomtombo, à Escaille.

130. Sans nom, mais on le trouve excellent; la teste en doit estre aussi bonne, que celle d'un Saumon.

131. De Bonte-Haan de la Rique; Il n'est pas bon.

132. L'Echiquier, ou le Damier d'Amboine; Il n'est jamais plus grand, qu'il est dessiné icy. Le Peintre en a vie plusieurs en vie

133. Jean St. André; de la grandeur d'un gros harang; il est tres bon.

134. Monstre sans nom; L'ouvrier dit l'avoir eu deux jours en vie

135. Strepeling de la Rique.

9.

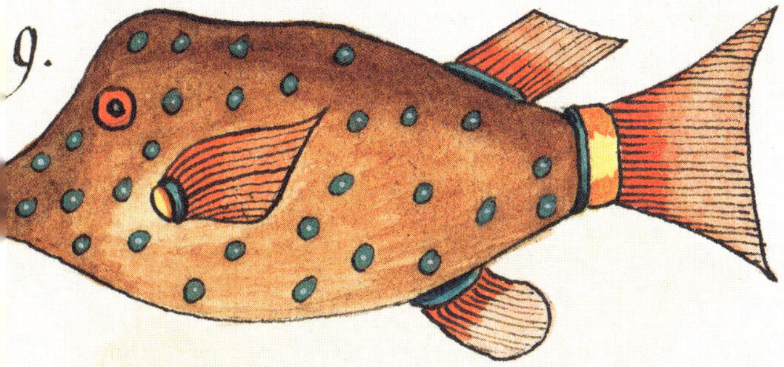

133.

30.

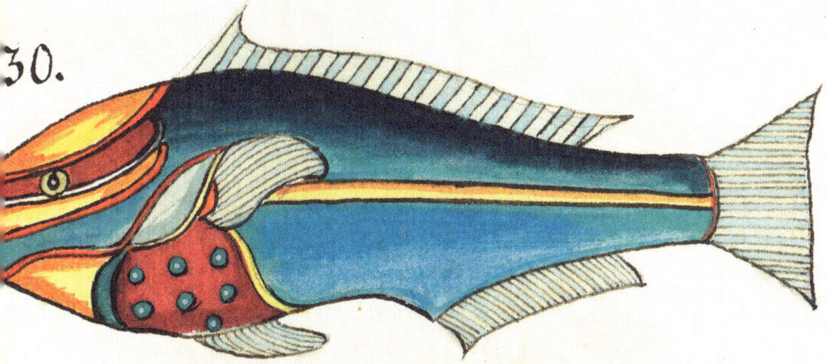

134.

31.

135.

132.

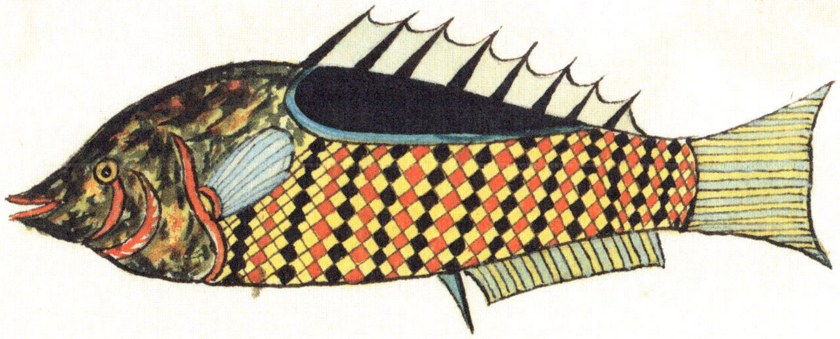

136. Sans nom de la Rique ; Le Peintre ne l'a veu que deux fois.

137. Gout Strepeling van la Rique ; Voj: la femelle n. 93.

138. Sans nom ; point à Hila.

139 Sans nom, et tres joly ; Lautheur l'a gardé 15 jours en vi
Il y en a, qui l'appellent, le Piquier, Piquenier.

N:. 136.

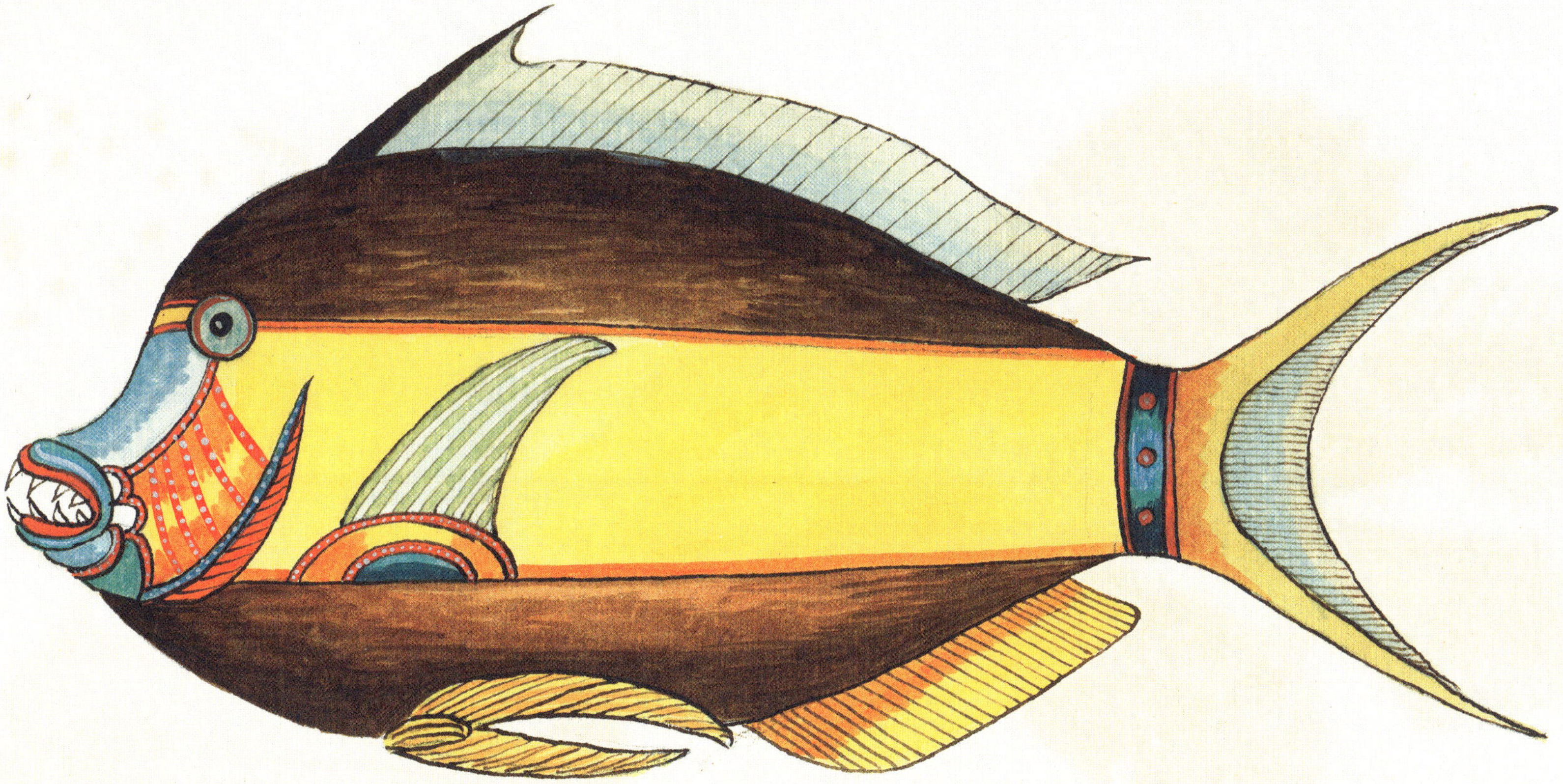

37.

139.

138.

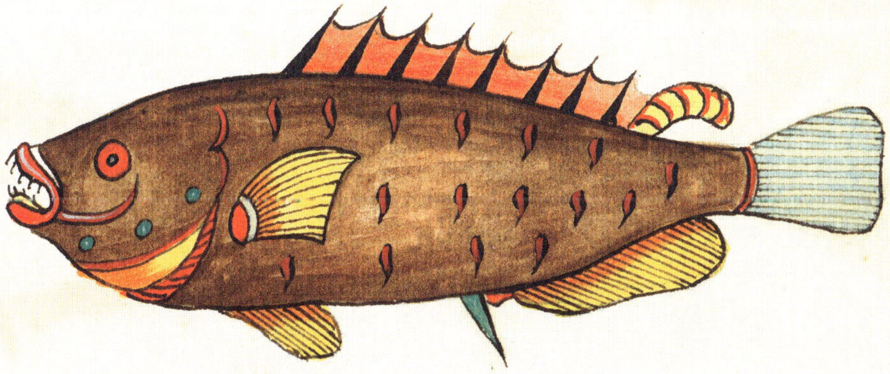

140. Perche d'Amboine ; tres bonne.

141. Gortz Cabillau ; Cabiliau panaché ; excellent.

142. Iean Cambing ; Il ouvre et ferme ses Ailes , et s'en sert à voler,
à nager , et à se deffendre ; Il a un' espece de tenaille attachée
à la gorge, dont il fait sa deffense ; Il est bon à manger ,
a ses Ayles pres.

143 Iean Suangi ; peint au passage ; tres meauvais , et dangereux
poisson.

40.

142.

1.

143.

144. Drie - Start ; Queue triple : On le prend souvent à Hila : bon poisson.

145. Jean Boulan ; poisson à demy Lune.

146. Sans nom , mais bon .

147. Zee Koe van Bourum ; Vache marine de 20. livres . Le Male Voj. n. 34.

i44.
5.
i47.
46.

148. Sans nom ; Le Peintre dit d'avoir receu ce poisson cy de Hanimo et qu'il ne l'ayt gardé en vie qu'un jour

149. Sans nom.

150. Le Chasseur, ou le Loup Verd, fleuronné.

151. Klip-Visch ; On l'a eu en vie plus de trois ans dans une bouteille.

152. Poisson à l'Escaille de tortue de Mont Rouge.

8.

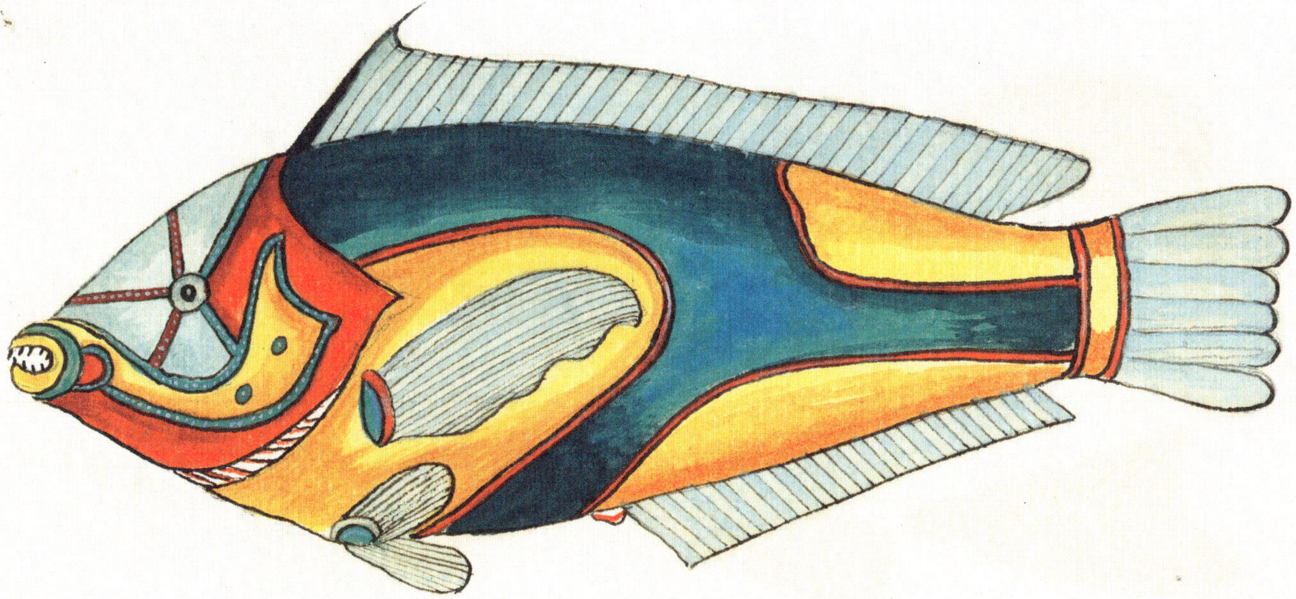

151.

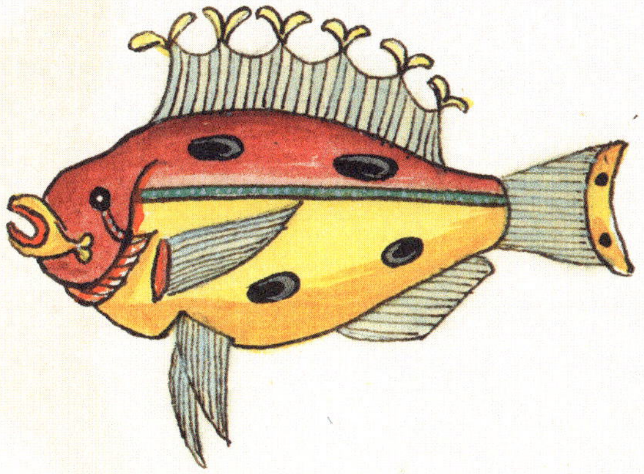

49.

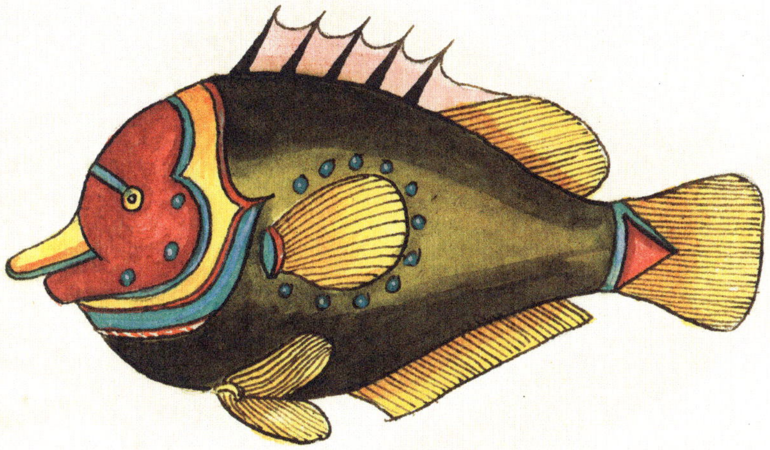

152.

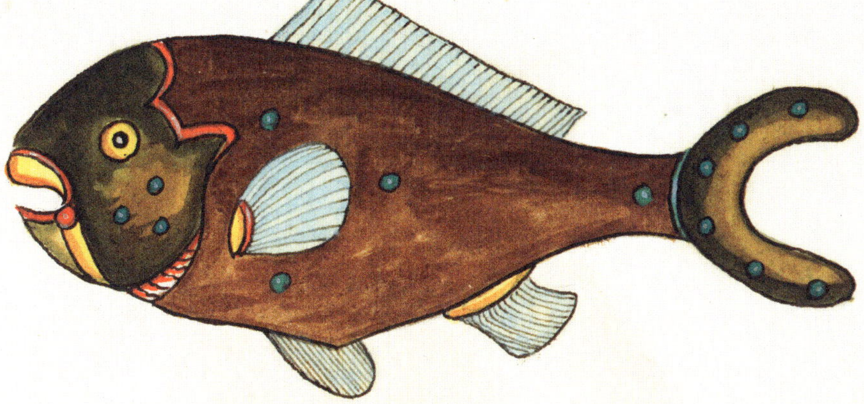

150.

153. Speer-Visch ; Le Peintre dit de l'avoir peché à l'Isle de Boura ,
et la Scie l'avoit portée à Amsterdam.

154 De Bazaen Visch de la Rique ; Ce poisson va à la Voile ; Le
Peintre l'avoit eu 4. jour en vie ; Il estoit grand de deux pie

155. Jean-Kap de Hila ; tres bon.

156. Peer Visch van Hila ; la Poire tres bon à manger.

157. Voichsi Pampus ; On le seche comme le Schol.

155.
53.
156.
154.
157.

158. Jean Porco ; On le prend à Manipe ; Il est gras à lard ; si l'on en fait estuver trois livres, il en rend au moins deux livres de graisse ; Il pese 12 à 15. livres.

159. Perche de Hila ; Il a esté dessiné, quand il estoit deja mort, la Gueule ouverte.

160. Espece de Sambilang du Mont Rouge ; bon comme l'Anguille. Voj: d'autres especes 183 et. 230.

161. Jean Svangi ; joly, mais venimeux.

162. Le petit Dauphin de la Rique ; On l'a gardé en vie pendan 15. jours dans une Vase.

163. Le Comte de la Rique.

8.

162.

159.

163.

0.

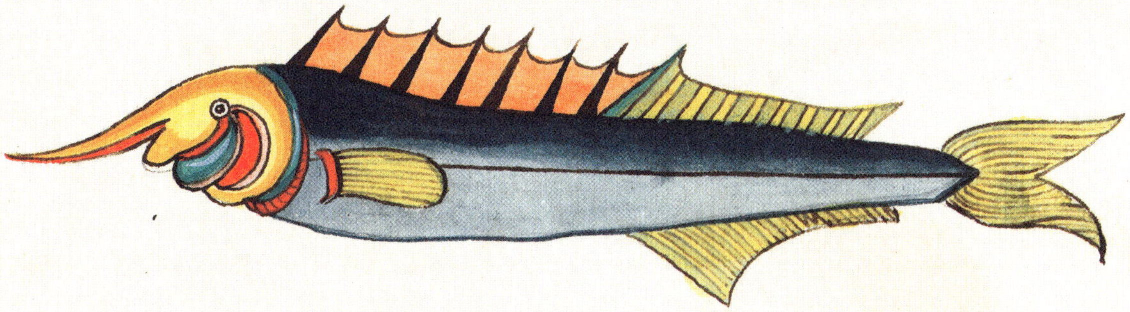

161

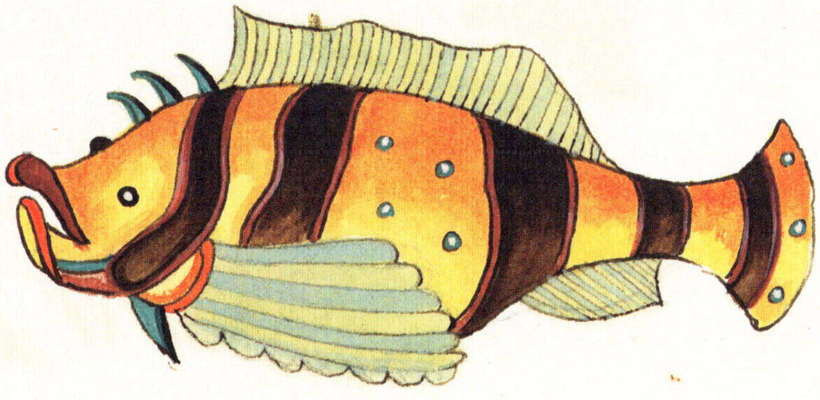

164. Sans nom. Le Peintre n'en a veu que deux fois en douze an
au Mont Rouge, pres des Noirs.

165. Princesse.

166. Comtesse de Caffre. Voj. n. 74. – 103 – 166 – 167.

167. Le Prince de la Rique.

168. Klip-Visch.

169. Brochet de la Rique.

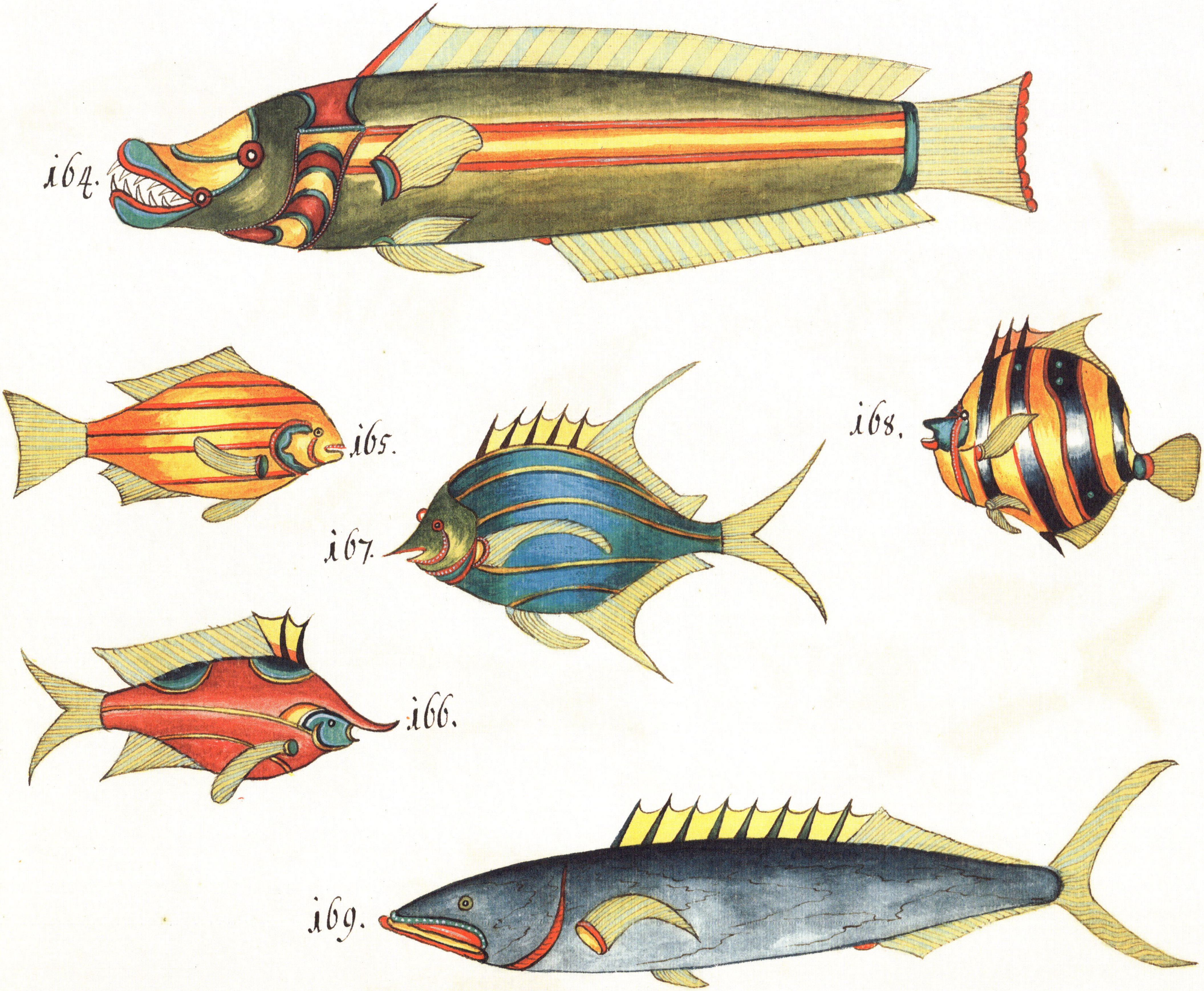
164.
165.
168.
167.
166.
169.

170. Jacob Everse, Male

171. Jacob Everse, Femelle

172. Sans nom.

173. Jean Coupang, à cause de la tache, qu'il a sur la teste, semblat
à un coupang, qui est une Monoye d'Or. Voj: n. 264. ou il est
autrement ; C'est un' Espece de Remora. Ce poisson est tres
commun aux Moluques ; Il s'attache quelques fois par troup
de deux à trois Cent, à la quille, et au corps du Navire, pour
suçer les bois, et nageant ainsi attachez avec force contre le
courant des Vaisseaux, ils le retardent tres visiblement dans leurs
courses et navigations ; L'on a fait remarqué cela aux Mattelots
et aux Pilottes ; car jettant de la mangeaille par l'avant, l'on a v
ces poissons y accourir en grand nombre, et l'on sentoit, que le
Navire estoit considerablement soulagé.

174. Sans nom.

175 Goud Visch ; Poisson d'Or.

176. Sans nom.

70.
174.
173.
1.
175.
176.
172.

177. Jean Sanguer ; Il vole de la Mer dans les bois, pour boire le jus des Clap-booms, dans les chaudrons, que les habitans penden aux Arbres de Saguer, pour en recuillir leur boisson ; On les y attrape ; C'est un poisson gros, comme un harang, et bon à mang On les prend aussi à Amboine.

178. Sans nom.

179. Poisson volant sans corne. Voj. n. 197.

180. Sorte de Jacob Everse.

181. Harder ; tres bon.

182. Sans nom.

183. Sambilang ; femelle. Voj: le Male n. 230. et d'autres especes n. 160 et 173.

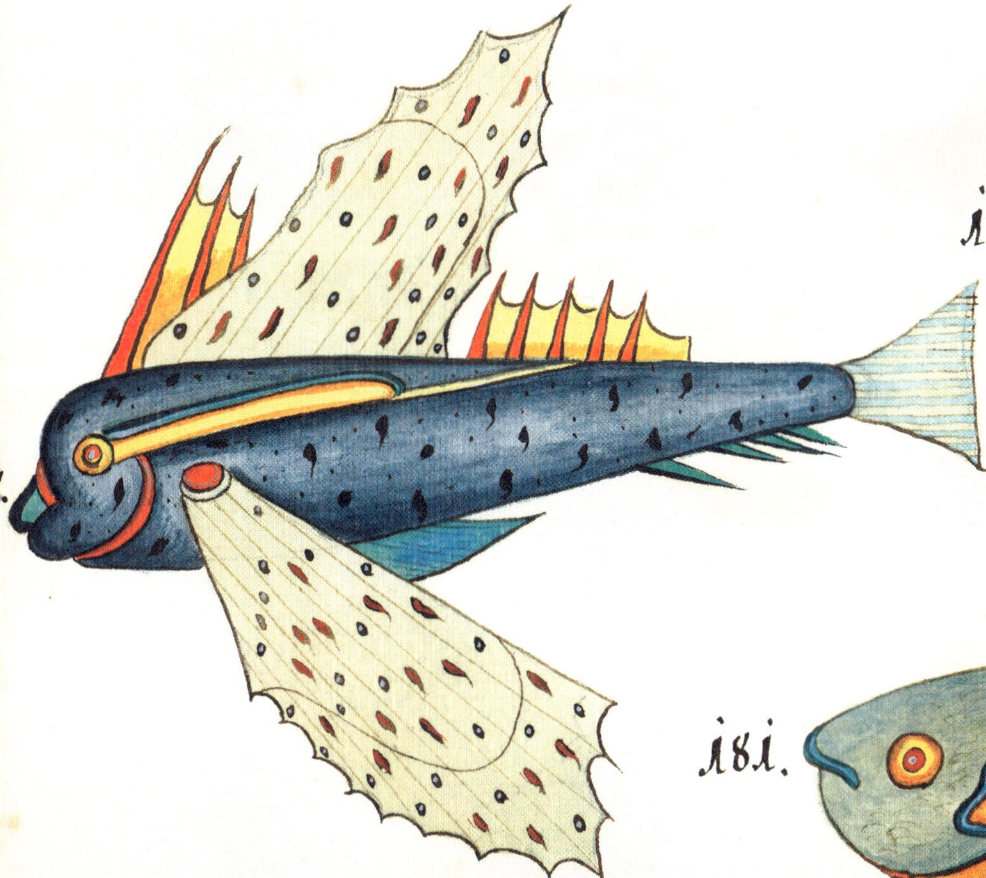

180.

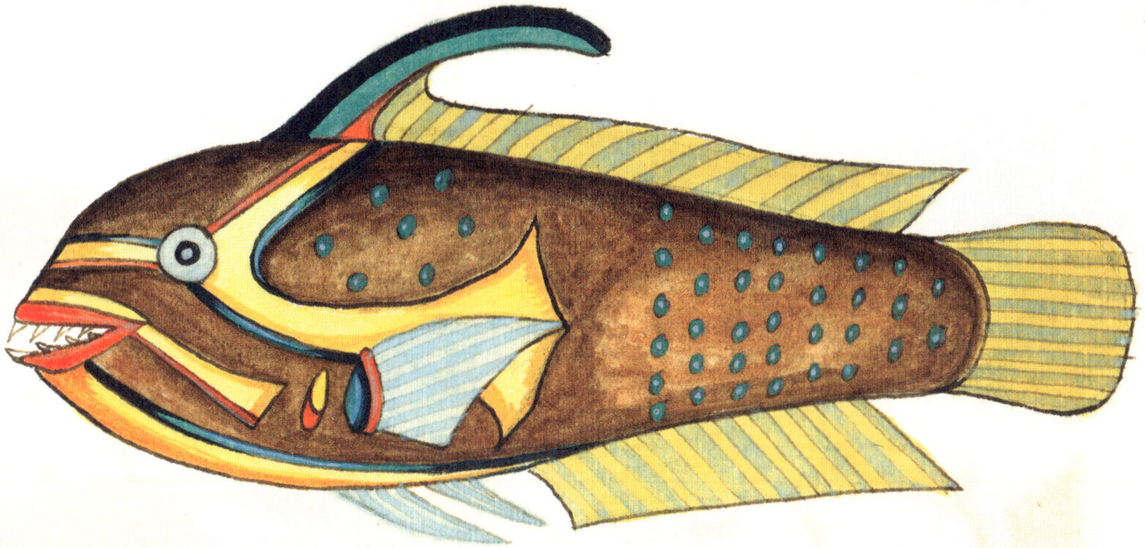

181.

182.

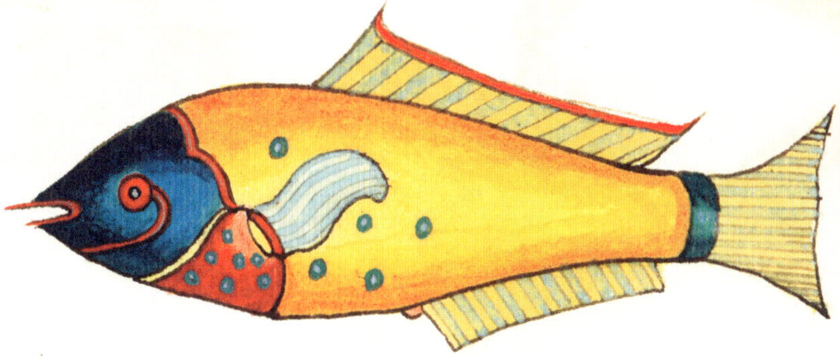

179.

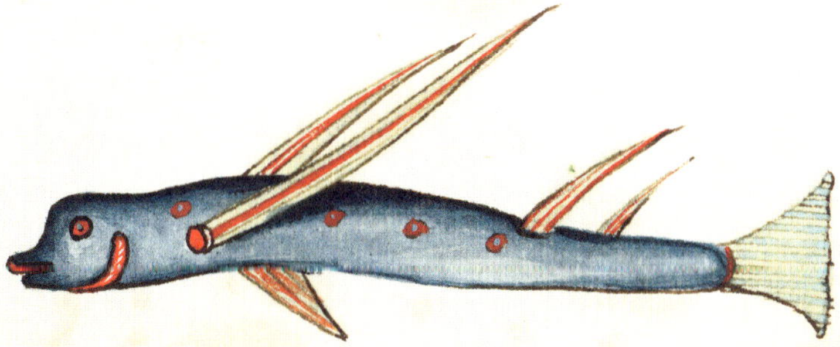

183.

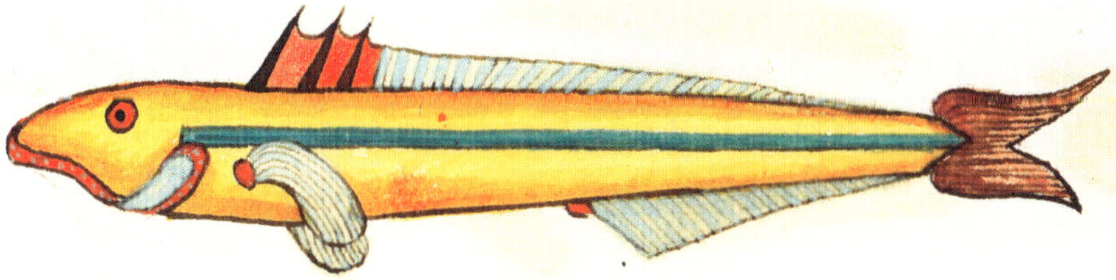

184. Sorte de Tomtombo ; a l'escaille comme la tortue.

185. Hang Buyck ; Sorte de Soufleur d'Amboine.

186. Kleen Ost Indisch Vaar ; Le petit Indien de Baguewal ;
tres bon, quand il est escorché.

187. Nonnin de Baguewal.

184.

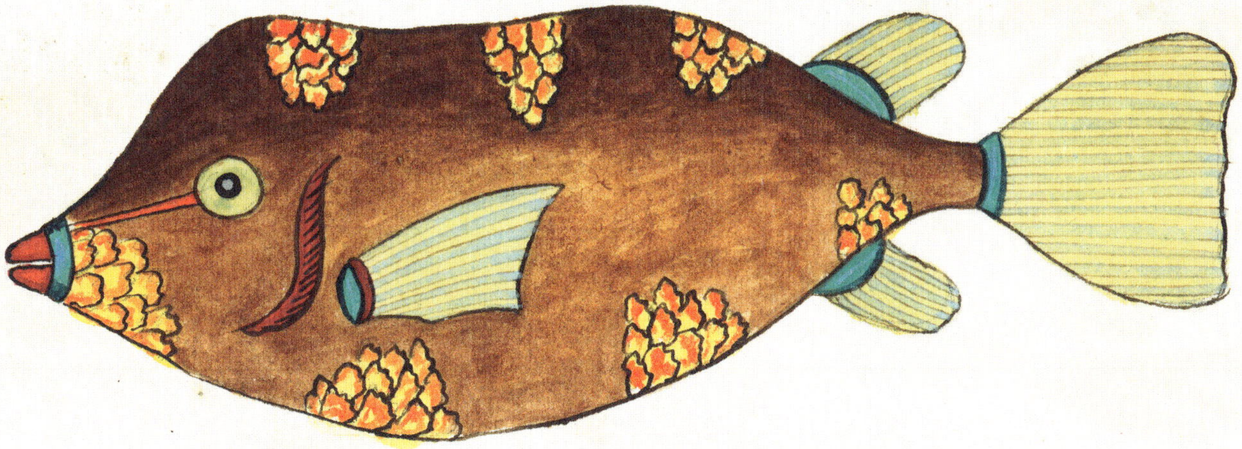

5.

187.

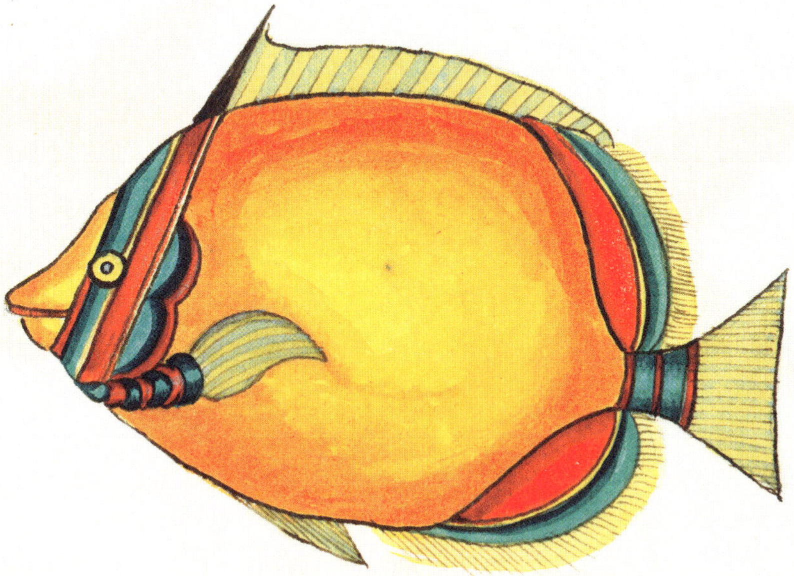

186.

188. Jean Tomtombo, poisson à l'Escaille de tortue.

189. Jacob Everse.

190. La femelle du Cheval Marin; tous les boutons sont d'un Os fort dur; Le Male Voj. n. 243.

191. Le Streepeling de Hila; bon.

192. Klip-Visch.

88.

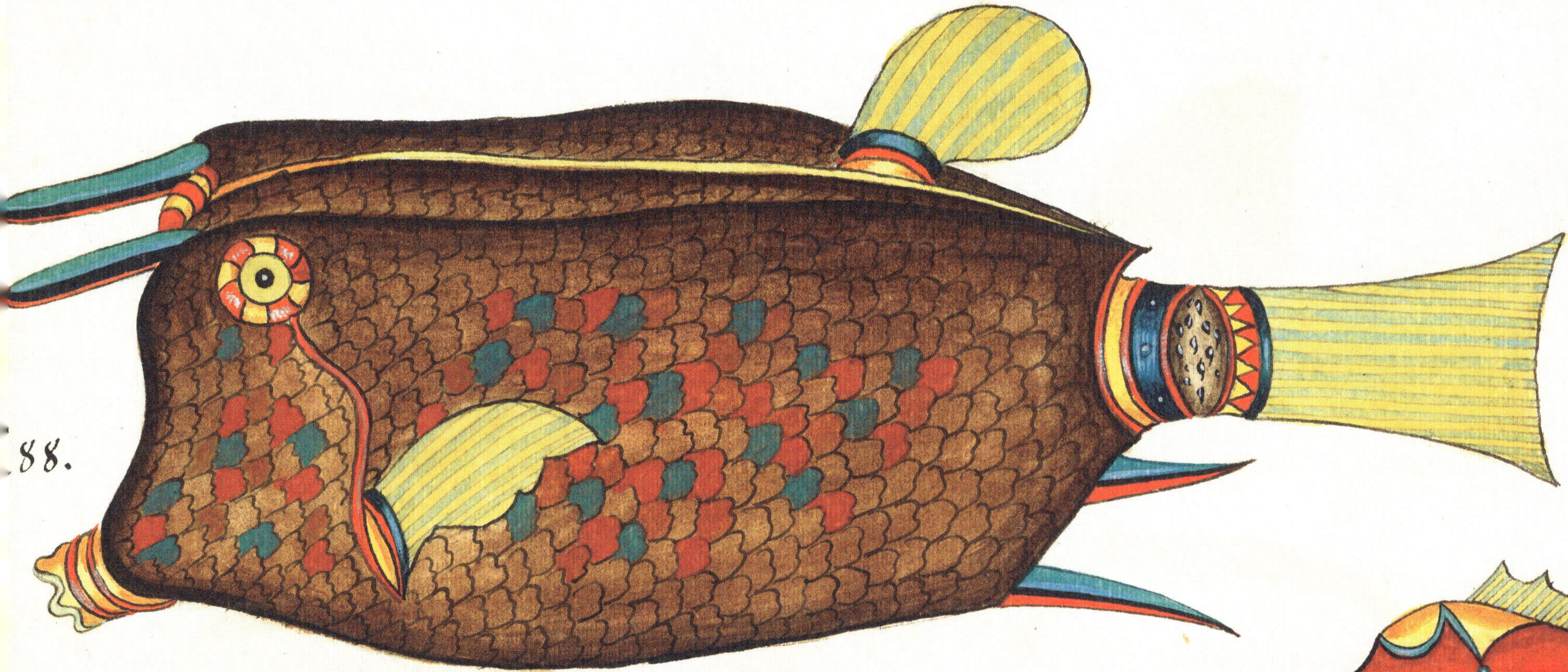

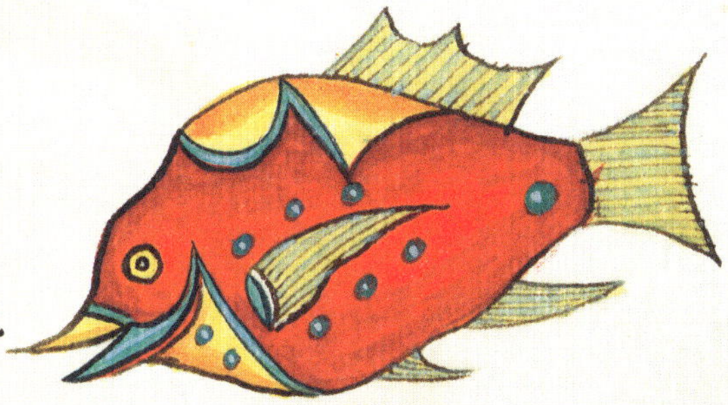

192.

189.

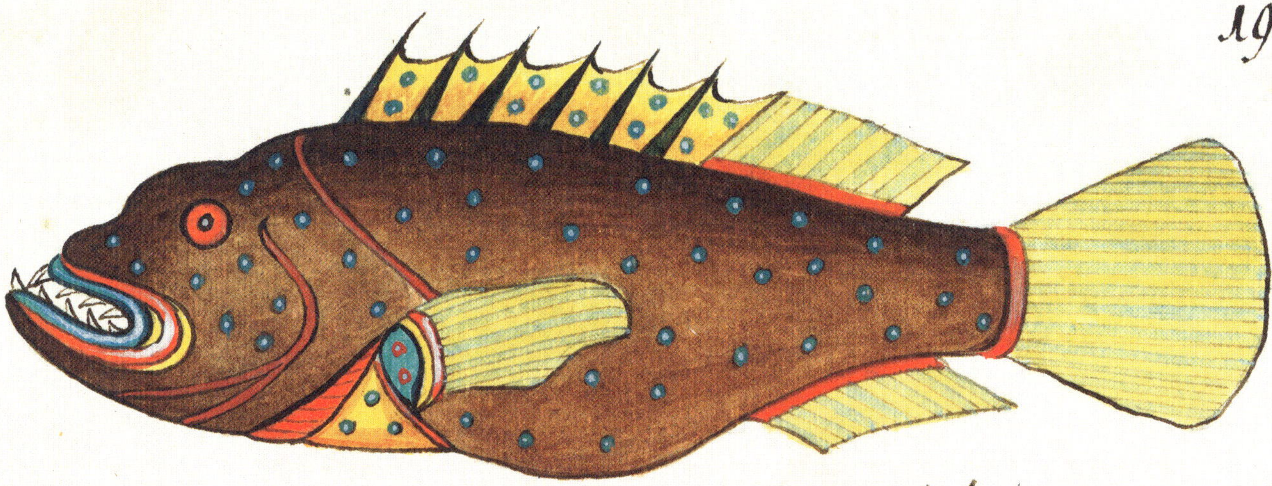

90.

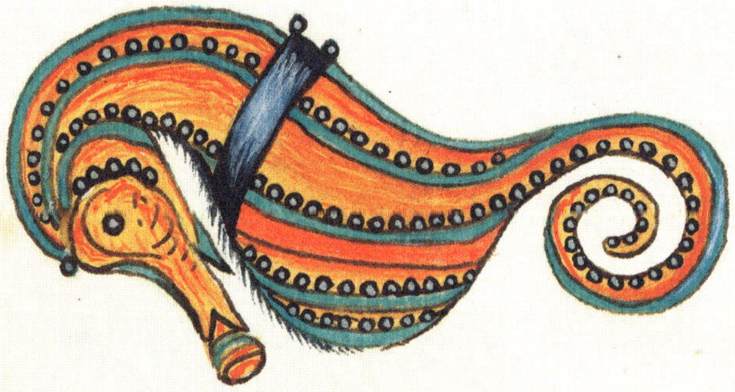

191.

193. Poisson volant d'Amboine ; Environ un pied de long ; Le Peintre dit en avoir souvent mangé.

194. Petit brochet de Baguewal.

195. Klip-Visch.

196. Le poulet d'Amboine, dont on fait des fricassées excellente.

197. Le poisson volant à deux Cornes. Voj: n. 179.

195.

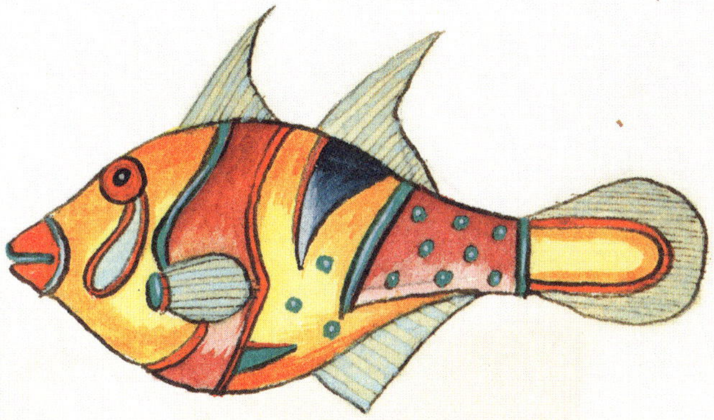

93.

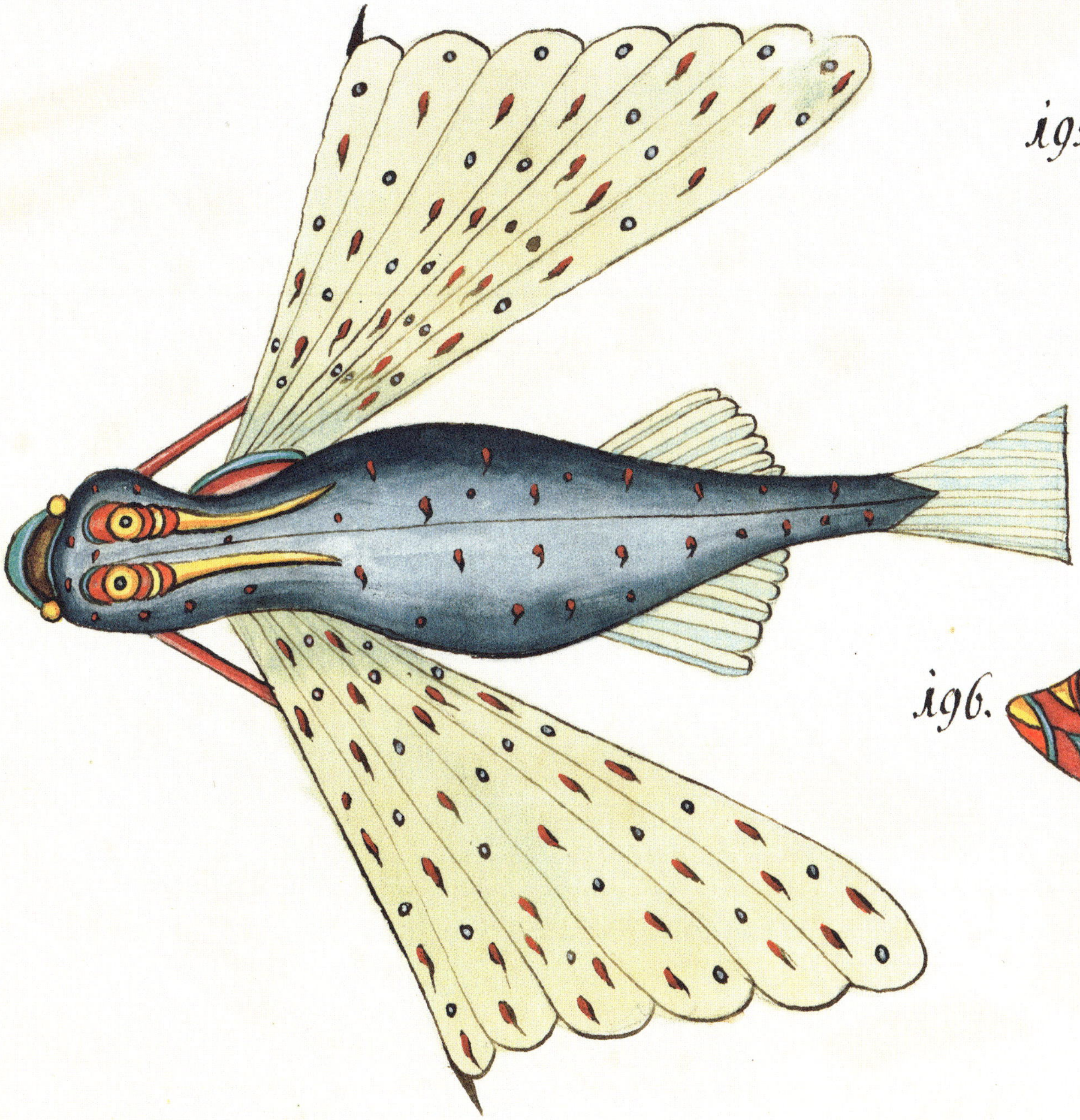

196.

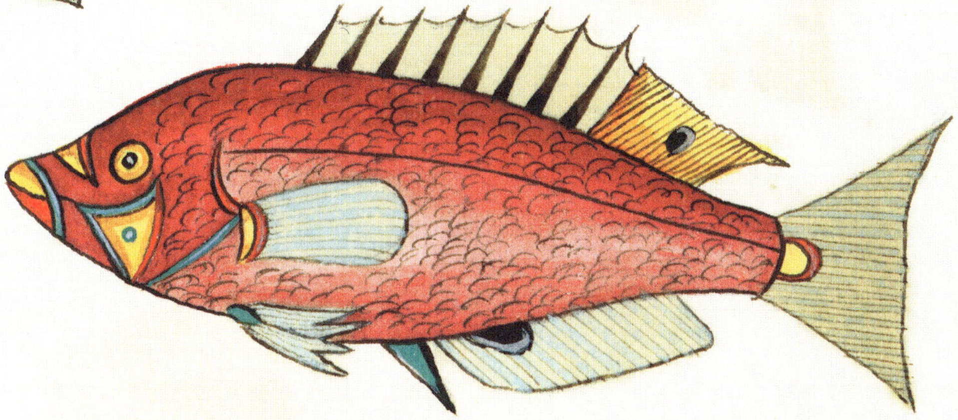

197.

194.

198. Harte Visch ; la femelle : Le Cerf , de la Coste d'Alfours ;
Les cornes , qu'il a sur le corps ressemblent aux Cornes des Cerf
elles touchent tout a fait la peau , et sont tres dures .
Voy: le Male n. 120.

199. Speer-Visch de la Rigue . Celuy cy est le Male .

200. Berg-Karper ; On prend ces poissons dans les Eaux sur les
Montagnes de la Rigue ; Il est de la grosseur et du goust des
Karpes de l'Europe .

201. Varkens-Visch van Amboine ; le poisson Cochon ; Les Noirs en
ont peur .

202. L'inconnu de Manipe ; Un Sergent le porta au Peintre à
Amboine pour le dessiner par ordre du General van Horn

198.

199.

201.

200.

202.

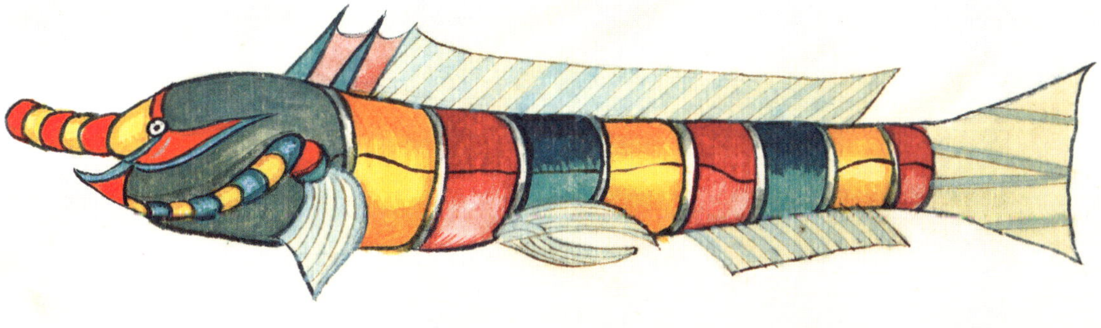

203. Jean Radi ; le poisson natté ; au passage de Baguewal ; de la grandeur du Cabillau, tres bon ; mais il le faut escorcher, la peau en estant tres dure.

204. Le Casuarus de Hila : à manger au poivre, sel et vinaigre.

205. Zee-Luys ; Pou de Mer ; La femelle.

206. — Le Male.

207. Groene Ridder ; le Chevalier vert d'Amboine.

.03.

4.

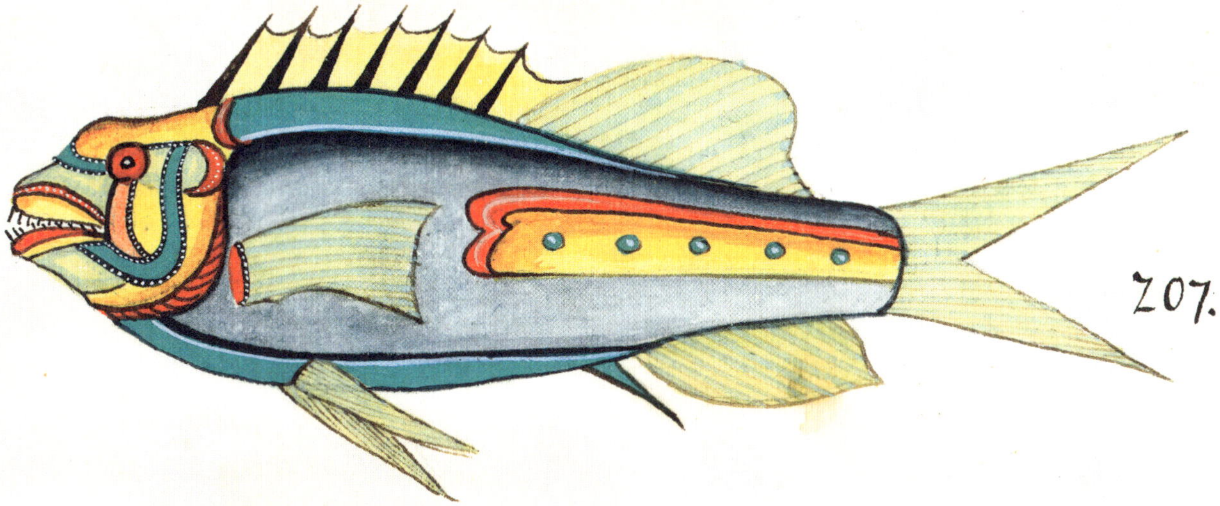

207.

206.

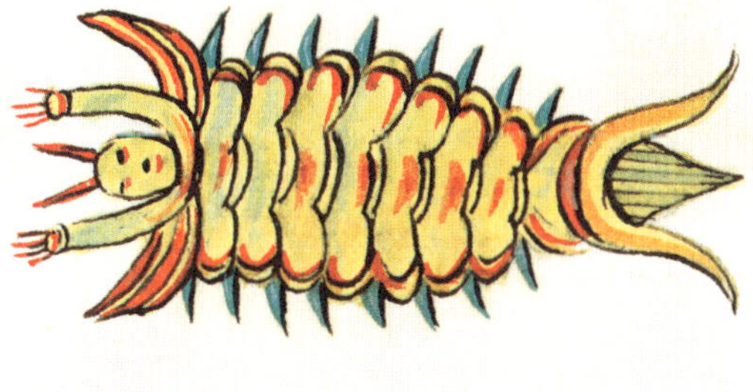

205.

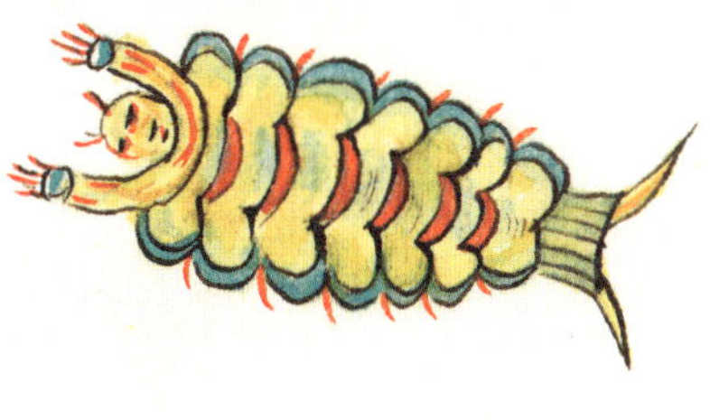

208. Klip-Visch.

209. Voorn d'Amboine; On le frit à l'huile

210. Le Goujon d'Amboine, assez rare, mais delicat.

211. Le Grand Ours d'Arouka; Il leve sa corne et l'avance pour sa defençe, comme il veut; fort bon

212. Le Laffertje; Il a un pied de long; On le mange à l'Eau, comme les perches. Voj. n. 74 - 103 - 166 et 167.

213. De Eenhorn; la Licorne de la Rique; de la longueur de trois pieds: bon à manger.

41.
08.
212.
211.
9.
213.
210.

214. Root Maantje ; Le Coq rouge , de la Baye Portugaise à Amboine .

215. Zee Duyvel van Hila ; le Diable Marin . Voj . n . 227 et 228 .

216. Dum Kop ; le Lourdaut de la Rique ; Il se laisse prendre comme un Sot .

217. La petite Ourse de Manipe : fort bon .

218. Amboonse Bleckje ; assez bon roti .

219. Klip - Visch : Espece de Caffer .

214.
215.
216.
217.
218.
219.

220. Klip Visch.

221. Kleen Blasertie; le petit Souffleur de la Rique.

222. Zyl-Visch; le Voillier; On voit ce poisson d'une et 2. lieus en Mer; Son Arrete d'en haut est comme une voile tachetée, qu'il tient toujours au Vent; Son bec est dangereux et dur comme du fer; Ce poisson est de 25 à 30 pieds de long. Il fait peur aux Gens de Mer, car quand on le voit, c'est signe d'Orage; Il ne leve pas sa voile autrement; C'est un' espece de Nageoir qui s'ouvre comme un Evantail, et qui se couche dans une fente, qui est le long du dos du poisson, comme si on l'y avoit faite avec une hache; Cette voile est quelques fois haute de 15. pieds, et souvant fort brillante; Il y en a pourtant aussi, qui ont les Nageoires et la voile tout noir: La peche de ces poissons est fort divertissante; On les pique avec un harpon, attaché à une corde, comme on fait à la balaine; Quand il se sent blessé, il en tr[aine] la chalsupe souvent 2. ou 3. lieus en Mer, si on ne l'abandonne; Ma[is] les Pecheurs ne s'en mettent point en peine, parceque le poisson revient toujours à l'endroit, ou il a esté blessé; On ne comprend pas cela, c'est pourtant un' Experience de tous les jours.

223. La Scie volante de Honimo proche d'Amboine. Il est long de 5. à 6. pieds et peut voler 100. pas.

224. Jean bato; le Male
225. ——— ; la femelle
226. Camp haantje de Bagewal; Le Coq est d'un pied long; la femelle Voj: n.[?] bon à rotir et bouillir.

20.
223.
224.
221.
225.
222.
226.

227. Le Bruyn Zee-Duyvel ; Le Diable brun d'Amboine, espece de la Raye.

228. Le Diable jeaune ; autre espece de Raye.

229. Petite Princesse, de la grandeur qu'on les prend ordinairement.

230. Sambi-lang ; Il suçe avec cet'espece de trompe, qui pend au Gosier ; ses arrestes sont venimeuses. Voj. la femelle n. 183, et un'autre espece n. 160.

231. Comtesse de Hila ; tres joly et bon poisson.

232. Le Loup de Nasselauwe ; bon comme le brochet.

230.

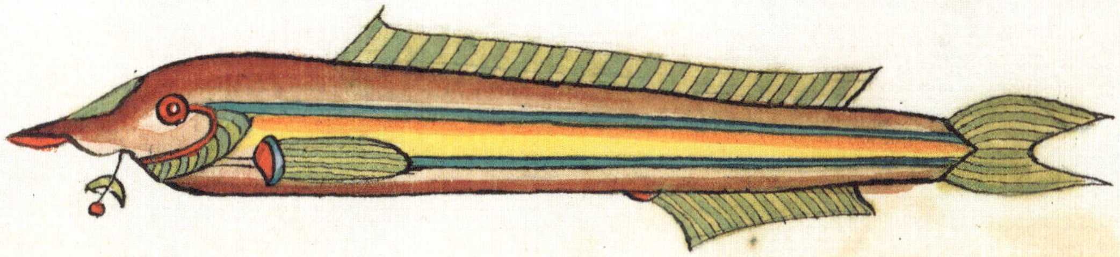

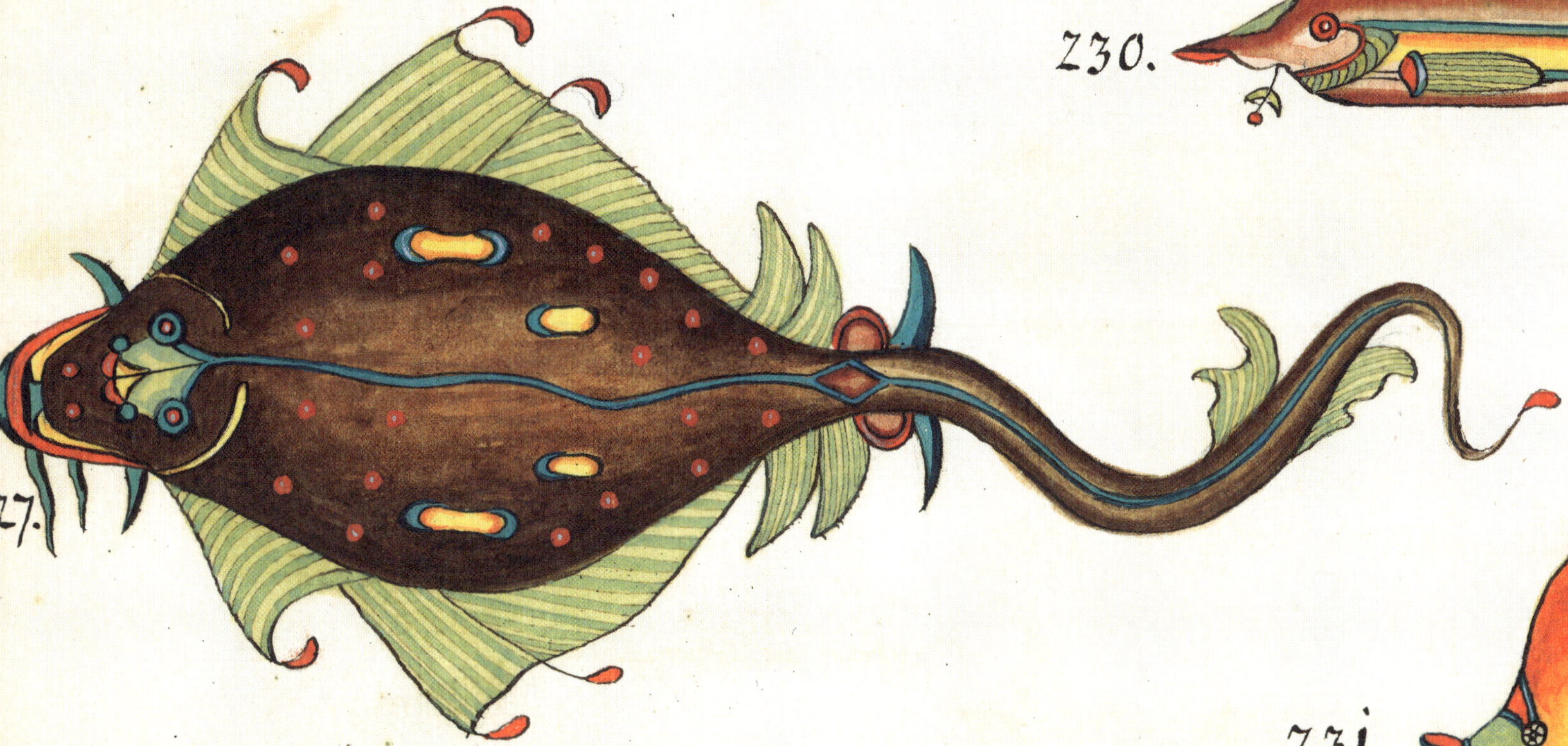

27.

231.

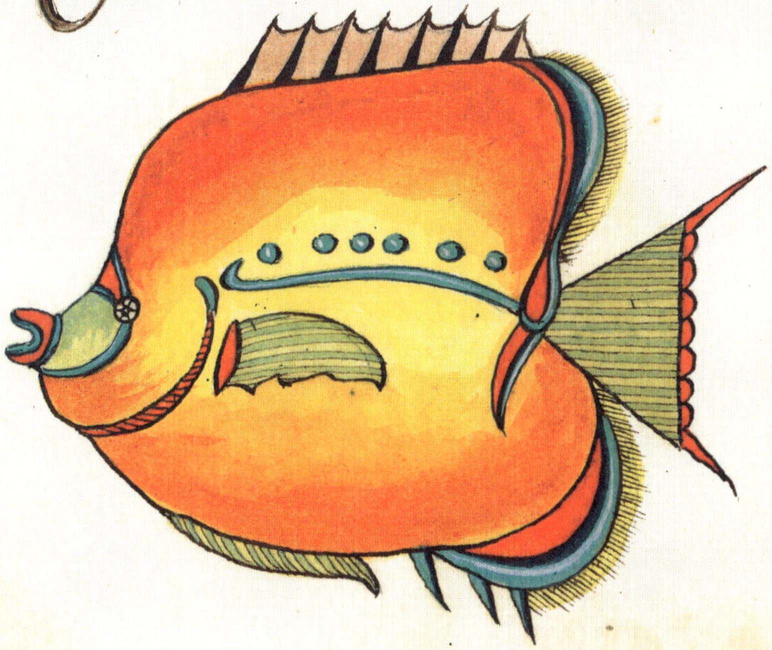

228.

232.

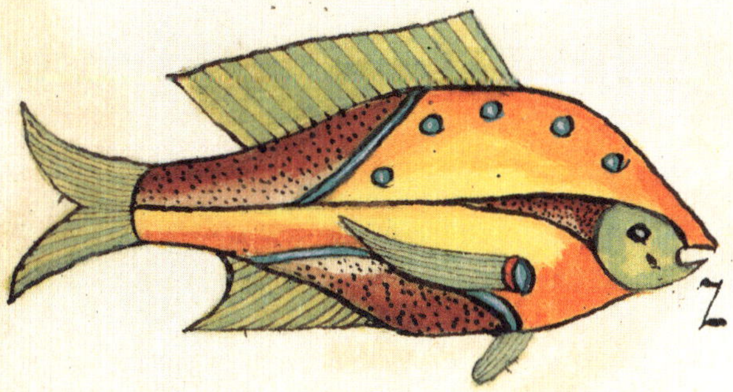

229.

233. Iean Svangi ; venimeux.

234. Iean Svangi ; venimeux.

235. L'Insulaire de la Rique ; tres bon

236. Le Diable des Mores ; dont l'Idole est n. 383. ; tres agreable ;
Celuy cy se peche au Kaymans-hoeck pres d'Amboine ; Les More
en ont une peur epouventable ; Ils se jettent à terre au moment
qu'ils en vojent un dans nos filets , et se precipitent dans la Me
s'ils les vojent dans un batteau.

237. La petite Princesse d'Amboine ; Le Peintre dit l'avoir gardé 8. j
dans une bouteille.

238. Kikvorst ; La Grenouille d'Amboine ; Il a esté gardé en vie par l
Peintre deux jours vivant.

233.

236.

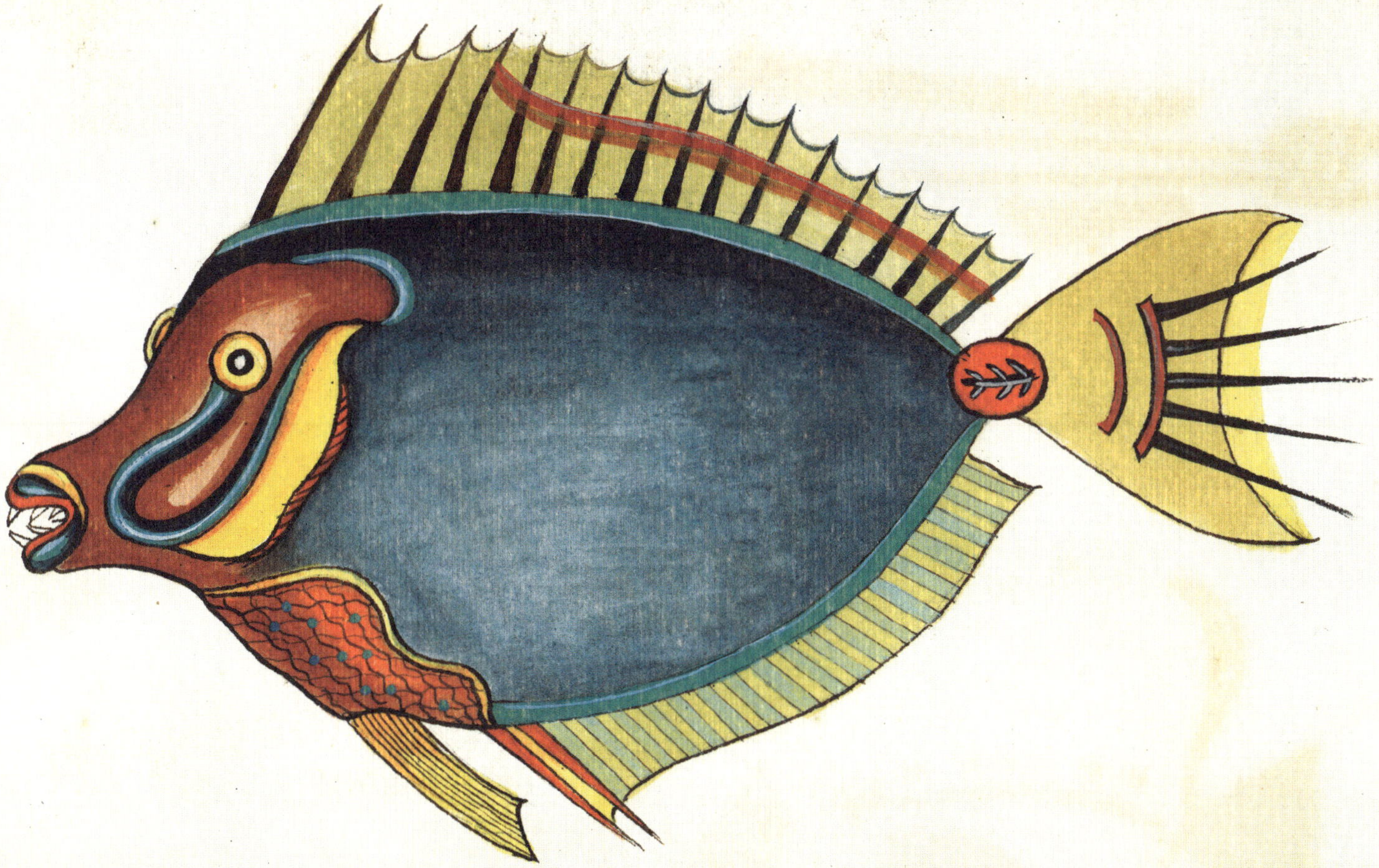

4.

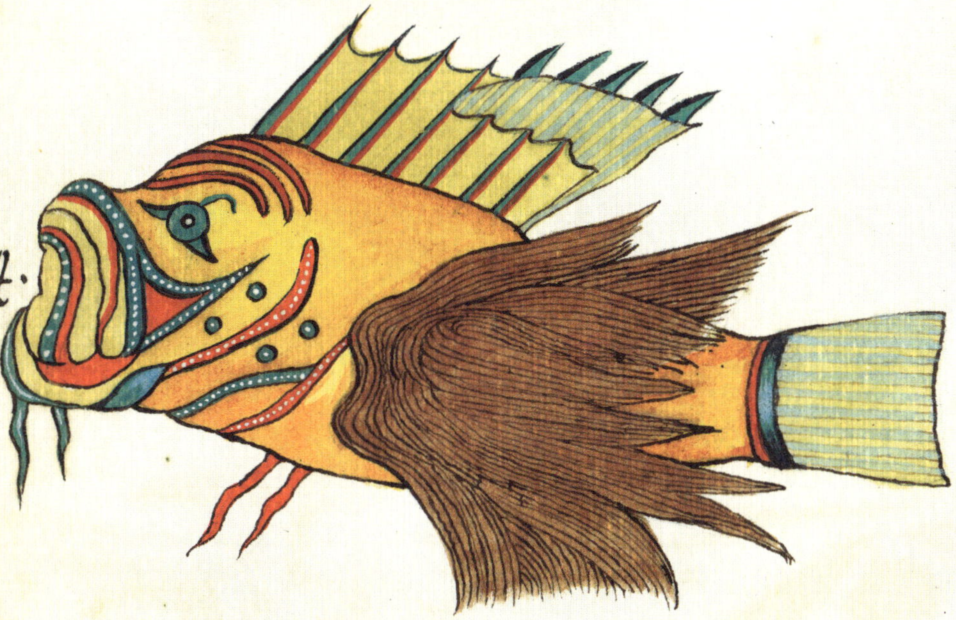

237.

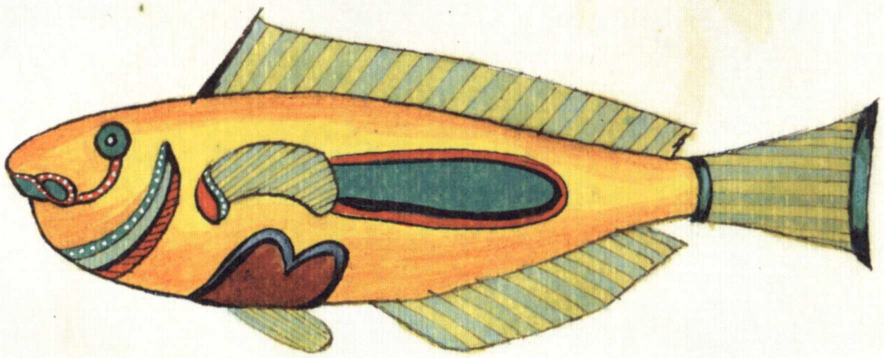

35

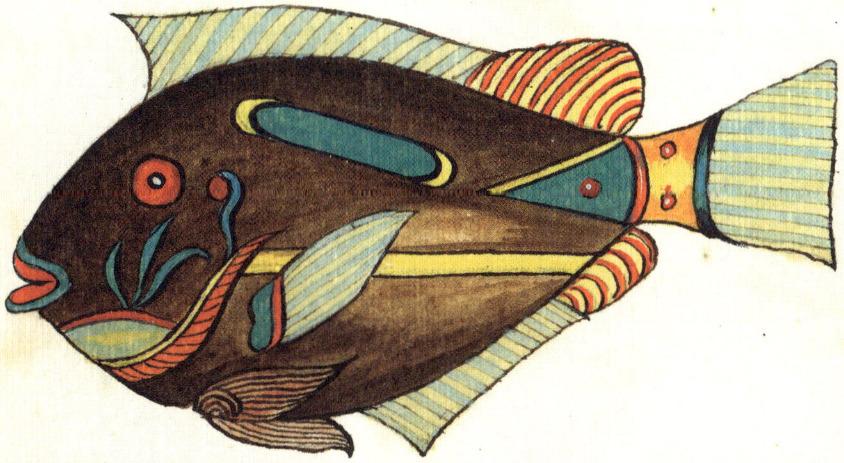

238.

239. Le Dromedaire du Mont Rouge sous Amboine ; tres bon.

240. La Demoiselle d'Amboine ; tres delicate.

241. d'Jean Serbandel , la femelle , Voj: n. 248.

242. Klip-Visch ; Lange beck ; Voj: n. 269.

243. Le Cheval Marin ; dont la femelle Voj: n. 190.

239.

40.

242.

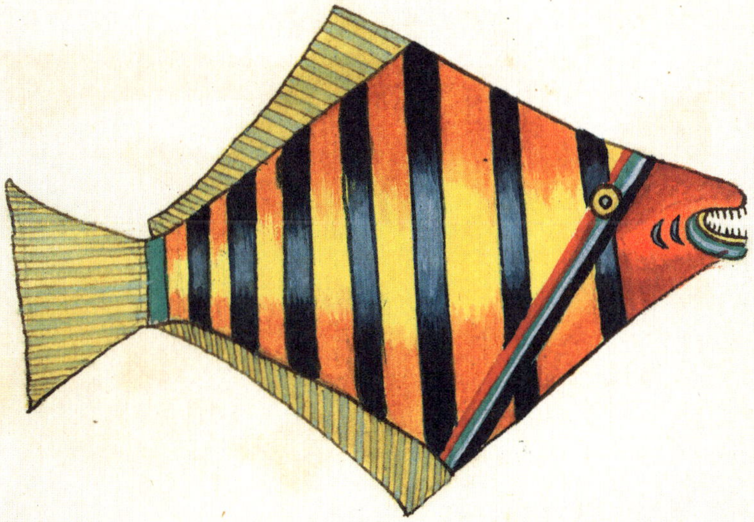

241.

243.

244. Kaketou de Hila pres d'Amboine ; tres bon.

245. Klip-Visch.

246. Bruyn Popoetje, of Speer Visch : Il est venimeux dans les arrestes.

247. Jean Dourioun, of Ezel-Visch ; Les Noirs en font des bone. à l'epreuve du Sabre. Voj: la femelle n. 50.

248. Jean Serbandel, of Cust-Visch ; Le Male ; Voj: la femelle n. 241.

244.
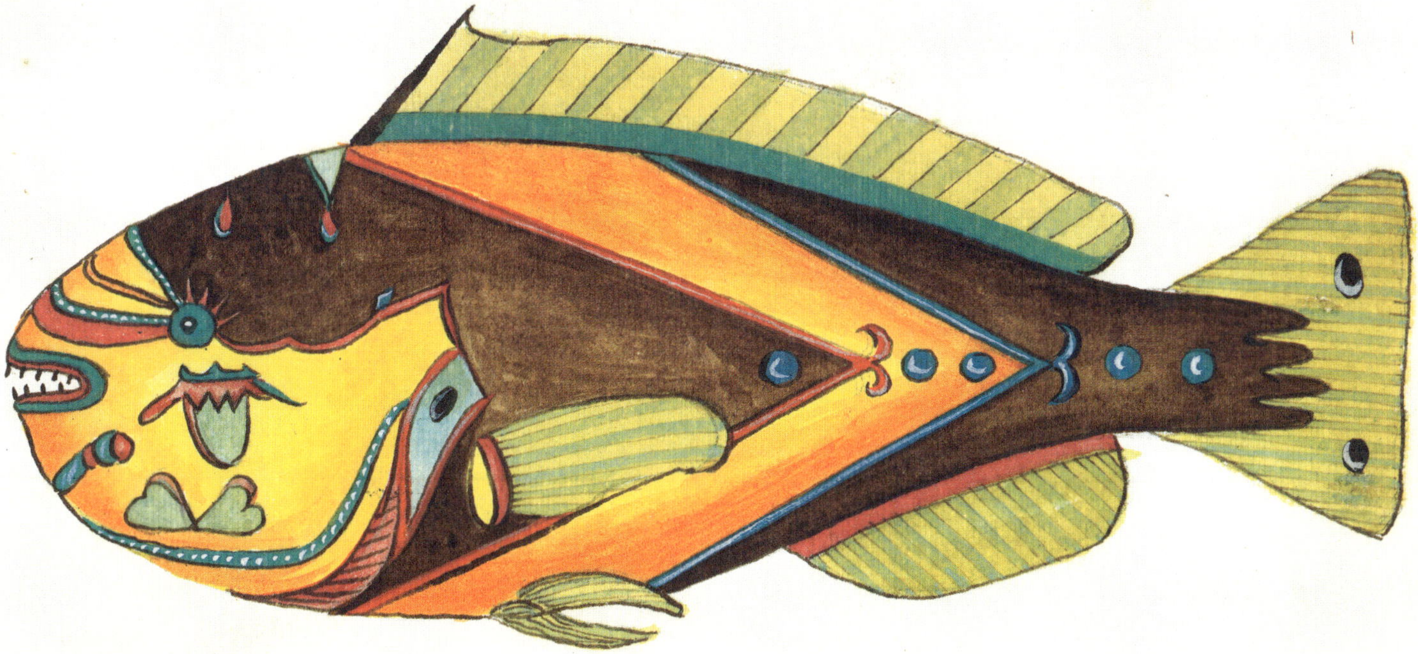

45.

247.

246.

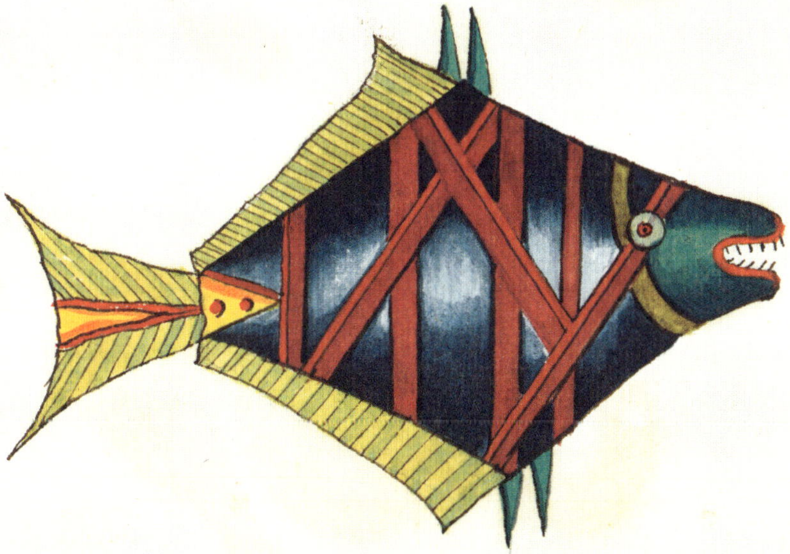
248.

249. Le Turc ; On le peche a Amboine pres du Mont Rouge fort delicat à toute sauçe.

250. Poisson volant d'Amboine.

251. Tomtombo ; à Escaille de tortue.

252. – Sans nom.

253. Jean Suangi.

49.

0.

252.

51.

253.

254. Le Grand Tigne d'Amboine ; tres bon à toutes sauçes.

255. La None bleu d'Amboine

256. Klip-Visch.

257. Jacob Everse.

258. Le Male de n. 312. Un Ministre les a porté tous deux
au Peintre, pour les dessiner par ordre de General van Ho.

254. 

55. 

257. 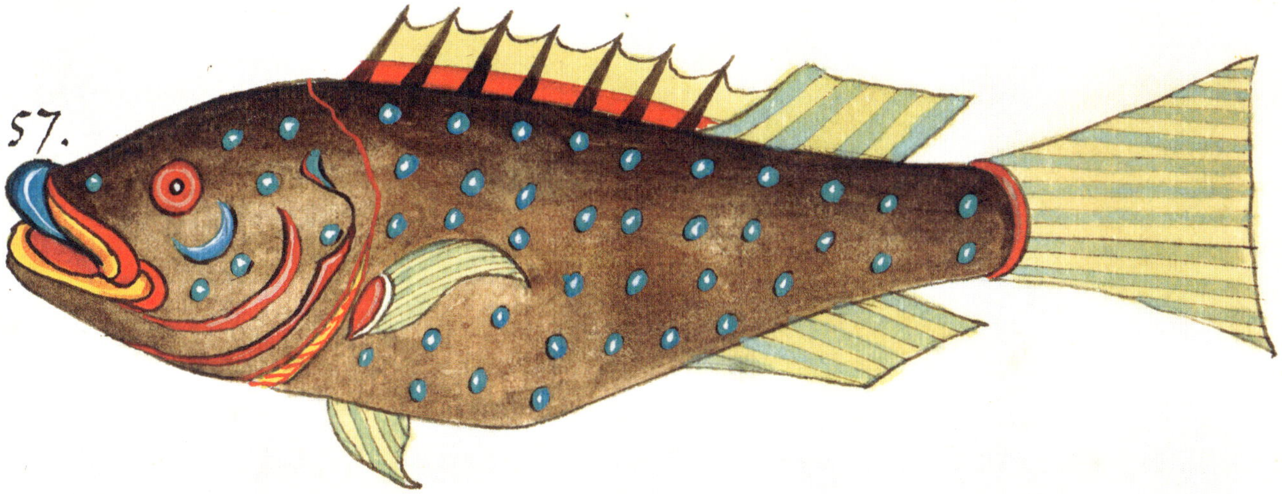

56. 

258. 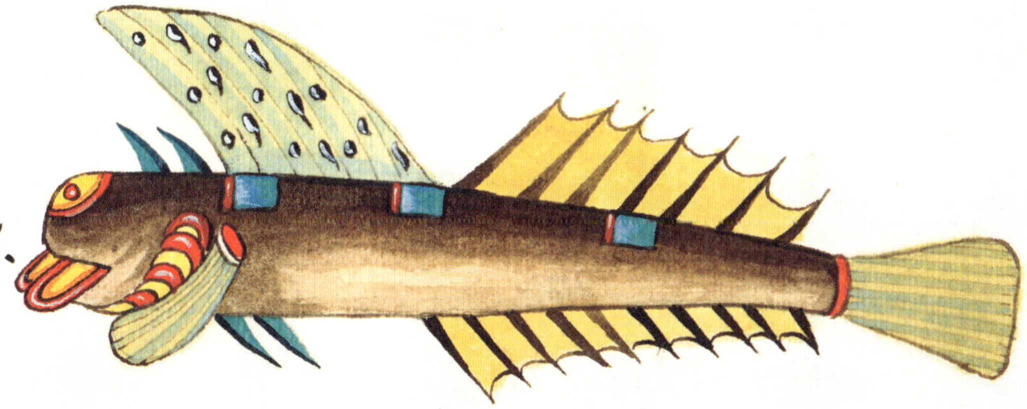

259. Le Loup d'Amboine, dont on fait un' espece de Molue, mais il faut l'escorcher.

260. Poisson peché dans le Caymans-hoeck proche d'Amboine.

261. Poisson pris et dessiné à Hila.

262. Poisson de plaisir dans les Estangs.

263. Poisson pris et dessiné à Hila.

264. De Sandkruyper; L'Ensablé; On les prend dans le sable sur la coste, ou il se roule et enfonce quelque fois de deux pieds; C'est un' espece de Remora. Il est bon seché, comm' Sorret.

259.

260.

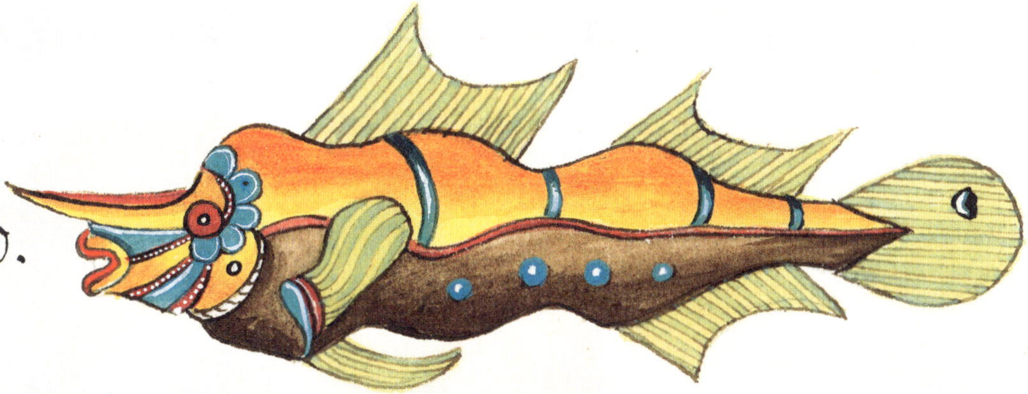

262.

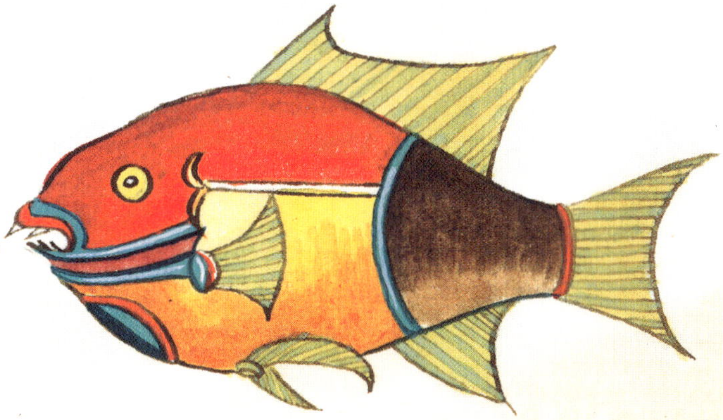

261.

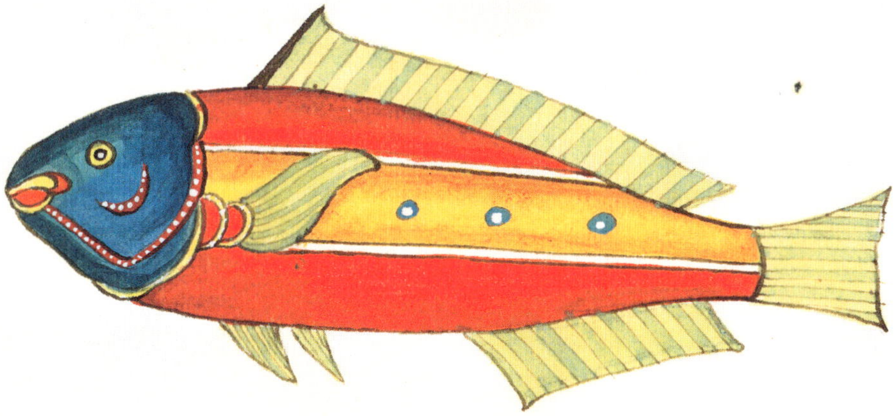

263.

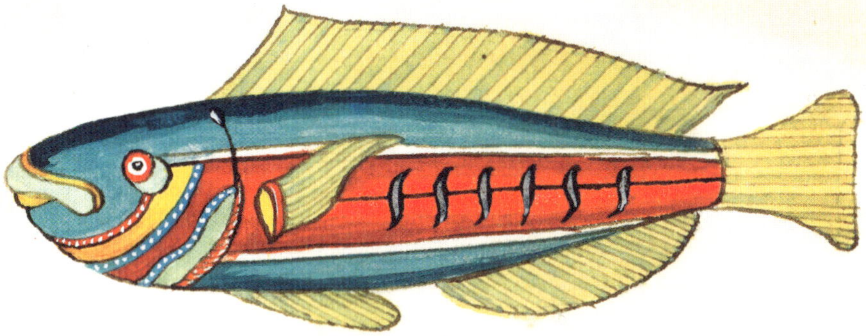

264.

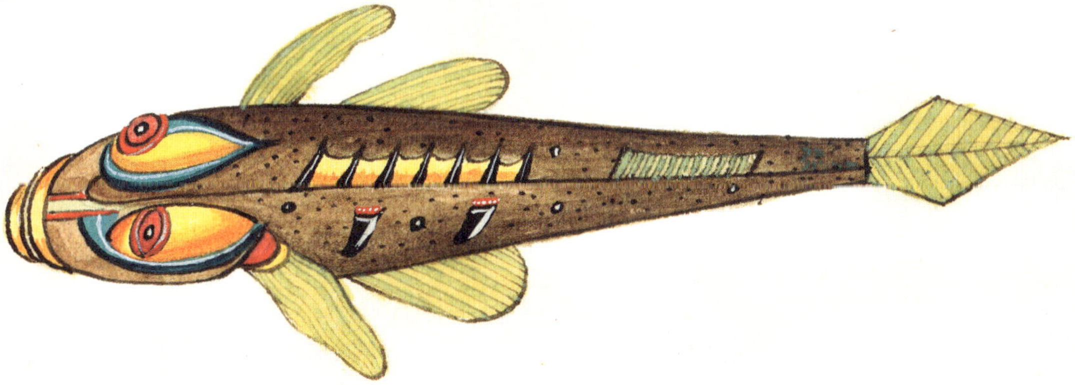

265. Le Poisson de la Lune ; de Maan-Visch ; On les peche aux trois Freres ; Il est bon en temps de pleine Lune ; Ma il est mol comme de la boue, au declein et au croissant de l Lune ; On les prend assez souvent.

266. Harockse Brasem ; tres beau et excellent poisson ; Il est fort gras ; On les rotit ordinairement sur le Gril avec les entrailles et tout en est bon. Vej: le Male n. 15.

267. Duchesse d'Amboine ; tres joly dans les Reservoirs.

265.

266.

267.

268. Groot-Oog ; Gros yeux ; comme un Cabillau ; bon.

269. Gebandeer de Lange beck de la Rigue ; ne vaut rien : Voy : n. 242.

270. Jean Piso, of Pennemisje ; ce n'est pas grande chose pour manger.

271. Sans nom.

268.

269.

271.

270.

272. Jacob Everse.

273. Poisson à l'Escaille de Tortue.

274. Le Courtisan d'Amboine; tres bon à l'Eau et au persil.

275. Klip-Visch.

272.

273.

274.

275.

276. Dessiné à Hila, quand il estoit de-ja mort.

277. Jean Binco; Slimme Visch: On le peche au Kayman-he
On le sale comme la Molue, et est fort bon

278. Commun à Amboine.

279. Petit Chasseur de Hila; Il est rare

280. Est commun, et bon frit à l'huile.

276.

279.

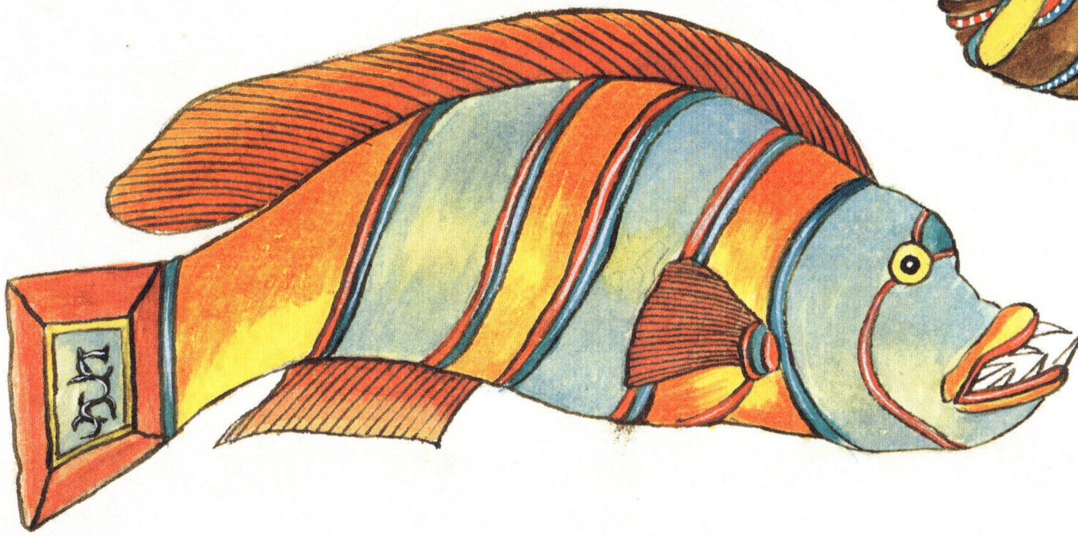

277.

278.

280.

281. Speer-Visch, de la Rique; est bon, et de l'ordre de ceux, qu'on appelle Piquiers.

282. Sans nom.

283. Fluytertie; On l'entend d'une lieue. Il met le bec hors de l'Eau, et siffle tous les soirs, apres le coucher du Soleil.

284. Knevel-bart; Le Barbu d'Amboine.

281.

282.

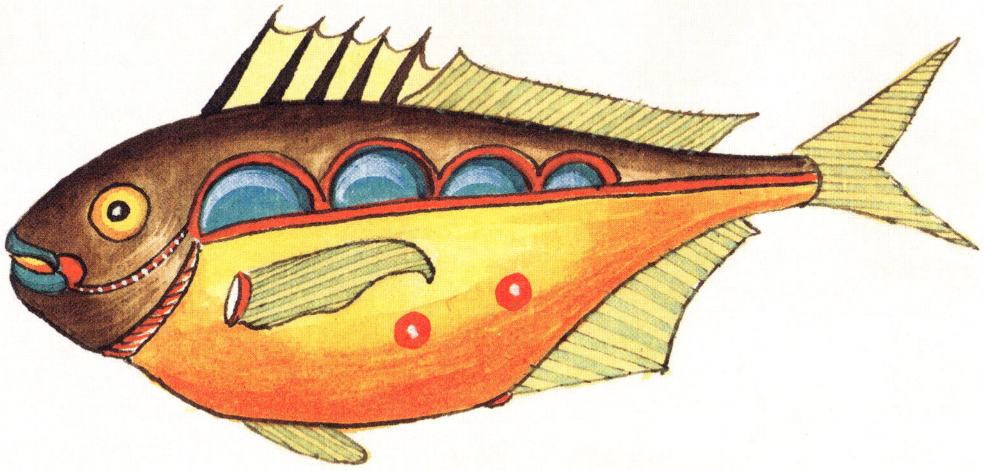

284.

283.

285. La Toile, peinte à bandes rouges de la Rique, pres des tro
Freres ; Le Peintre dit de l'avoir peint sur deux differents
poissons, qu'il a veu en vie. Un' autre espece n. 304,
l'on dit estre la femelle.

286. Jean Svangi ; Venimeux.

287. Le tacheté ; On le garde pour le plaisir.

288. Le Camus en forme de Schel-Visch ; commun ; On le seche,
et allors il est bon.

285.

286.

288.

287.

289. Bleuet Poupou, de la Rique ; On le peche aussi à la Baye Portugaise et au passage de Bagewal.

290. Saulmonet ; tres bon ; Voy: la femelle n. 4.

291. Le petit d'Oré.

292. La femelle du petit d'Oré, qui a le Nez bleu, et le mantòn double.

289.

290.

291.

292.

293. Le Tigre Jeaune ; Il ne mord point , et est fort bon.

294. Jean Swangi ; Venimeux.

295. Sans nom ; rare.

296. La Salamandre à Manipe ; excellent.

293.

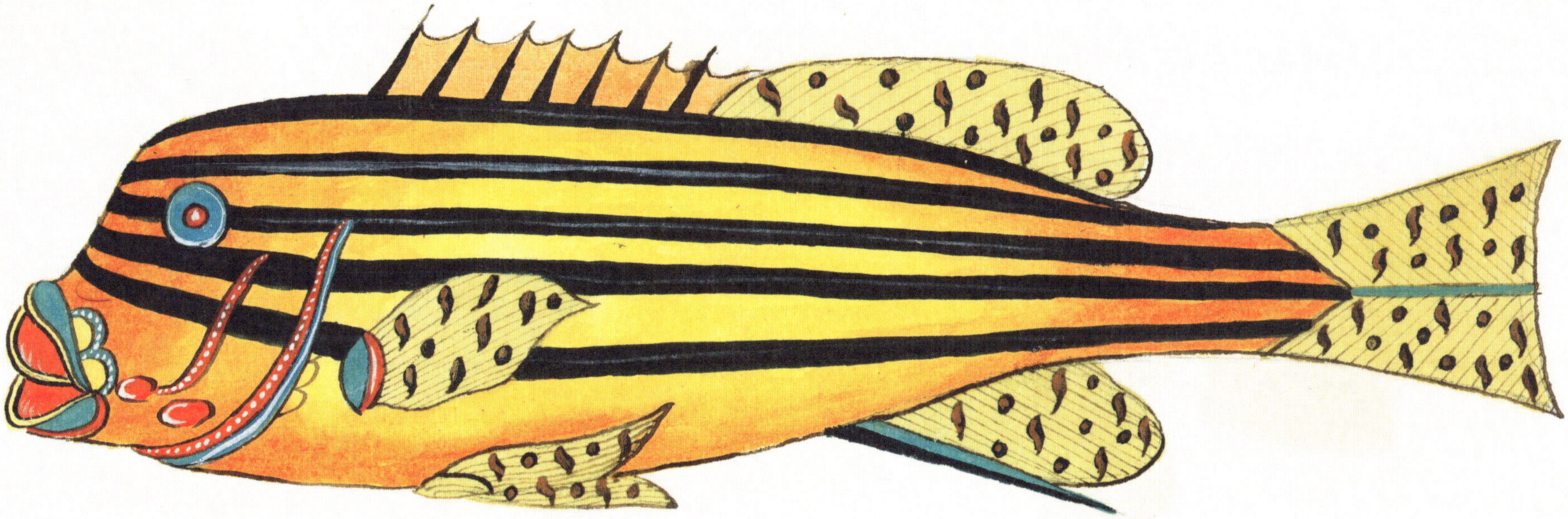

94.

296.

295.

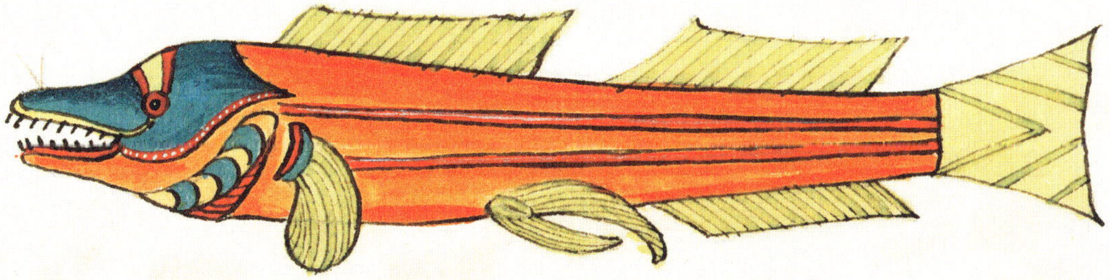

297. Quick-Staart ; Male ; Si l'on prend l'un, l'autre se jett
hors de l'Eau sur la terre ; fort bon.

298. Le Trompette, qui se fait entendre plus d'une lieue sur
Mer ; On le prend dans la Baye Portugaise ; est bon
à manger.

299. Quick-Staart ; la femelle.

297.

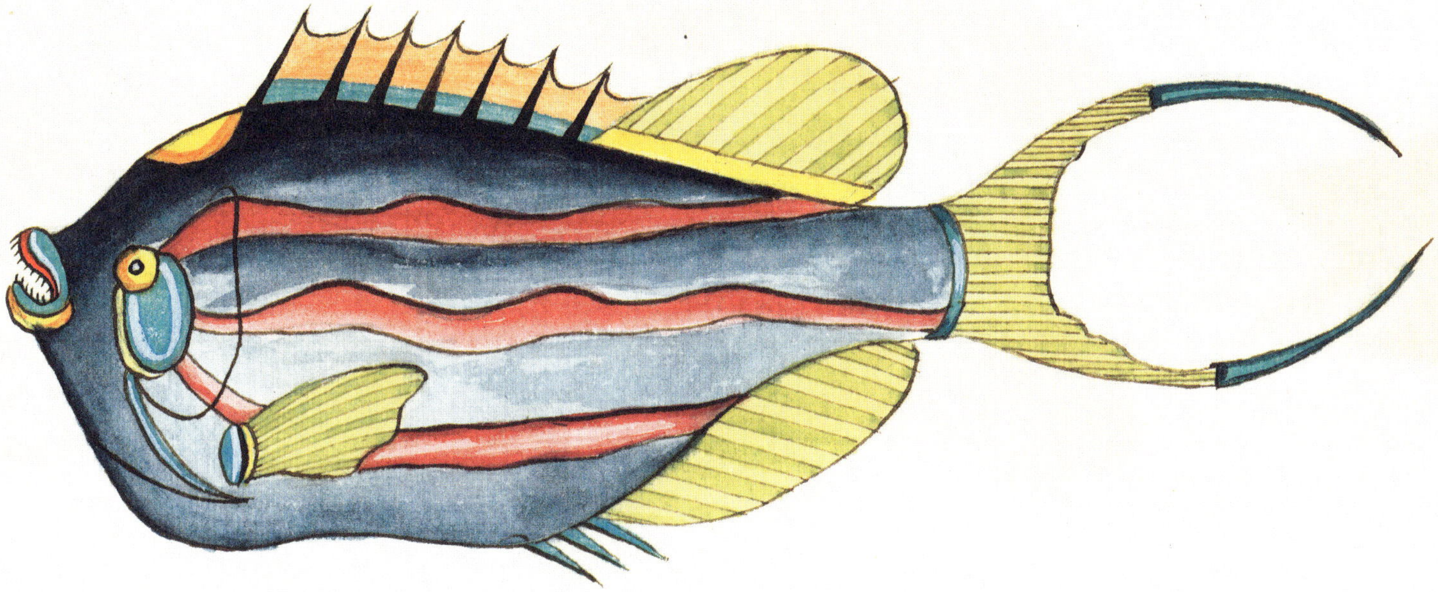

298.

299.

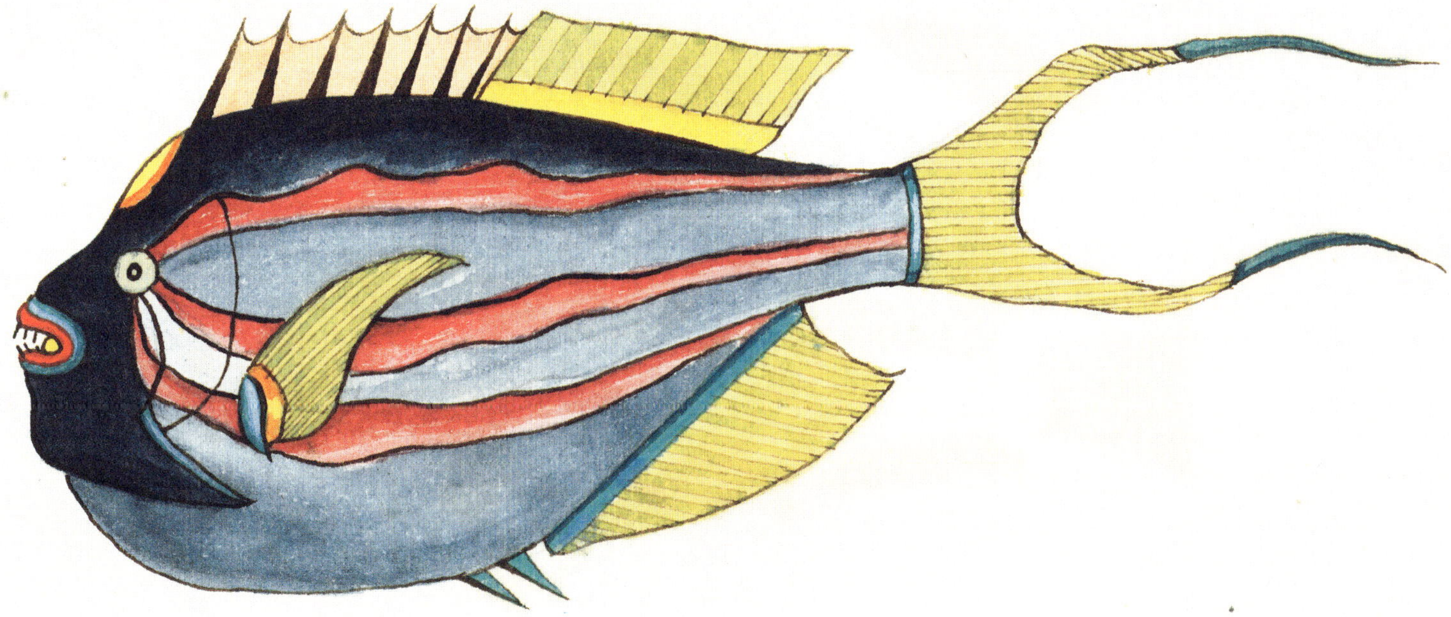

300. Harang-pek de Banda.

301. Jean Svangi ; commun à Amboine ; est venimeux.

302. Jacob Everse, Brunbandé Jeaune.

303. Lootsy Lootsy, qui suit les Häger, ou Vaches Marines

300.

302.

301.

303.

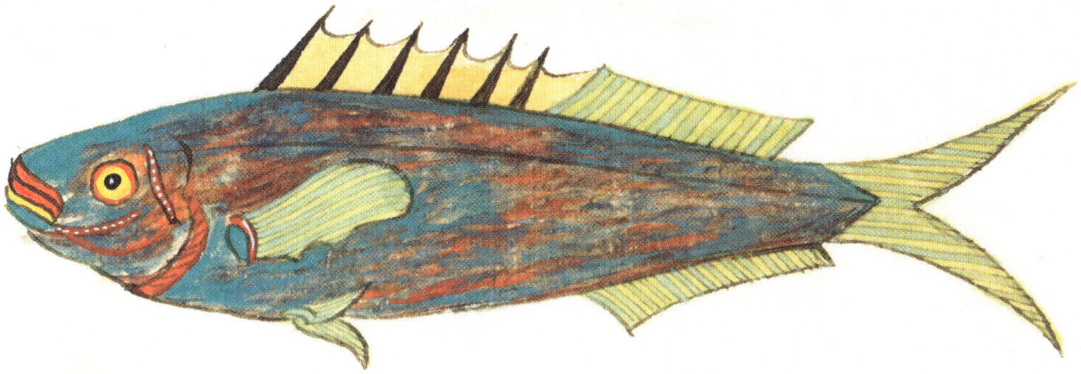

304. La Toile peinte à la Rique ; bon à manger.

305. La Blaye d'Amboine.

306. Rare ; Le Peintre avoue de ne l'avoir jamais veu en vie.

304.

05.

306.

307. Le Grand Coffre ; Jean Tomtombo , à l'Escaille de tortu
qu'il faut rompre pour en tirer le poisson.

308. Rare , mais tres beau ; Le Peintre asseure , d'en avoir
deux , l'un au Mont Rouge , et l'autre à Loeven.

309. Rare ; d'Alsoerese.

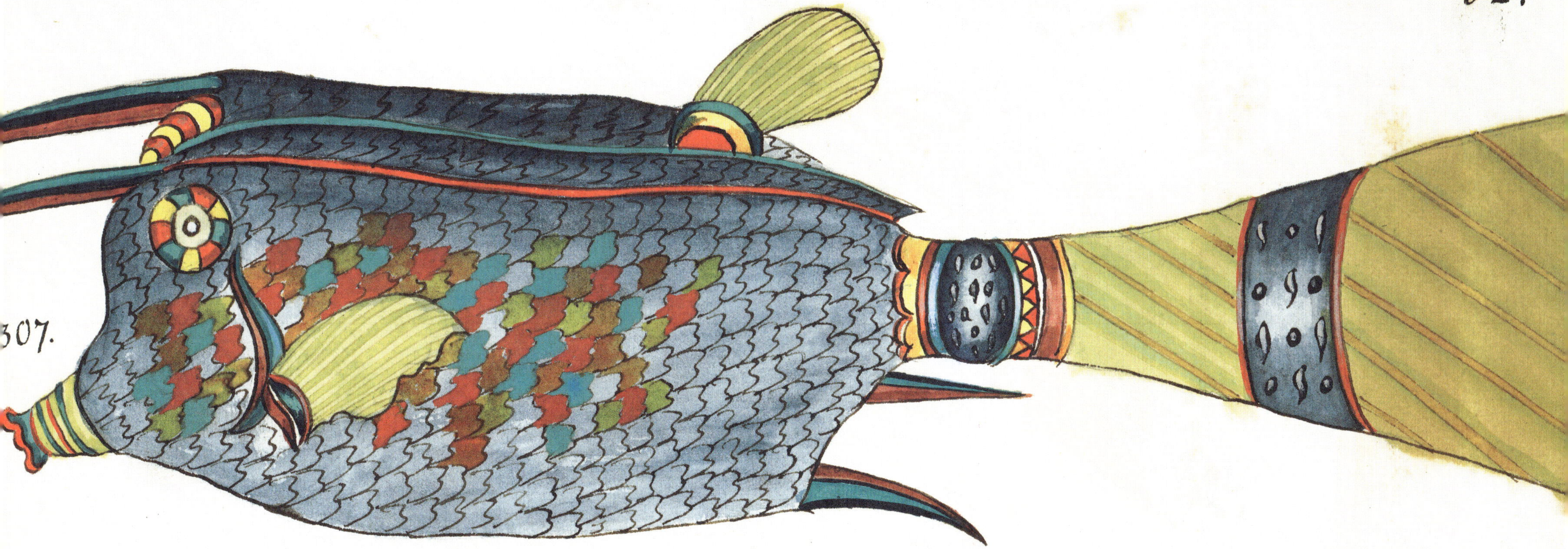

307.

308.

309.

310. Le Sprinck d'Or ; delicieux à manger.

311. Une Konnan de Bantam.

312. Rare d'Amboine ; Vòj. le Male n. 258.

313. Le Capitaine Espagnol ; rare, mais bon.

310.

1.

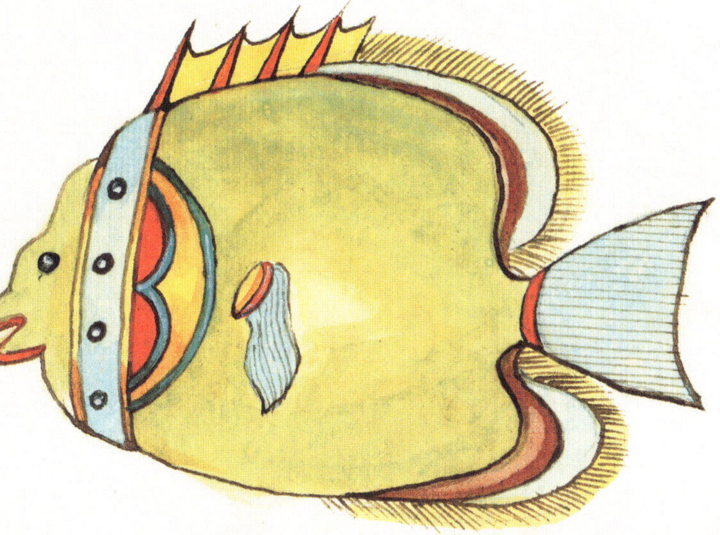

313.

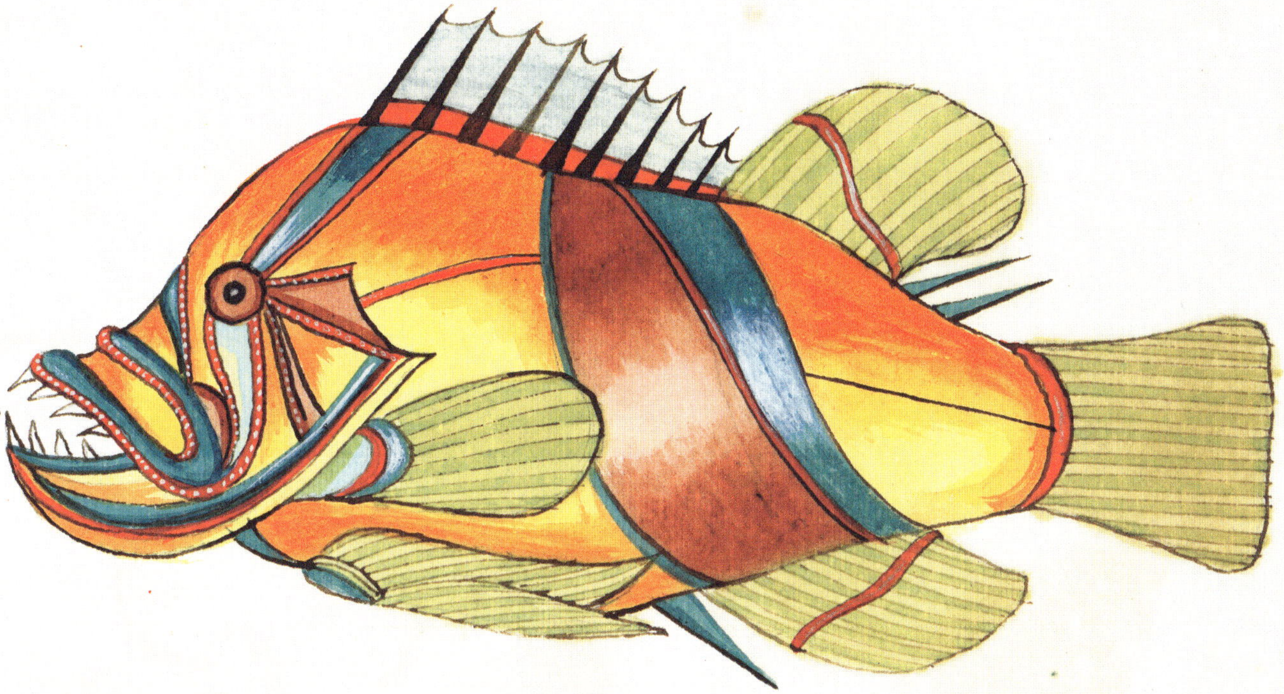

312.

314. Le Grand Soufleur, pesant environ cent livres; Il avale une grande quantité d'Eau, et la lance avec force, pour se defendre, ou pour estourdir les poissons, qu'il veut prendre

315. Poisson de plaisir, que l'on porte a la poche, qui se plie comme un Ver, et peut vivre quatre jours hors de l'Eau.

314.

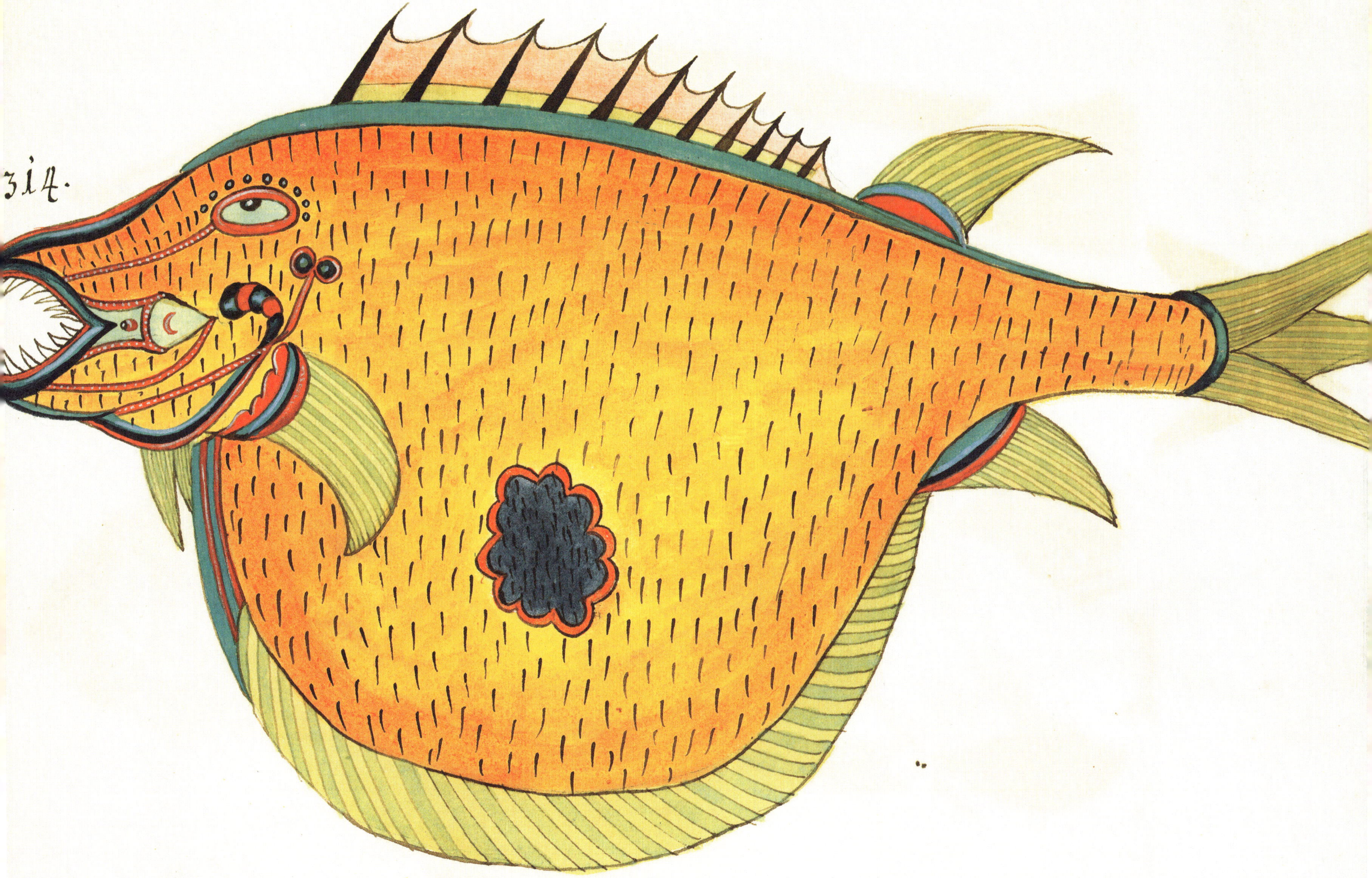

315.

316. Le Grand Kaketou ; tres bon ; On le sale aussi.

317. Levre pendante.

318. Rare ; Le Peintre dit d'en avoir veu un seul à la Riv
Il avoit la peau dure, du reste fort bon.

319. Salmoniack du Kaymans-hoek ; un' espece de Saumon
tres bon.

316.

317.

319.

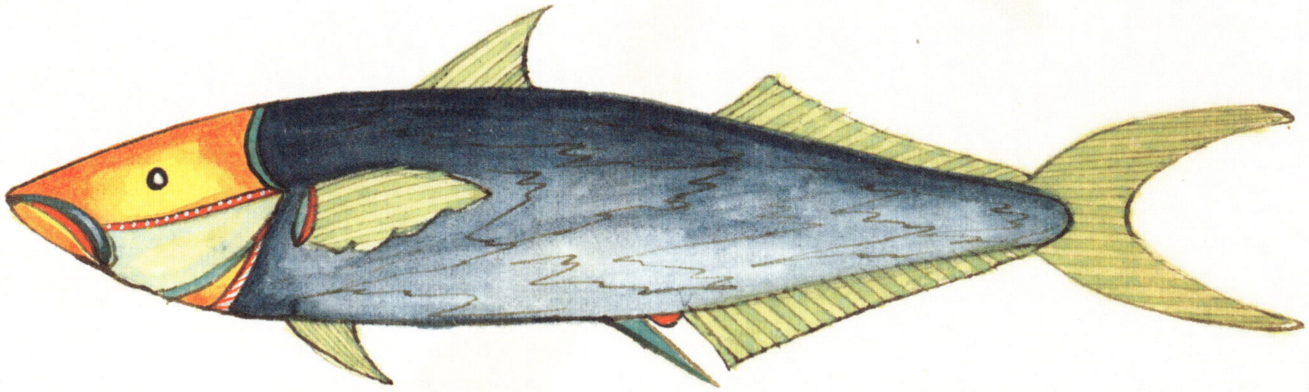

318.

320. Poisson à Escaille, peché à Arouk ; en forme de coffr

321. Kaketou ; rare ; Voj:

322. Le poisson d'argent, puisquil a la chair comme Argent
On le peche à Hila ; C'est un' espece de Iacob Everse :
fort bon.

323. Rare à Escaille.

320.

321.

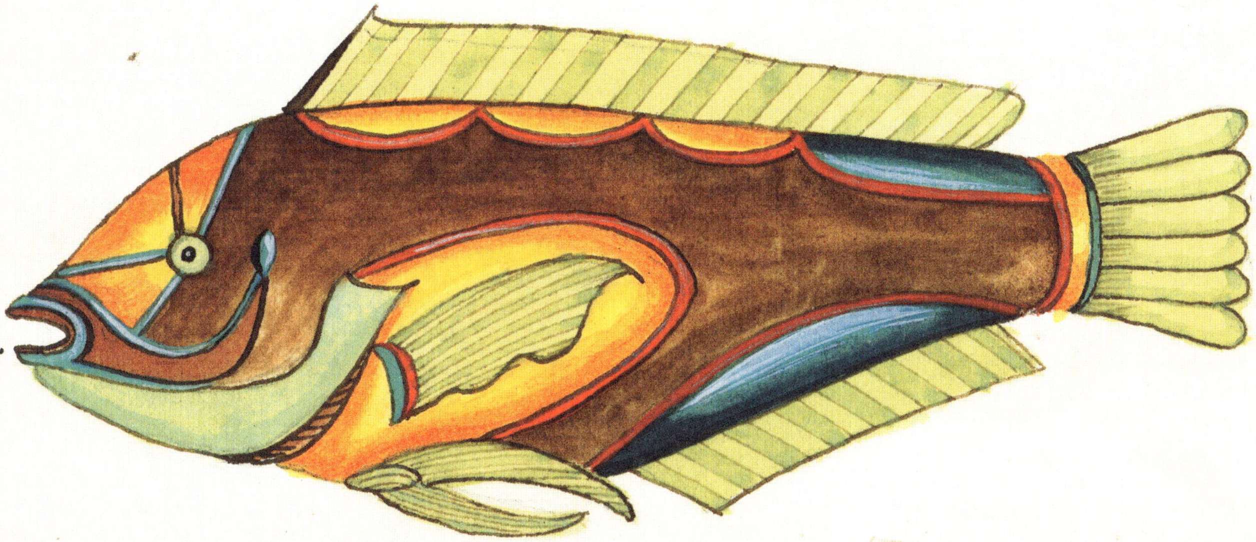

323.

322.

324. Iacob Everse.

325. La petite Reyne ; poisson de plaisir.

326. Voy. n. 24.

327. Iacob Everse, à l'Escaille d'Estoiles et le corps Ieaune.

324.

325.

327.

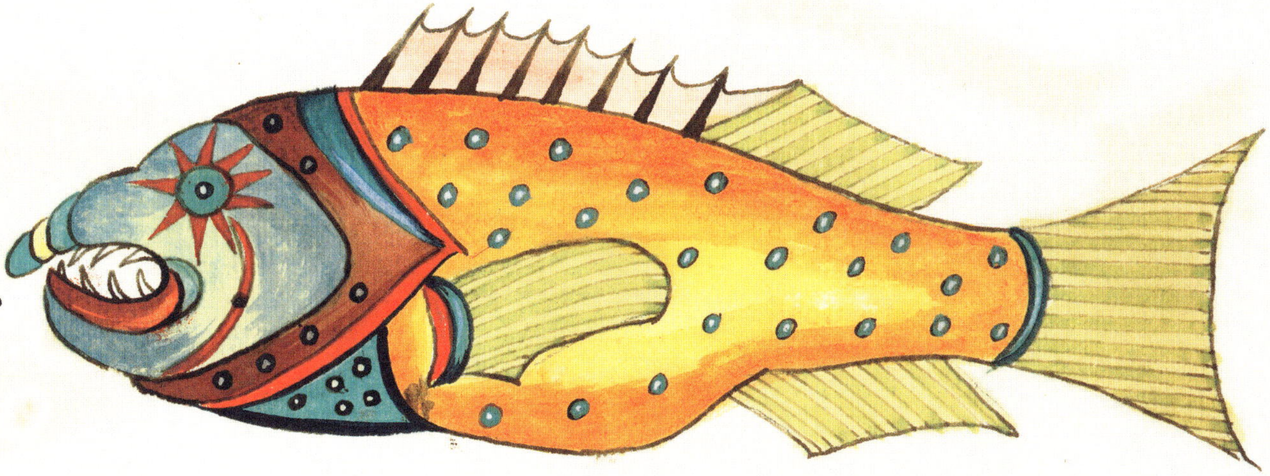

326.

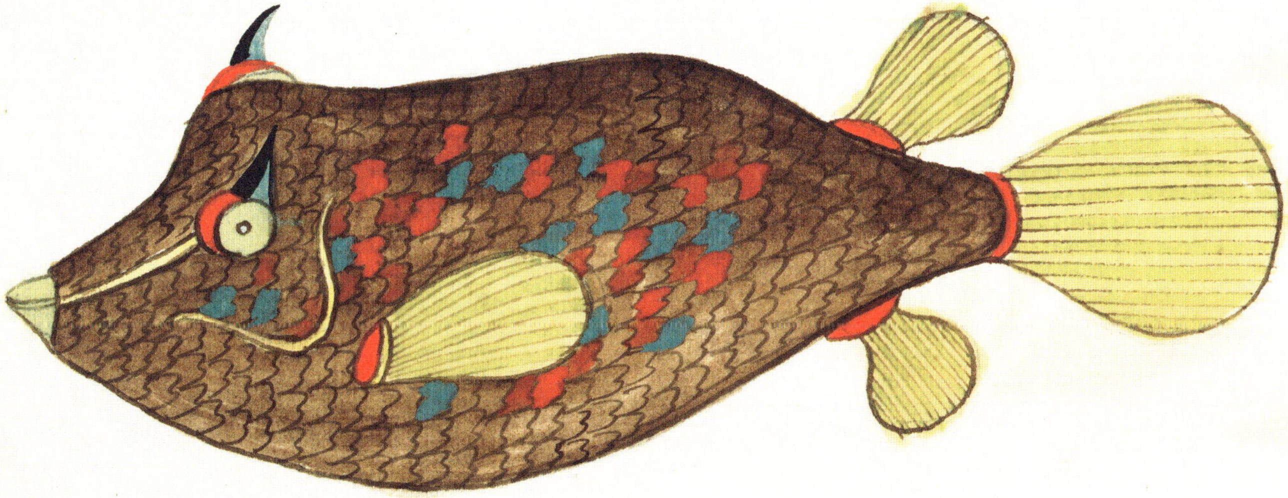

328. Le Feston ; du goust de Saumon.

329. Le Chapon ; ne se mange que par les Sauvages.

330. La Carpe de Ceram ; tres bonne.

331. Drates Vocaris, femelle du Dauphin, qui est appelle Drates Delphinus n. 62. Poisson de la Rique ; tres bon.

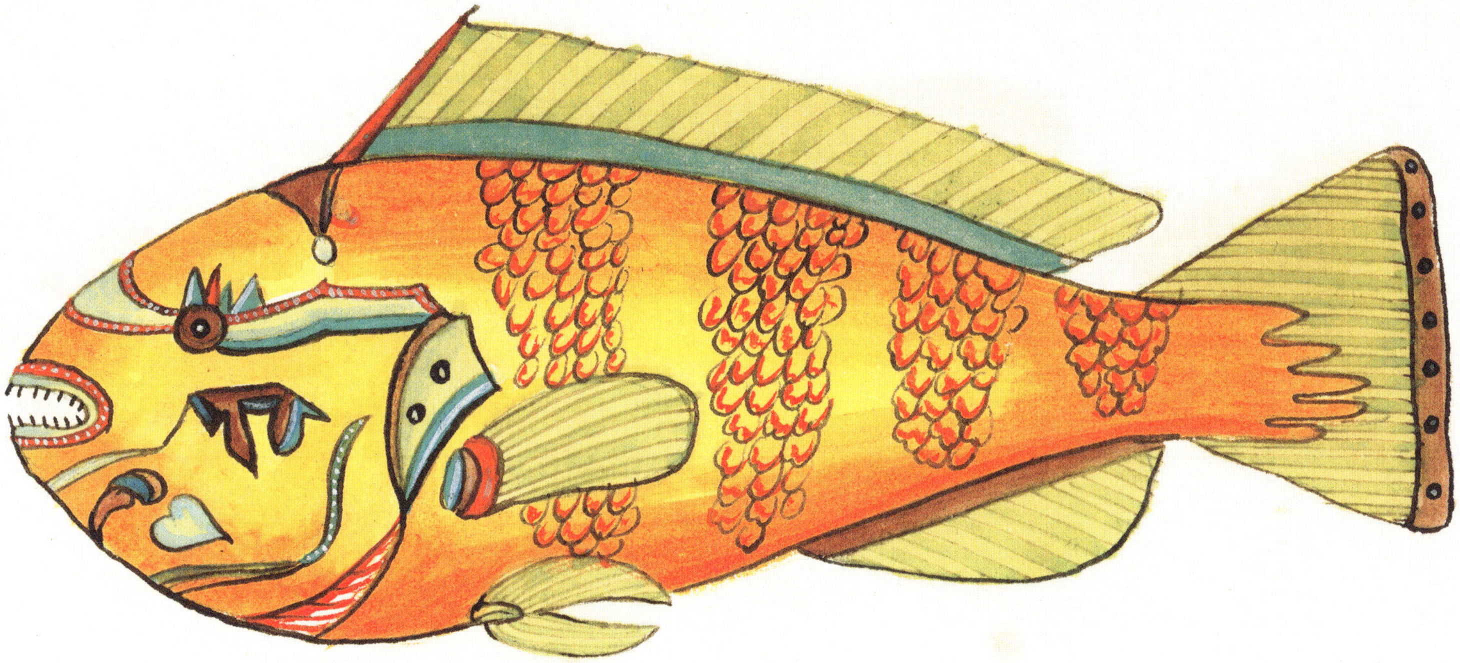

328.

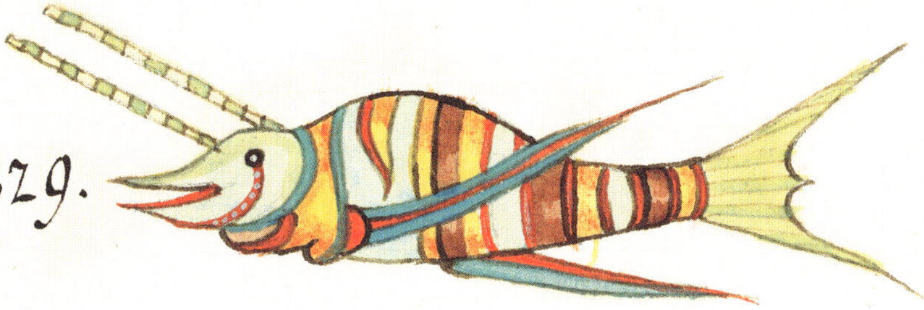

329.

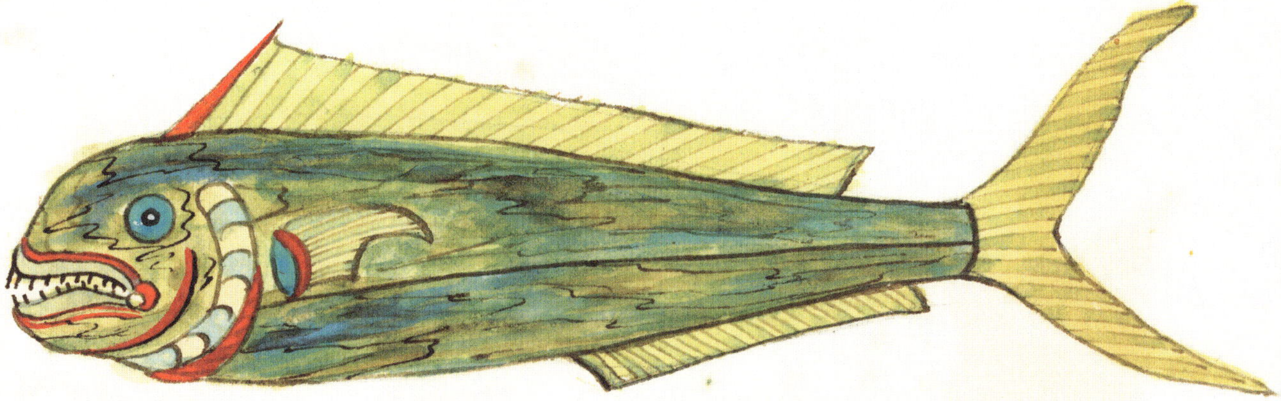

331.

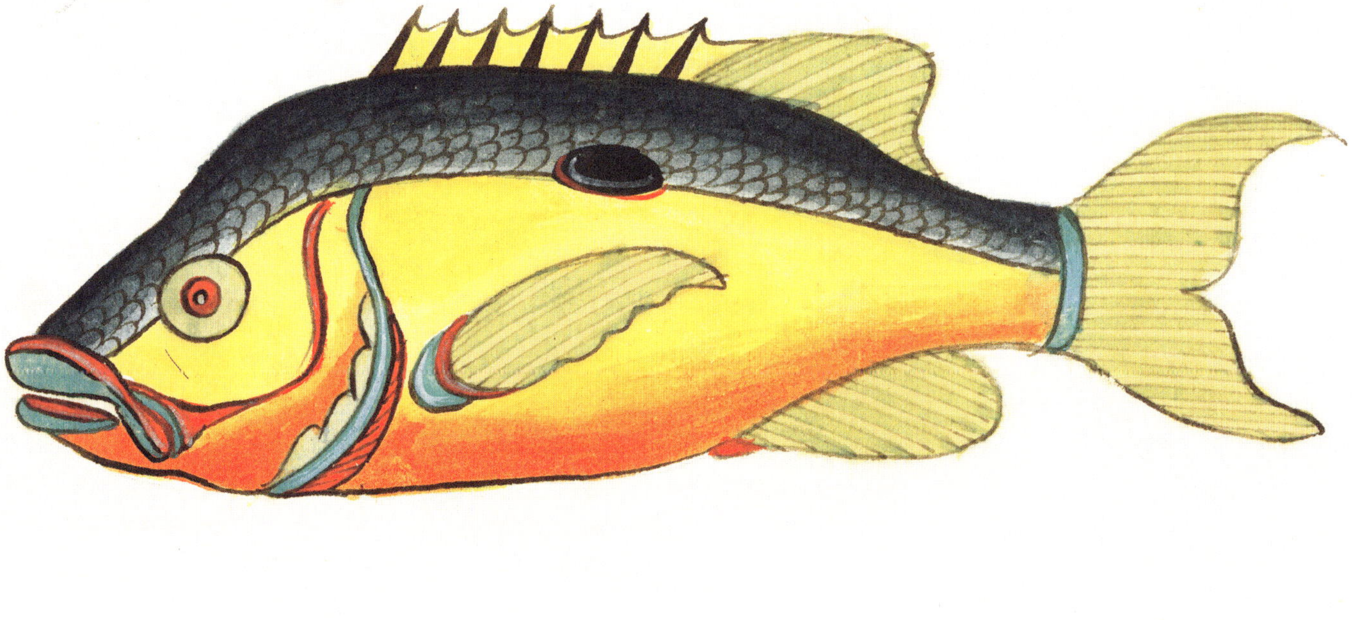

330.

332. Le Loup tacheté ; On le sale comme la Molue.

333. Icon Popoe ; la femelle ; Voj: le Male n. 119. bon.

334. Le Coiq Marin ; bon.

335. Perche d'Amboine.

332.

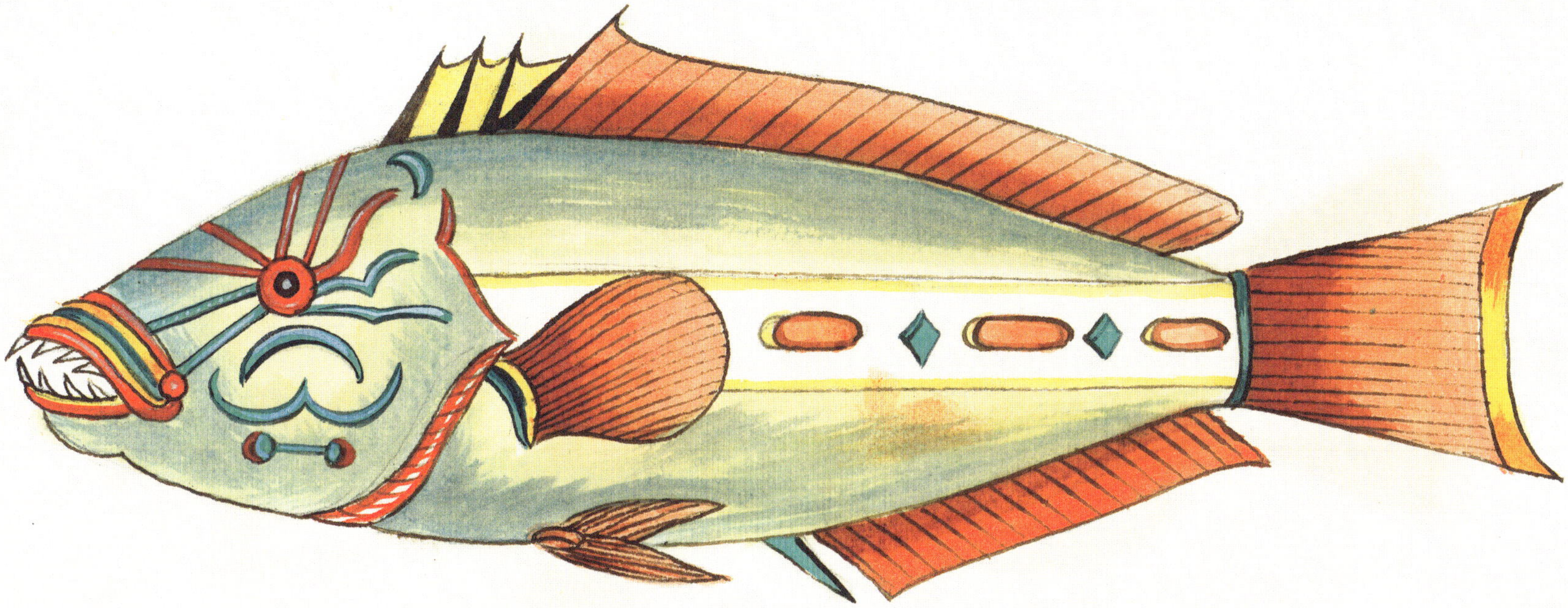

3.

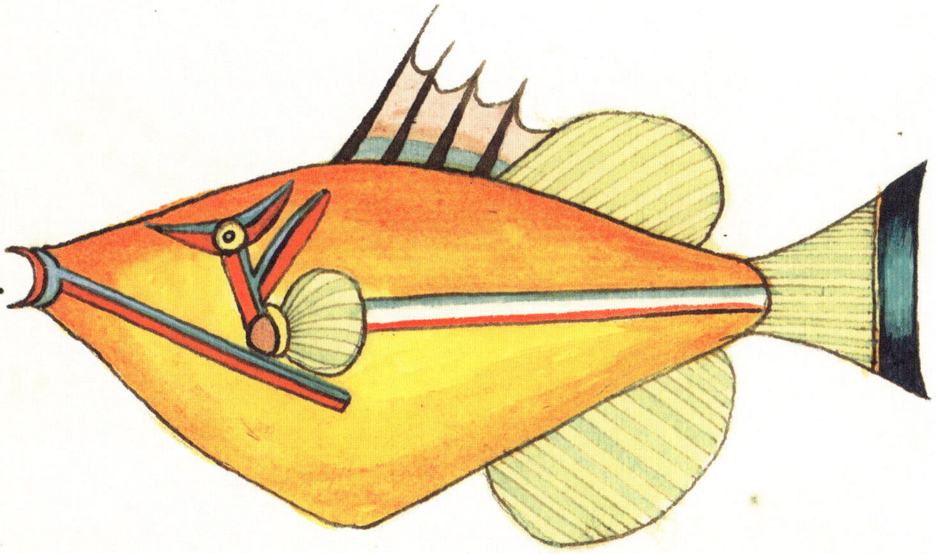

335.

334.

336. Oost Indisch Vaar ; L'Indien ; commun : sur la Coste du Papoe , bon et delicat mesme.

337. Le Scieur bandé ; tres bon.

338. La Comtesse d'Amboine ; excellent.

336.

7.

338.

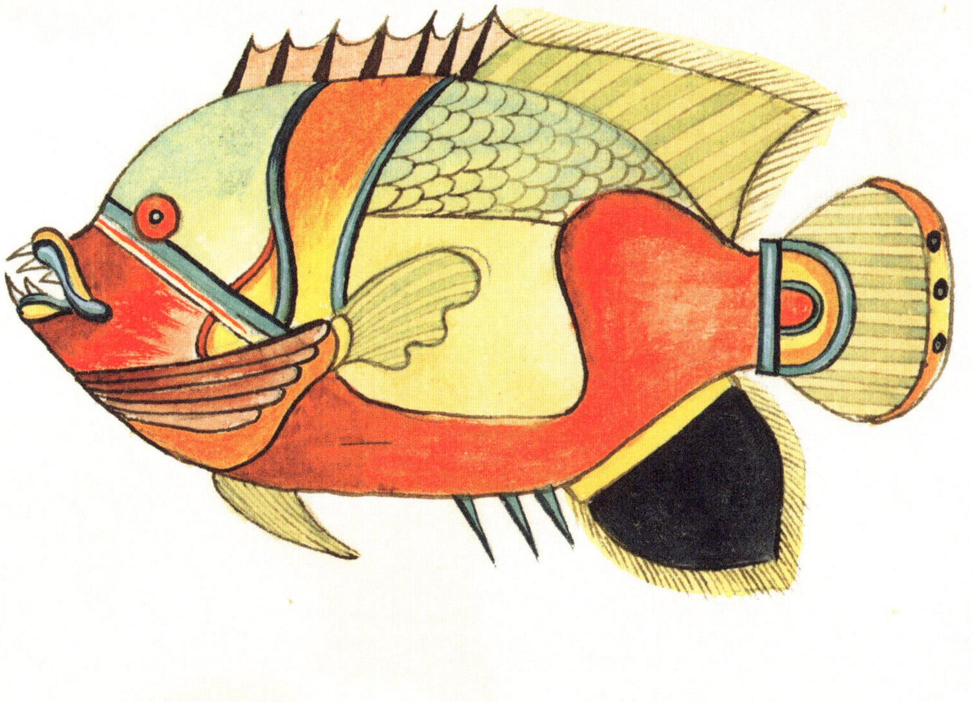

339. Le Chasseur brun ; rare mais bon.

340. Princesse de Mont Rouge.

341. Goujeon d'Oré.

342. Le petit Soufleur.

339.

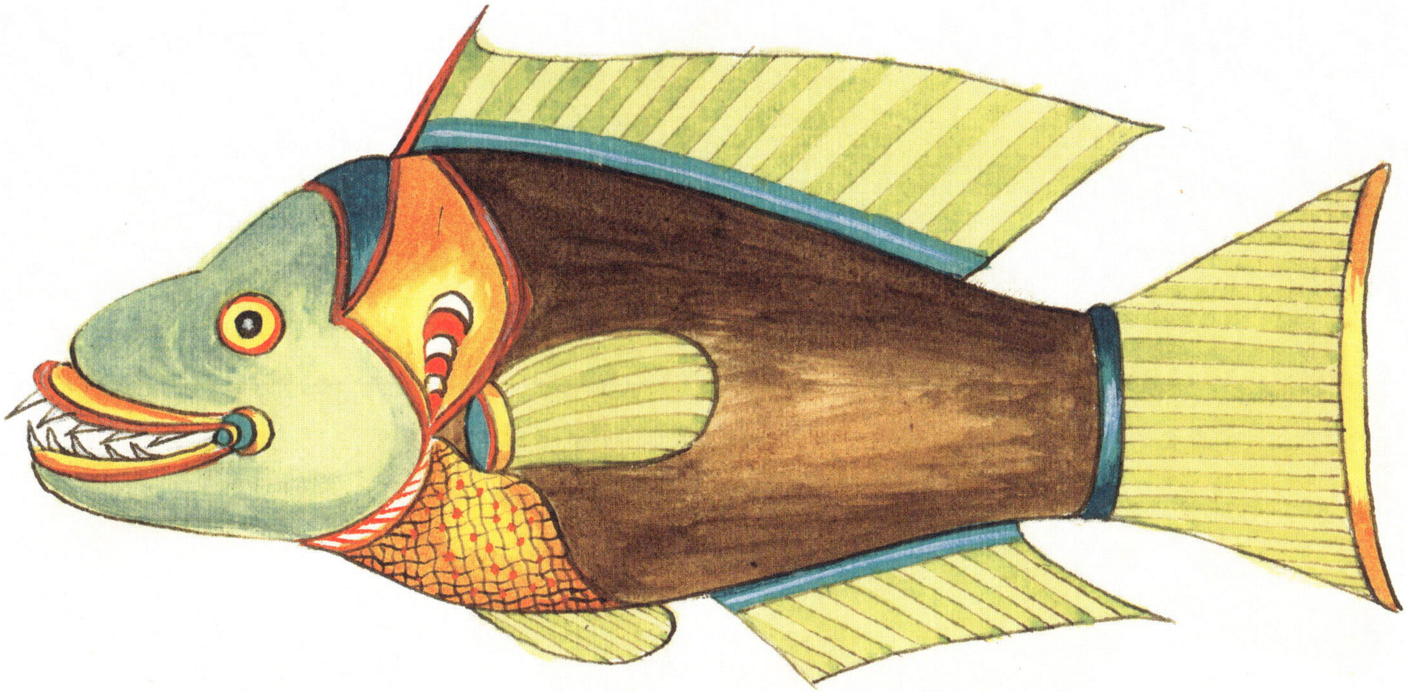

340.

342.

341.

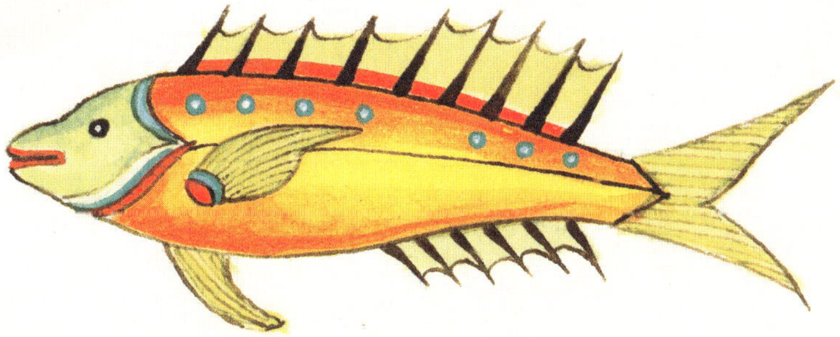

343. Le Piquier de Papous.

344. La Levre pendante de la Rique ; bon.

345. Le Barbu de la Rique ; bon.

346. Jean Radi ; Il y en a plusieurs Sortes.

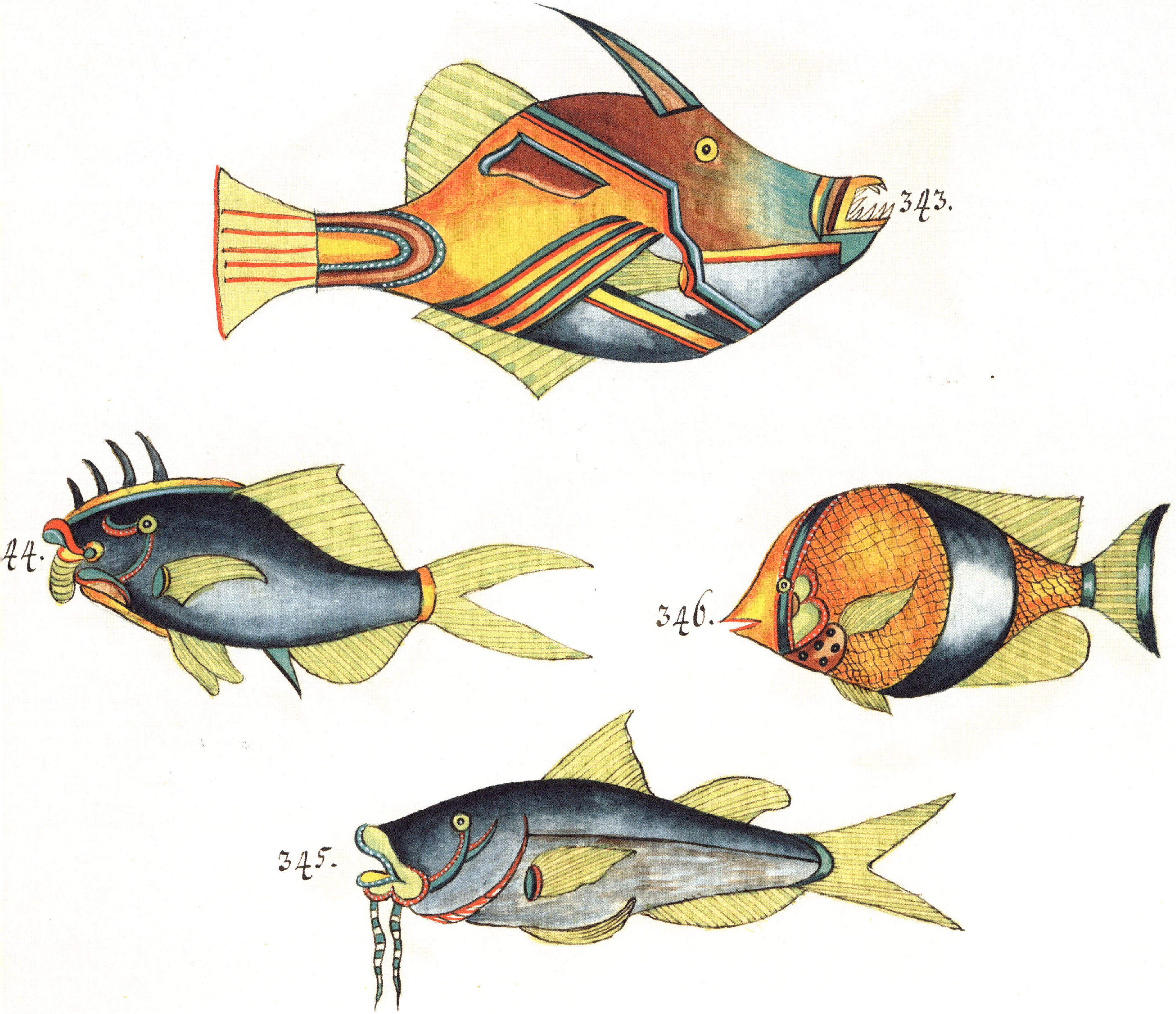
343.
44.
346.
345.

347. Brand Jagertje ; Chasseur flambojant d'Amboine ;
Le Peintre asseure d'avoir veu deux.

348. Sans nom.

349. Goujeon de Mer, à Raye jeaune ; tres bon.

350. Poisson dessiné aux trois Freres.

347.

348.

350.

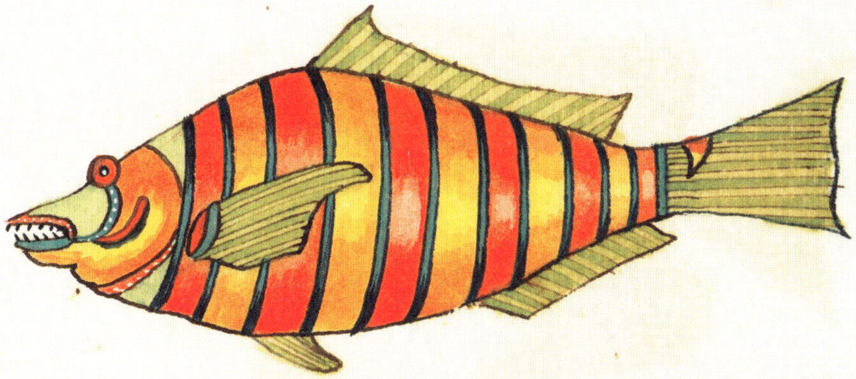

349.

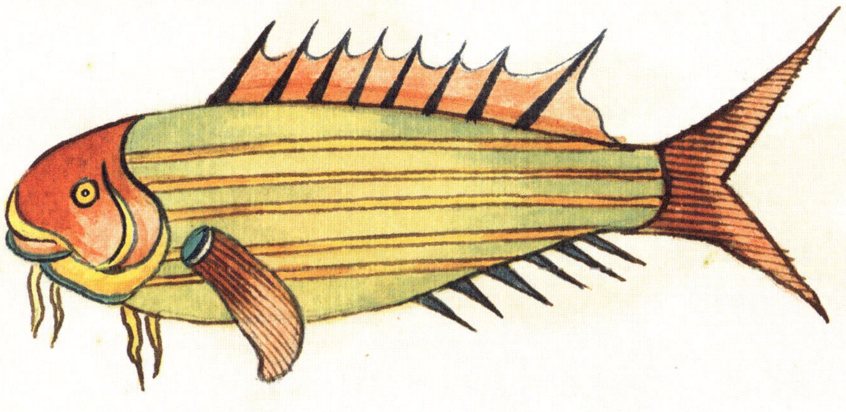

351. Iacob Everse.

352. Le poisson du Coeur ; dessiné à Loeven.

353. Le poisson de Paradis ; Le Male ; gardé par plaisir
Voj: n. 22 et n. 71.

354. Poisson dessiné à Hila.

351.

352.

354.

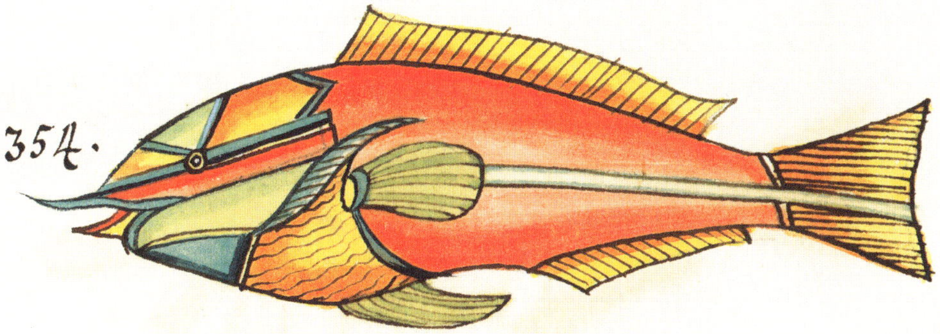

353.

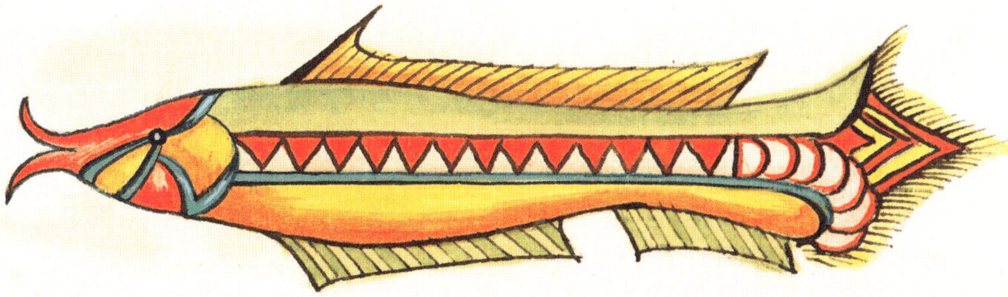

355. Le Chasseur de Banda.

356. Nez pointû ; bon.

357. Sans nom.

358. Bec pointu ; commun dans les Estangs : bon

355.

356.

358.

357.

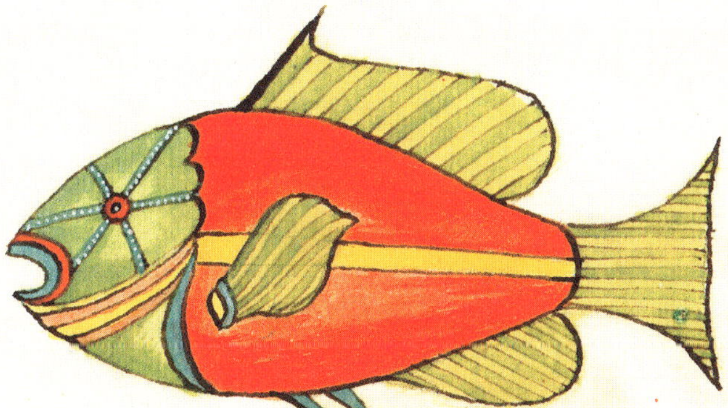

359. Brochet d'Amboine, de 6. pieds.

360. Jean Svangi ; les Arrestes venimeuses.

361. Orania ; Spiring de Hila ; tres joly pour les reservoirs

362. Fort petit poisson des Rochers.

359.

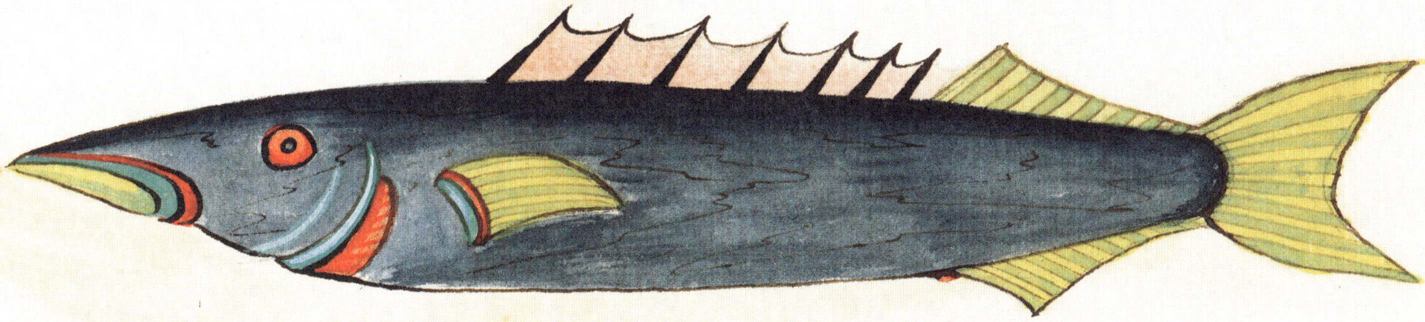

360.

362.

361.

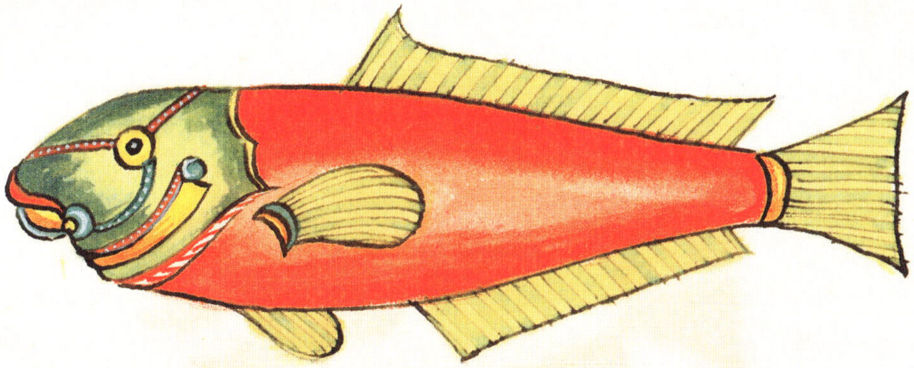

363. Le Bandeau d'Amboine ; bon comme la Carpe.

364. Brunet de Papoe ; assez bon.

365. Demy bec, Espece d'Anguille ; bon et gras.

366. Voy. n. 24.

363.

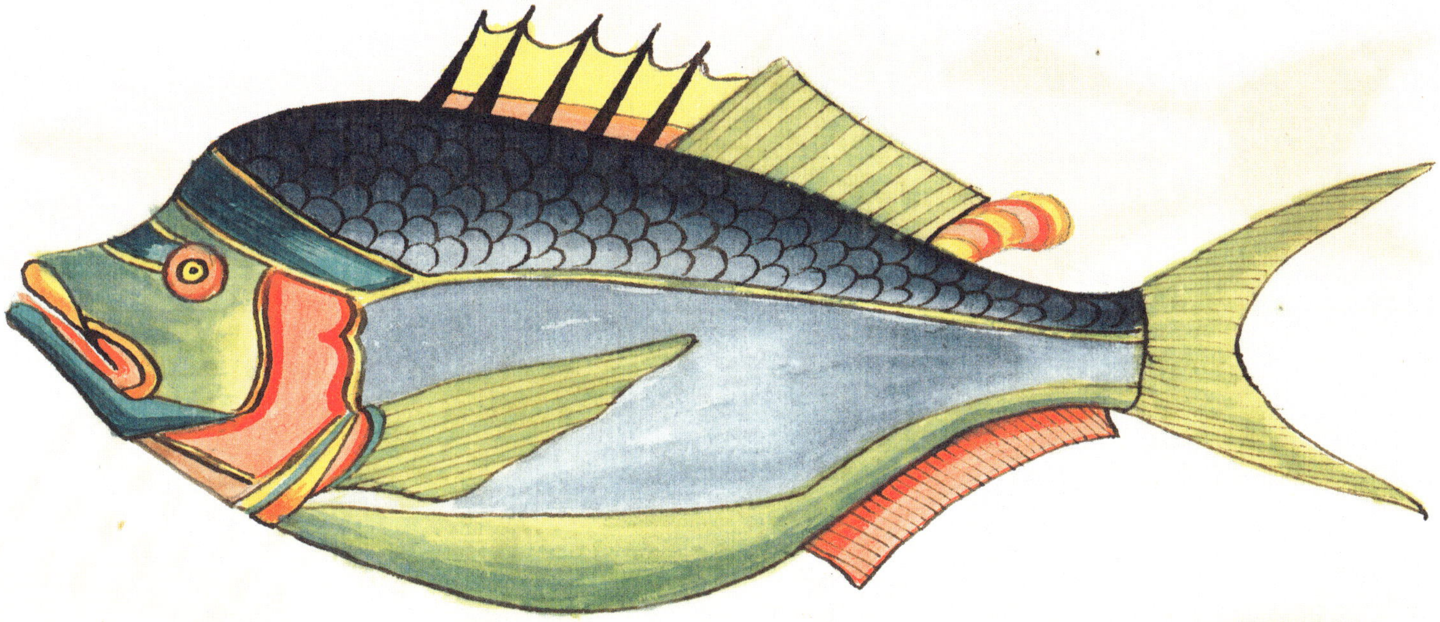

364.

366.

365.

367. Le grand Porkiete brodé ; à Nasselaw ; Il est fort dur
quoyqu'on l'escorche.

368. Poisson des reservoirs de Loeven.

369. Sans nom.

370. Le Sauteur brun.

367.

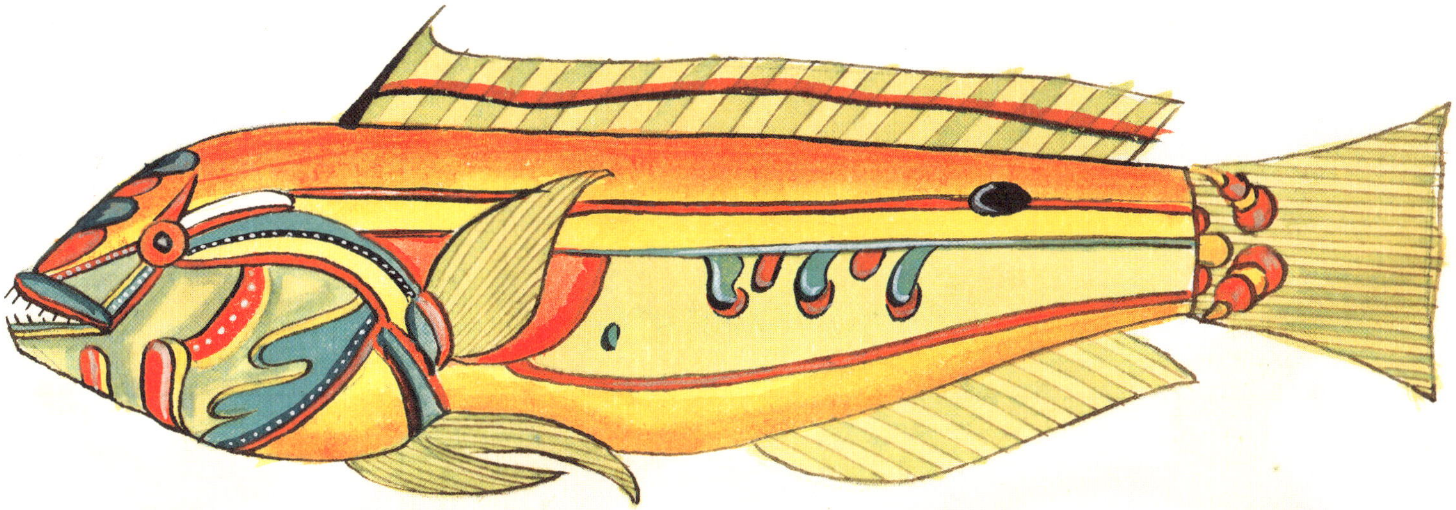

368.

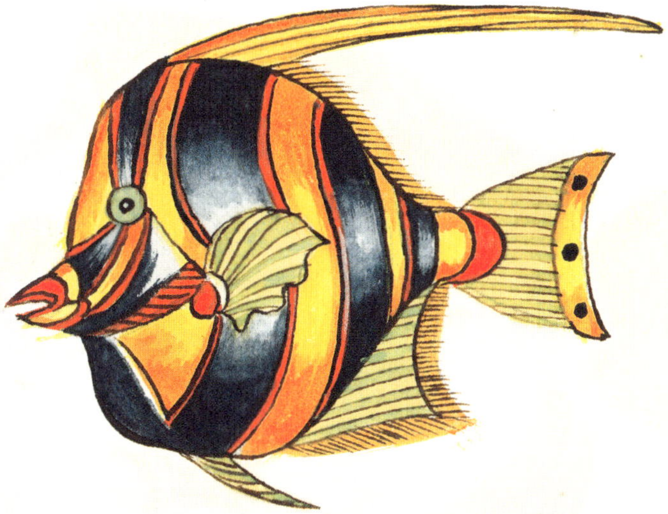

369.

370.

371. Sadel-Visch ; Le Male ; le poisson Sellé ; L'on en escorche la queue , et oste au reste les Escailles , allors il est bon à manger ; Voj: la femelle n. 42.

372. Sorte de poisson Cochon , dont la piqueure est dangereuse.

373. Klip-Visch.

374. Reyne de Hila ; tres joly pour les reservoirs.

371.

372.

374.

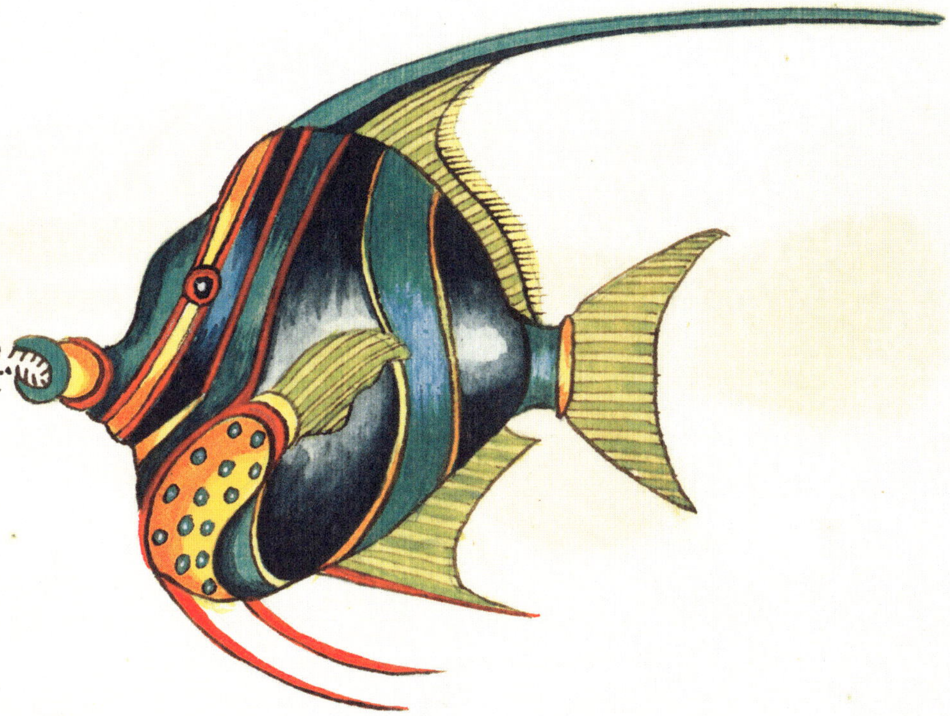

373.

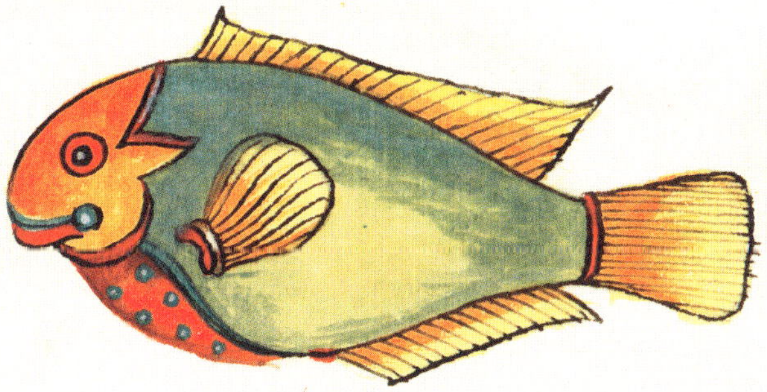

375. Le Chasseur des harangs ; tres bon.

376. Hart Visch ; Poisson de Coeur, du nom de sa queue.

377. La perche d'Amboine ; sorte de Goujeons ; fort delicate.

378. Jean Banda ; tres excellent.

375.

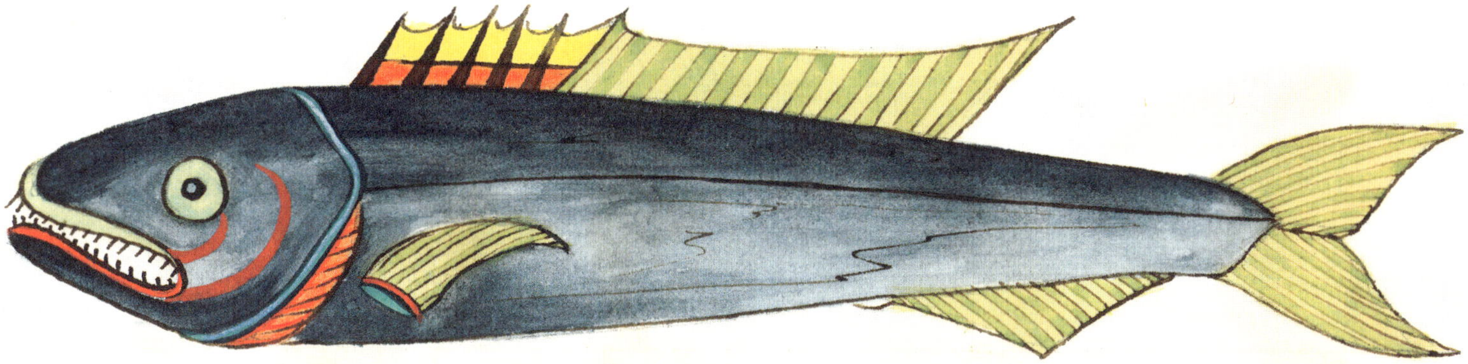

376.

378.

377.

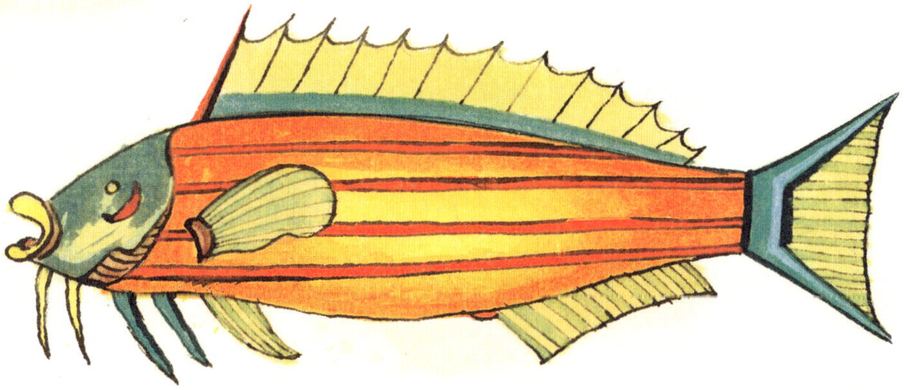

379. Perkiet-Visch ; du passage de Baguewaal ; de la grandeur du Schel-Visch ; bon roti et bouilly.

380. Le Stomp-Kop ; Le Lourdaut ; On en prend beaucoup, et on les sale en guise de Molues, que les Noirs mangent ; C'est un poisson de Hila, gros comme un Cabillau, mais plus court et plus large.

381. De Hart-Visch ; Le Coeur ; ainsi nommé de la forme de sa queue ; Il n'est pas plus grand, qu'un harang ; On les pre à Amboine ; bon à toutes sauçes.

382. Klip-Baars ; perche des Rocs, petite, mais d'un goust exqui On les peche à Kaymans-hoek.

379.

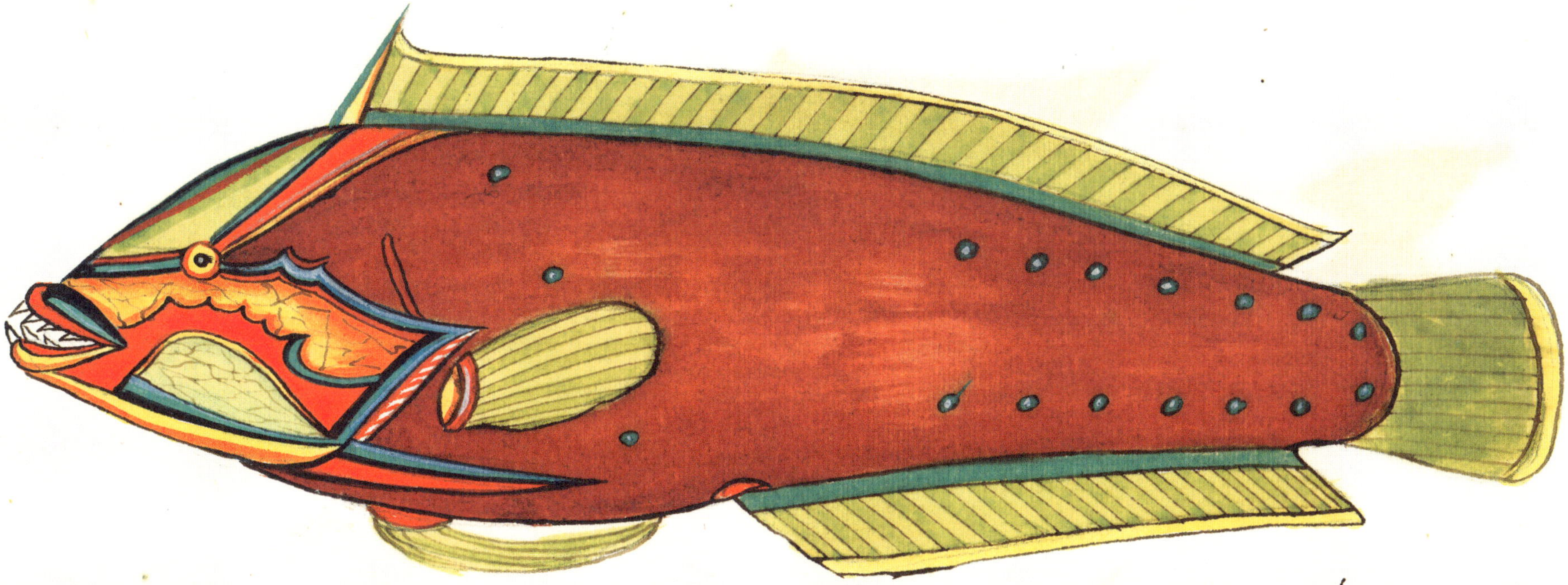

381.

380.

382.

383. L'Idole des Noirs, qui l'adorent en grande Ceremonie; Quand les Hollandois en prennent, aen de Rode Berg, ou Mont Rouge pres de la Pagode des Noirs, dans leurs filets, ils se jettent avec grande devotion à genou; Cependant les Hollandois les mangent, et les trouvent tres bons. Il pese quelcque fois 40. livres. Leur Diable Voj: n. 236.

384. Klip-Visch de la Baye Portugaise.

385. Joly poisson de la Baye Portugaise; Les Hollandois ne les mangent pas.

386. La femelle du poisson cy dessus; On ne les prend jamais l'un sans l'autre.

387. Bonte Baers; la perche panachée de la Rique; fort bon à manger.

383.

384.

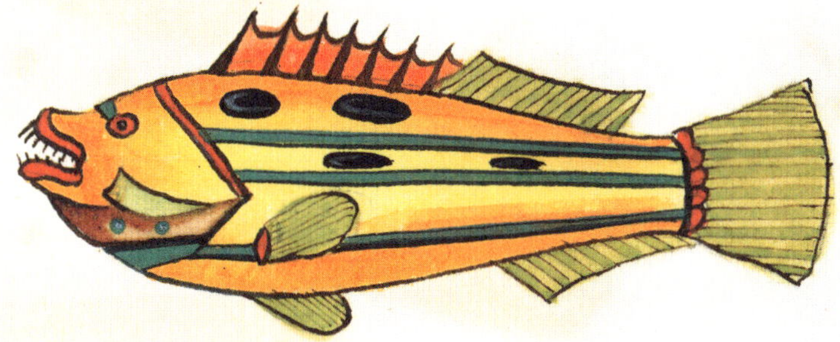

385.

386.

387.

388. L'Empereur de Japan ; Il est tout Rayé avec des
Escailles fort petites ; On les prend au passage de Bagewa
fort delicat.

388.

389. Le Barbare de 30 livres ; On le peche aussi au passage
de Bagewael ; tres bon , sur tout la queue rotye .

9.

Le Peintre asseure, d'avoir eu cette Femme de Mer, à qui les anciens Poëtes avoient donné le nom de Syrene, quatre jours en vie dans sa Maison à Amboine, dans une Cuve pleine d'Eau ; Son Fils l'avoit acheptée des Noirs, à Bouro, pour deux aunes de drap, et aportée à Amboine ; Elle estoit morte de faim, n'ayant voulu prendre aucune nouriture, ny poissons, ny coquillages ny mousses ou herbes: Elle n'avoit fait que gemir, avec des petits cris, à peu pres comme un Rat : Il avoit levé ses nageoires par devant et par derriere, et l'avoit trouvée tout comme un'autre femme. Mons. van de Steel la luy avoit en fin demandé, à qui il l'avoit aussi donné. On luy avoit dit en ces pays là, que dix ans auparavant on avoit pris à Nassetau un Male de ces Creatures, tout à fait, jusques au bas du Ventre, conformé à un homme.

390.

Écrevisses, Krabbes,
Sauterelles, et quelcques
Insectes, de Mer et de Terre,
des Isles
Molucques.

N. 1. Escrevisse d'Amboine, longue de 59 pouces depuis la fin de la queue, jusques à l'Extremité des pointes; d'un goust fort delicat.

N.: 1.

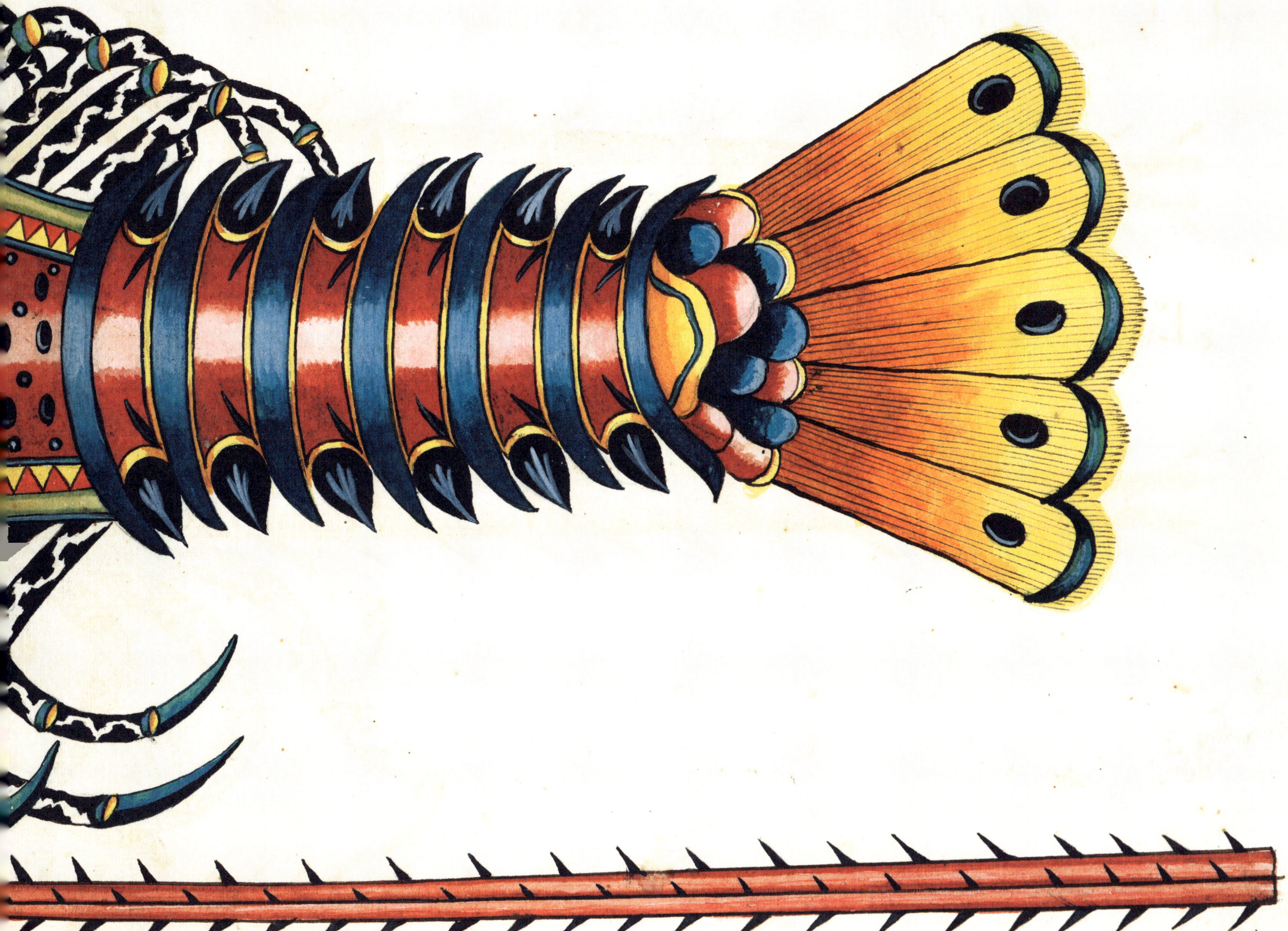

L'Anguille d'Amboine; bonne, mais trop grasse; commune; Celle cy estoit longue de 4. pieds 7. pouces, et avoit 9. pouces de grosseur.

N°: 2.

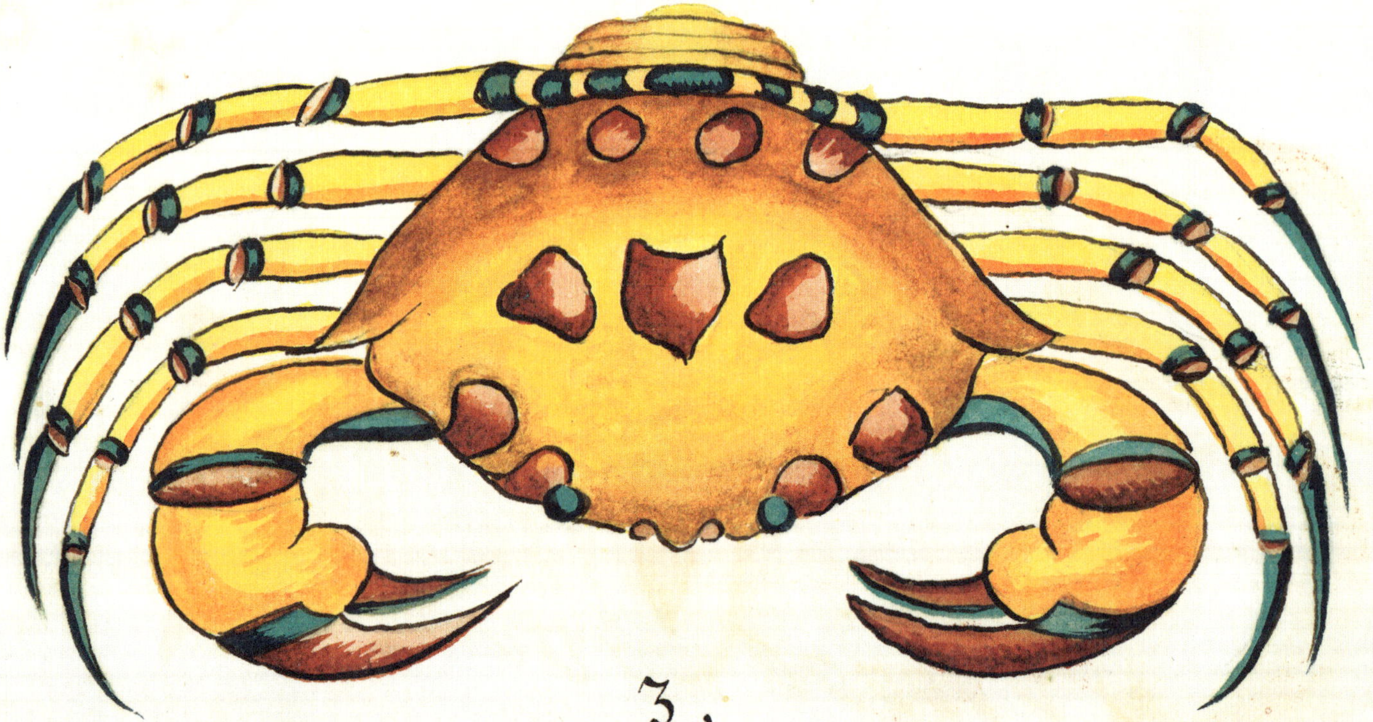

3.

Krabbe d'Amboine fort commune.

N.4. Krabbe terrestre, grimpant sur les Arbres et sur les toicts.
Il y en a plus que de souris ; Elles sont de figures differentes,
et ne sont bonnes à rien.

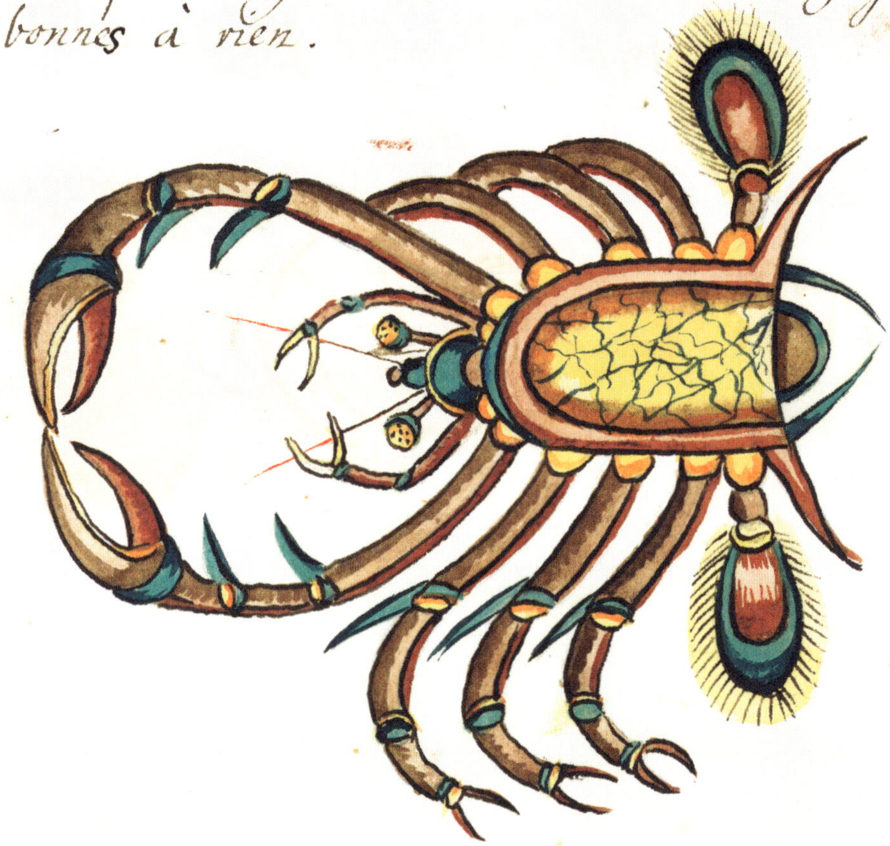

4.

5.

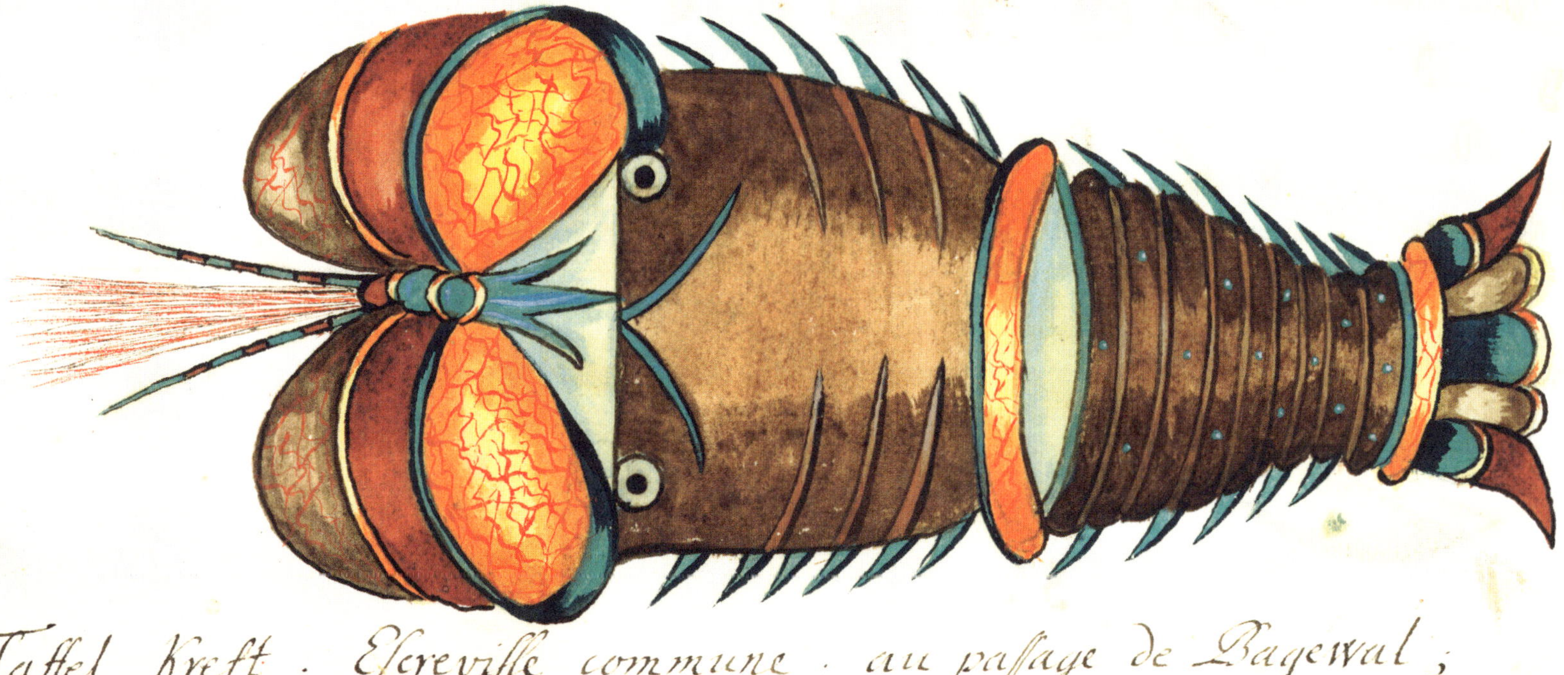

Taffel-Kreft ; Escrevisse commune ; au passage de Bagewal ;
tres bonne ; On les garde long temps dans les reservoirs
en vie.

N. 6. Lokkie Lokkie, sorte d'Ecrevisse d'Amboine ; communes, mais bonnes.

7. Katjang Roeper ; Krabbe criante ; elle appelle et Miaule comme un chat ; on ne les manges pas.

8. Krabbe terrestre, courante sur les Arbres et sur les Maisons ; elles sortent de leurs coquilles comme un limasson, et y rentren quand elles veulent ; elles mangent les Chenilles et les Areignées.

N:6.

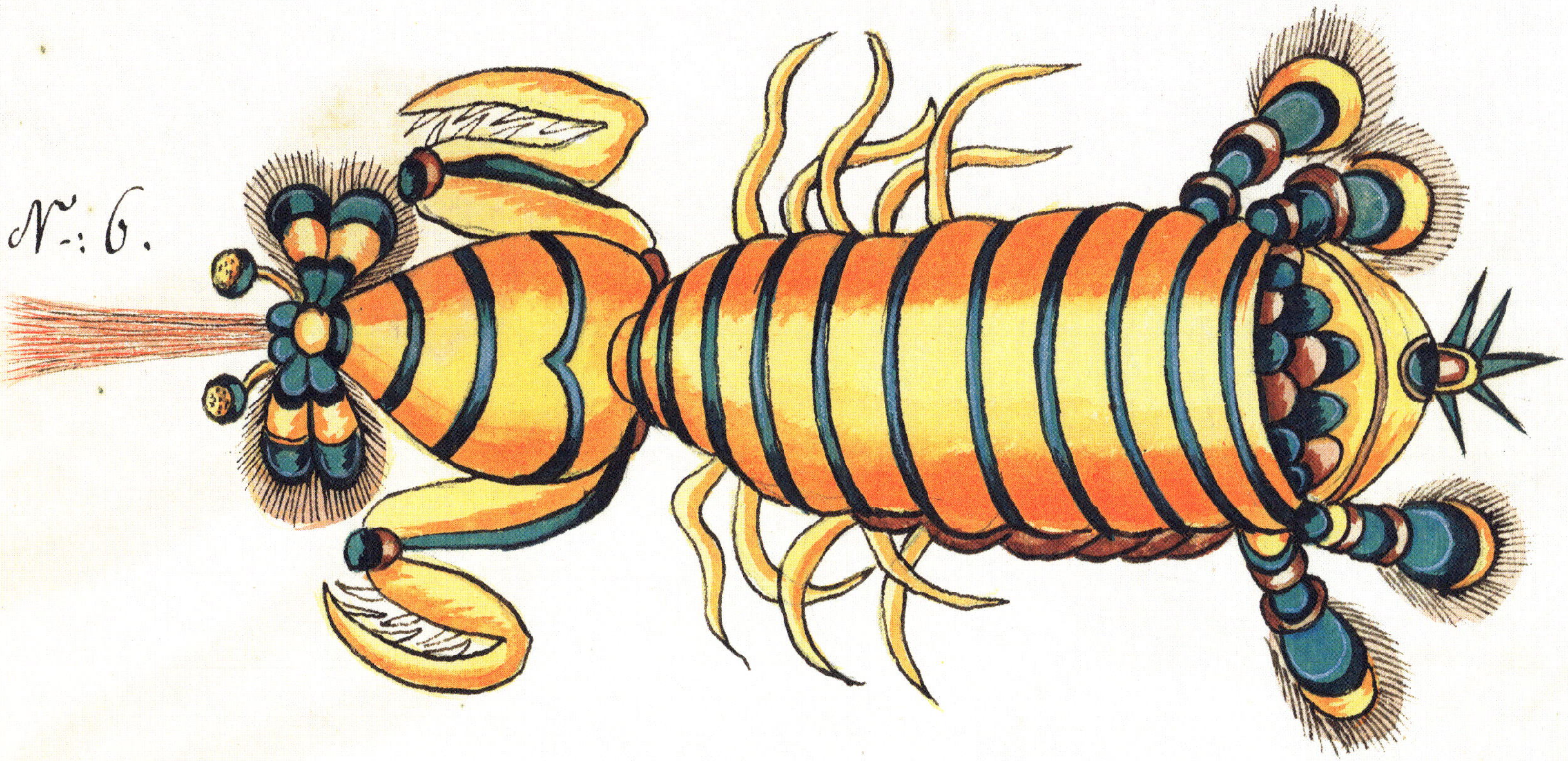

7.

8.

9. Espece de Linssuo ; Lokkie ou Escrevisse commune d'Amboine ; fort bonne.

10. Anguille d'Eau douce d'Amboine ; bonne.

11. Krabbe de la Lune , petite et commune.

12. Krabbe du Soleil , petite et commune.

9.

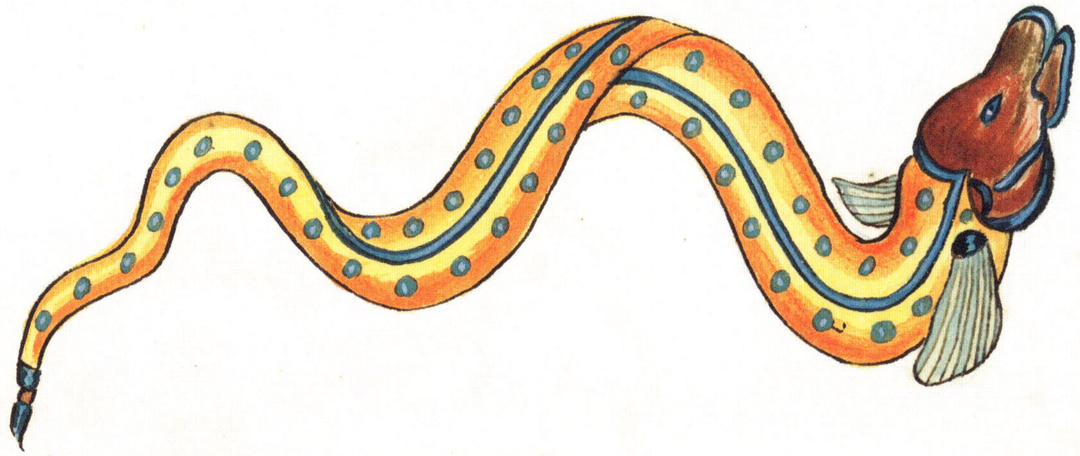

10.

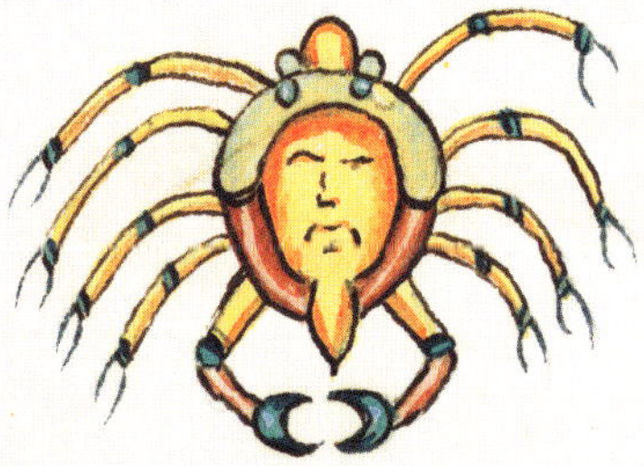

11

12.

13. Krabbe du Roy, commune à Amboine et bonne.

14. Krabbe terrestre qui grimpent aussi sur les Arbres et Maisons, pour manger les Chenilles et Areignées.

15. Petite Escrevisse de table, que l'on sert communement à Amboise avec les Water-Visch. Voj. n. 38.

13.

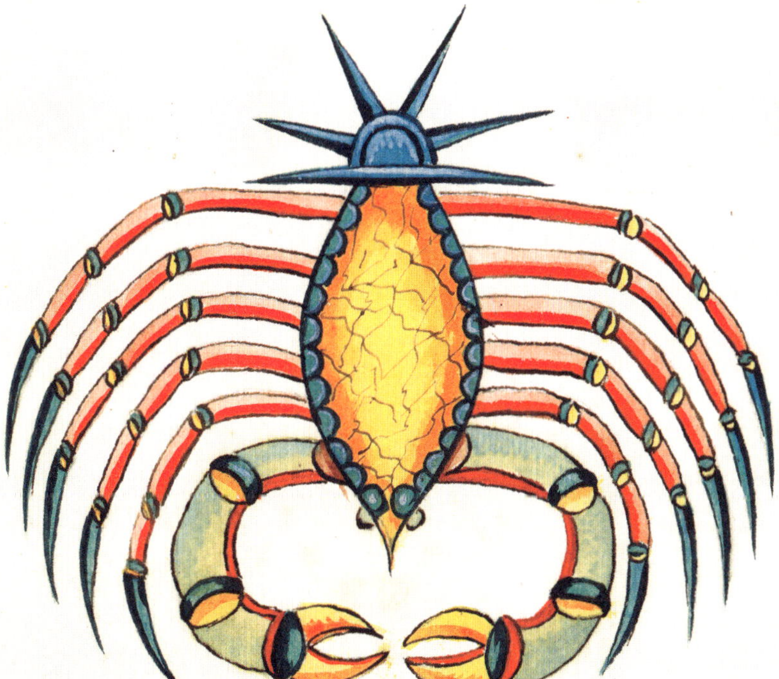

14.

15.

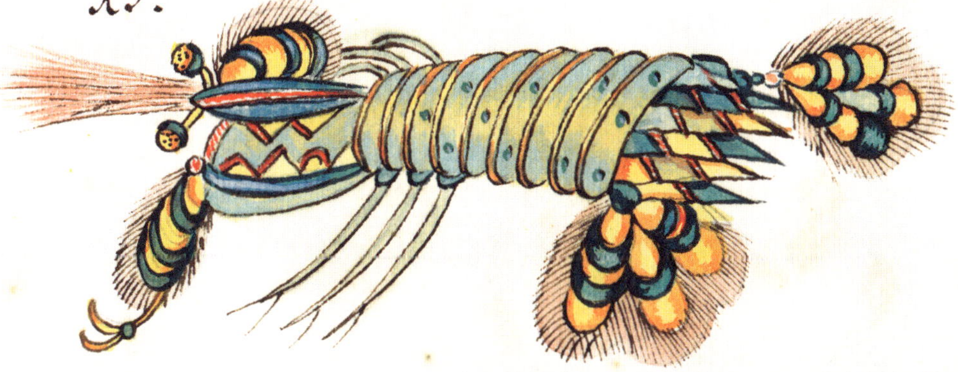

16. Krabbe de l'Empereur, assez commune à Amboine et tres bonne

17. Linquo Lokkie, dont il y a diverses especes delicates.

16.

17.

18. Steen Krabbe, tres grosse et l'Escaille fort pierreuse; Il y en a plusieurs à Amsterdam dans des Cabinets.

19. Krabbe areignée d'Amboine, fort bonne.

20. Krabbe amphibie d'Amboine, fort bonne.

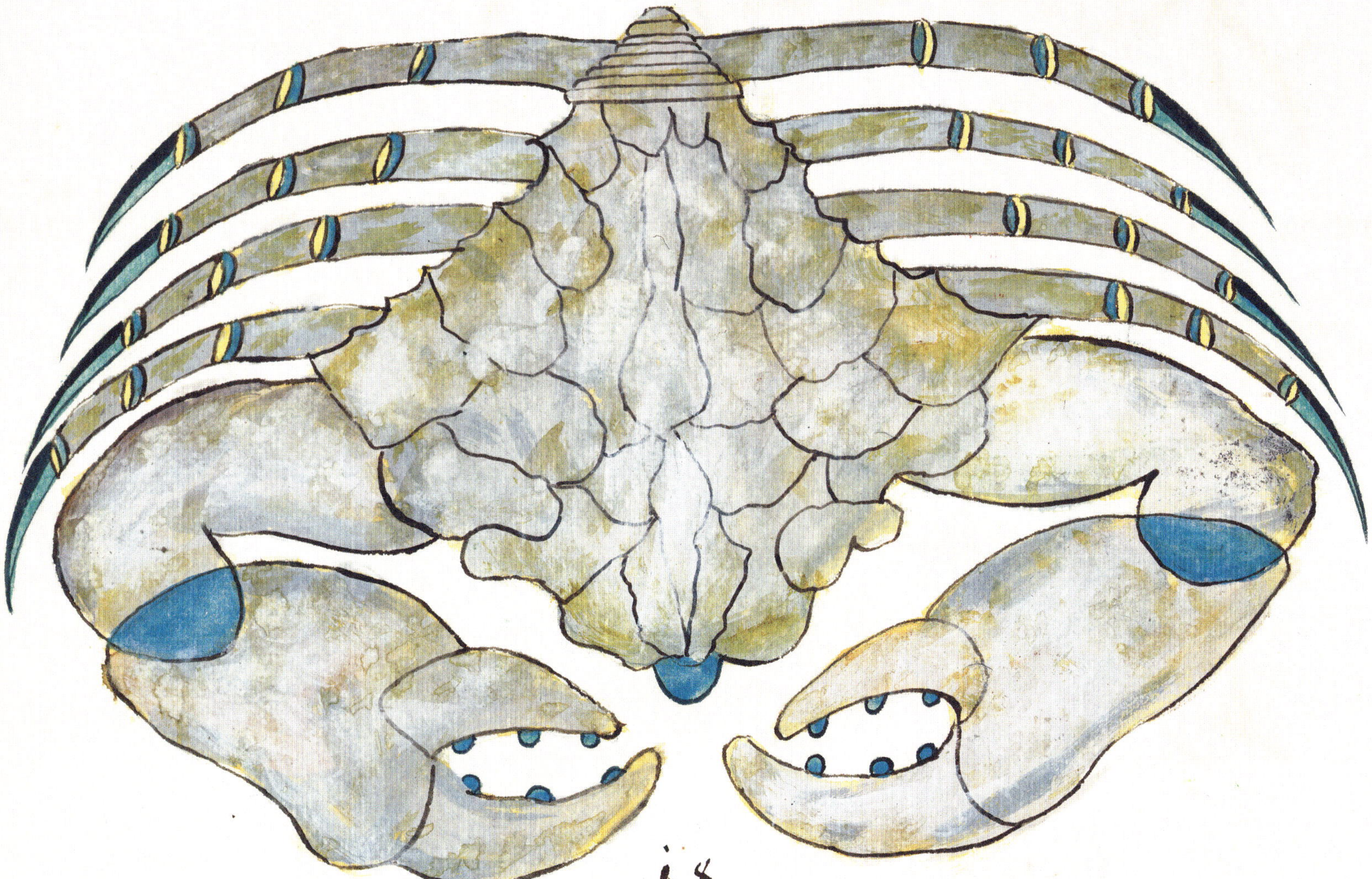

18.

19.

20.

21. Krabbe marine de Nasselau ; fort bonne.

22. Femelle de la Sauterelle d'Amboine ; Voj. le Male n. 37.

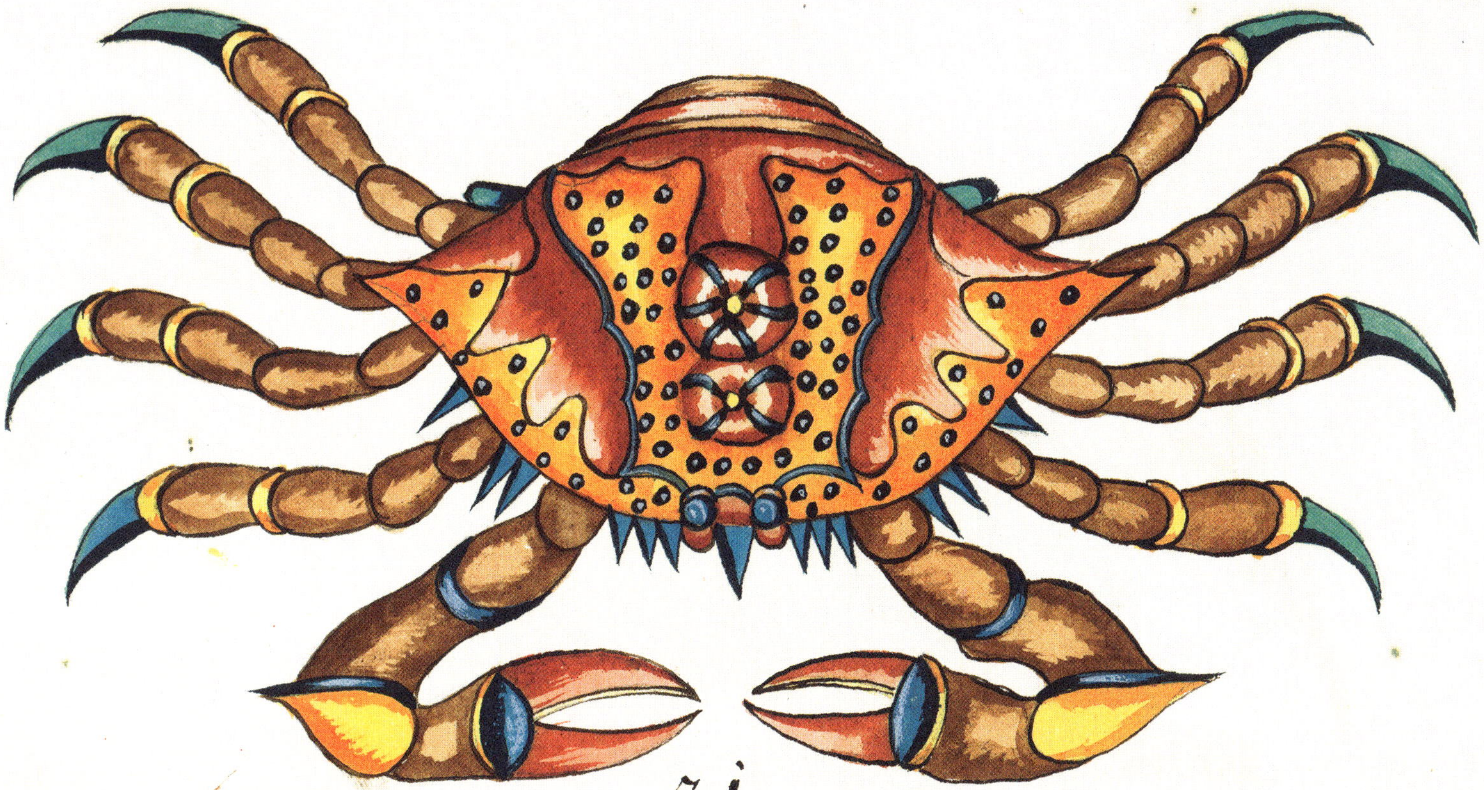

21.

22.

23. Krabbe de Ste Croix, pour laquelle les Portugais ont une grande veneration, disant, qu'un St Missionaire, prechant l'Evangile un Rayja d'Amboine luy arrecha des mains le Crucifix, et le jettà dans la Mer; Et comme il faisoit lapider le Missionaire, il arriva, qu'une Krabbe, de l'ordre celle-cy, raporta le Crucifix sur le Rivage en presence du Raya, qui par là fut converty à la Religion Chrestienne.

24. Petite Garnelle de table.

25. Petite Krabbe de Hibemelan, peu commune.

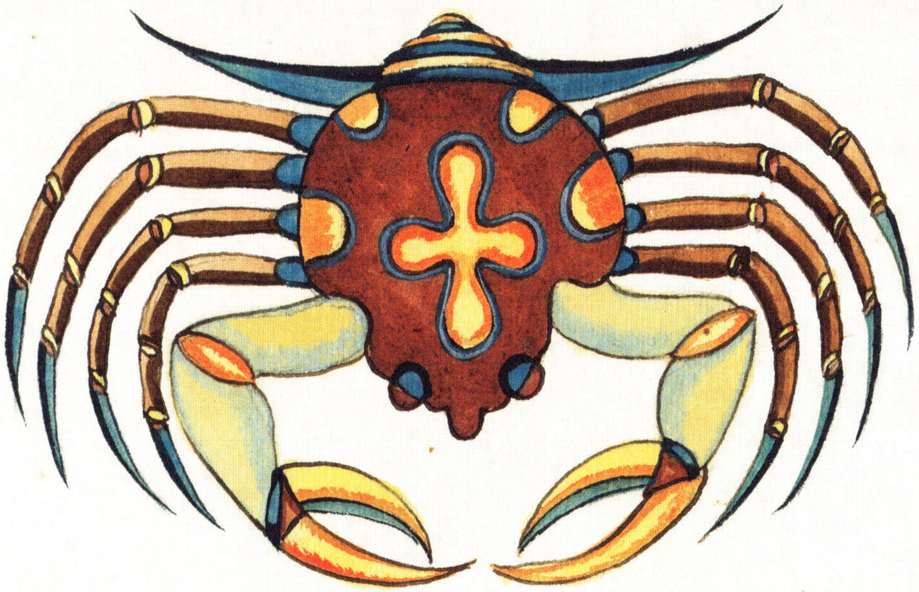

23.

24.

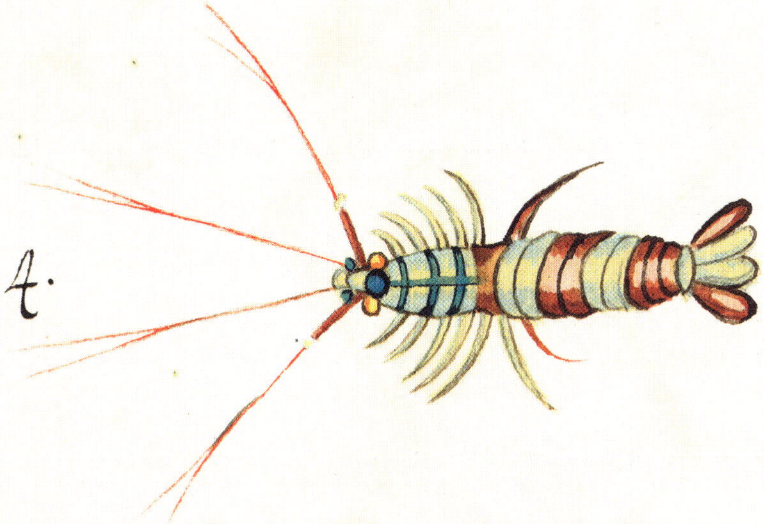

25.

26. Krabbe de la Rique, large de 17. pouces par le corps, sans compter les pattes.

27. Krabbe du Chien; Kantiang handieng; elle se plait à pincer les Chiens, que l'on envoyt à l'Eau par les jambes, et les fait bien crier, s'y attachant d'une belle manniere et si fort, qu'on les prend toujours à leurs jambes, quand ils reviennent à terre; fort commu

28. Krabbe de la Lune, tres bonne, quoyque commune.

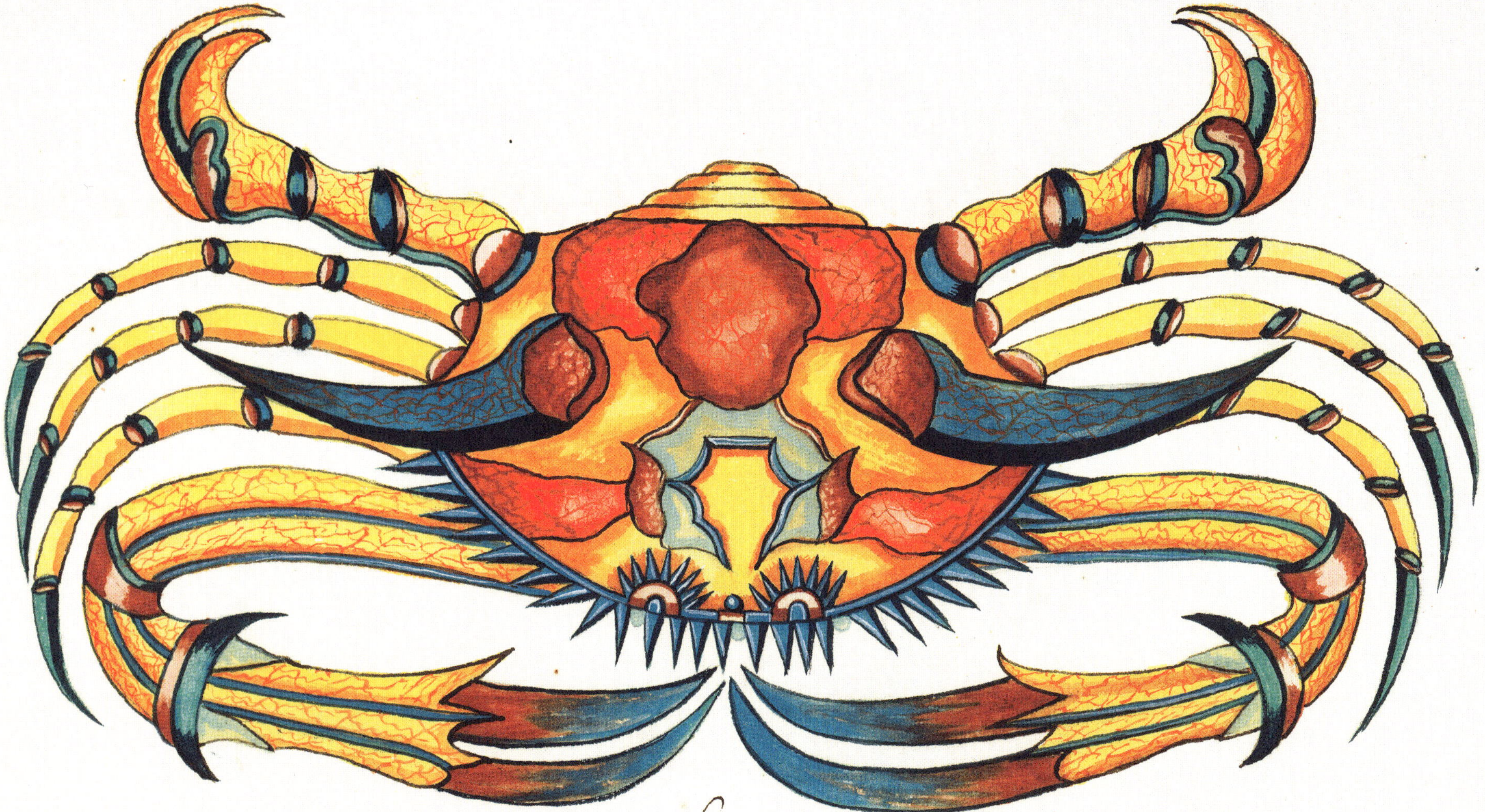
26.

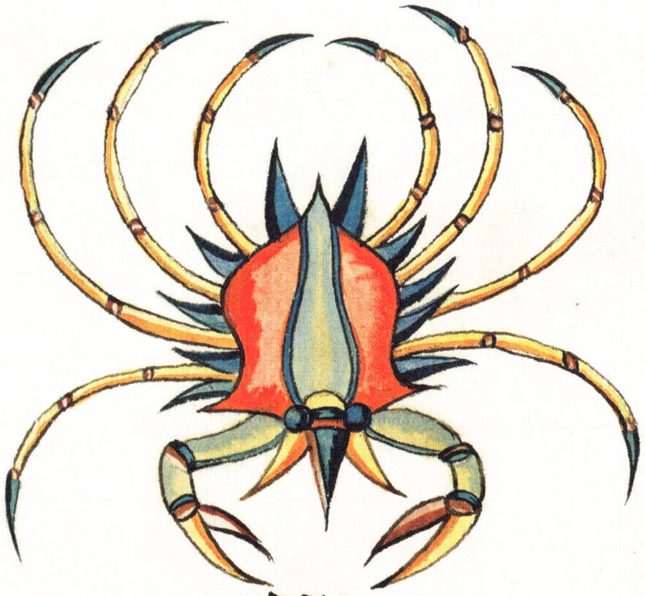
27.

28.

29. Krabbe de la Baye Portugaise, proche d'Amboine; fort grande, bonne et assez commune.

30. Petite Escrevisse terrestre, qui grimpe sur les Arbres et Maisons

31. Krabbe areignée tres bonne.

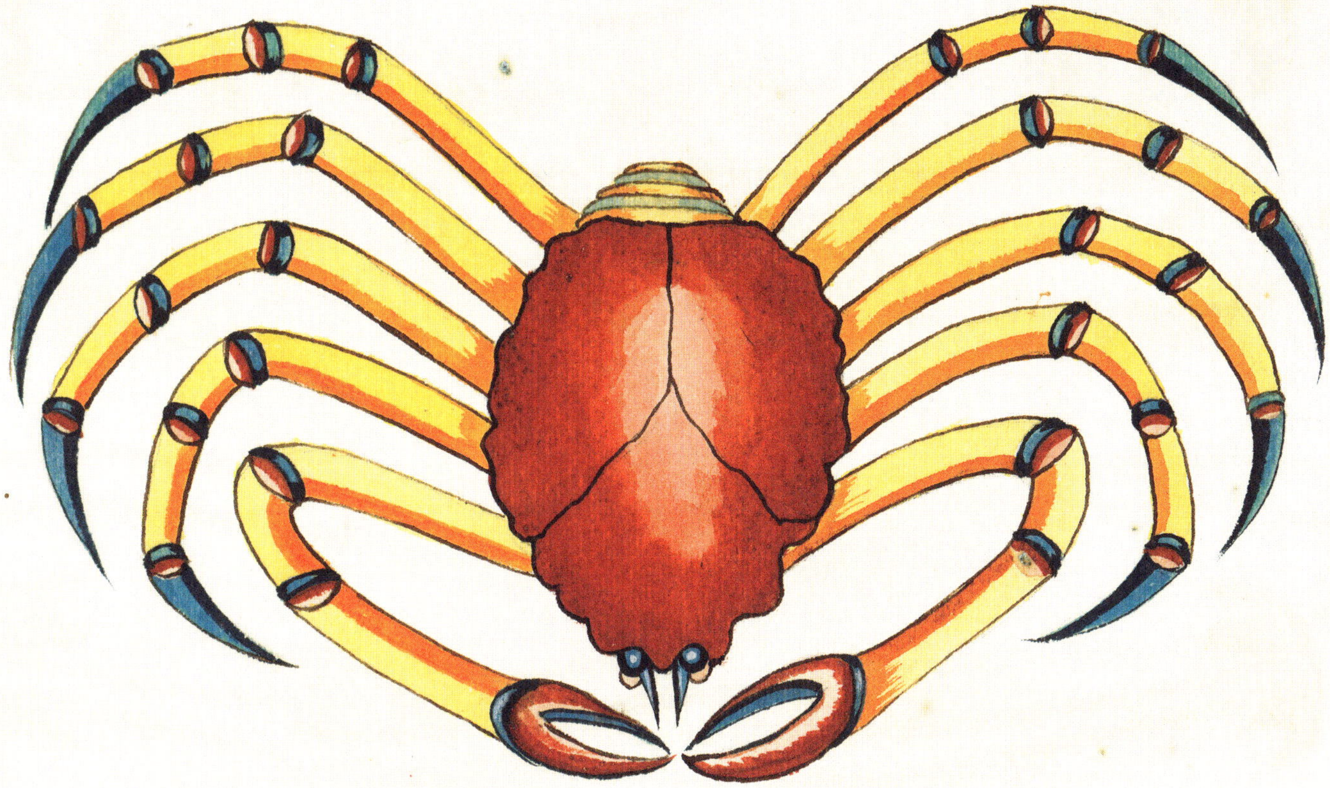

29.

30.

31.

32. Krabbe Scorpion, dont les piqueures sont mortelles, quand elles vont jusques au sang; elles se tiennent dans les bois, et il est dangereux de passer ou elles sont, parcequ'elles allongent leurs serres, et frappent avec force, ceux qu'elles peuvent atteindre; il y en a beaucoup.

33. Escrevisses d'Eau douce d'Amboine; tres bonnes.

32.

33.

34. Katjang Radi d'Amboine, fort bonne.

35. Krabbe de la Baye Portugaise; bonne mais rare.

36. Une Krabbe terrestre, dont il y a beaucoup de sortes aux Molucq
elle vit d'areignées, grimpant sur les Arbres et Maisons; Celle cy
a esté trouvée à Luiketyel sous la tuile d'une Maison.

34.

35.

36.

37. Sauterelle d'Amboine ; Male, dont la femelle Voj. n. 22. Ce sont de dangereux animaux capables de couper avec leurs dents les doigts à ceux qui les chassent ; Ils marchent par troupes, devorent les fruits, gastent les plantes, et ravagent tout une Campagne ; On les prend avec des filets, et en des collets, comme les becasses.

38. Petite Escrevisse de table, que l'on sert avec de Water-Visch. Voj. n. 1[...]

39. Krabbe armoiriée, dont il y a beaucoup d'especes, figurées diverseme[...]

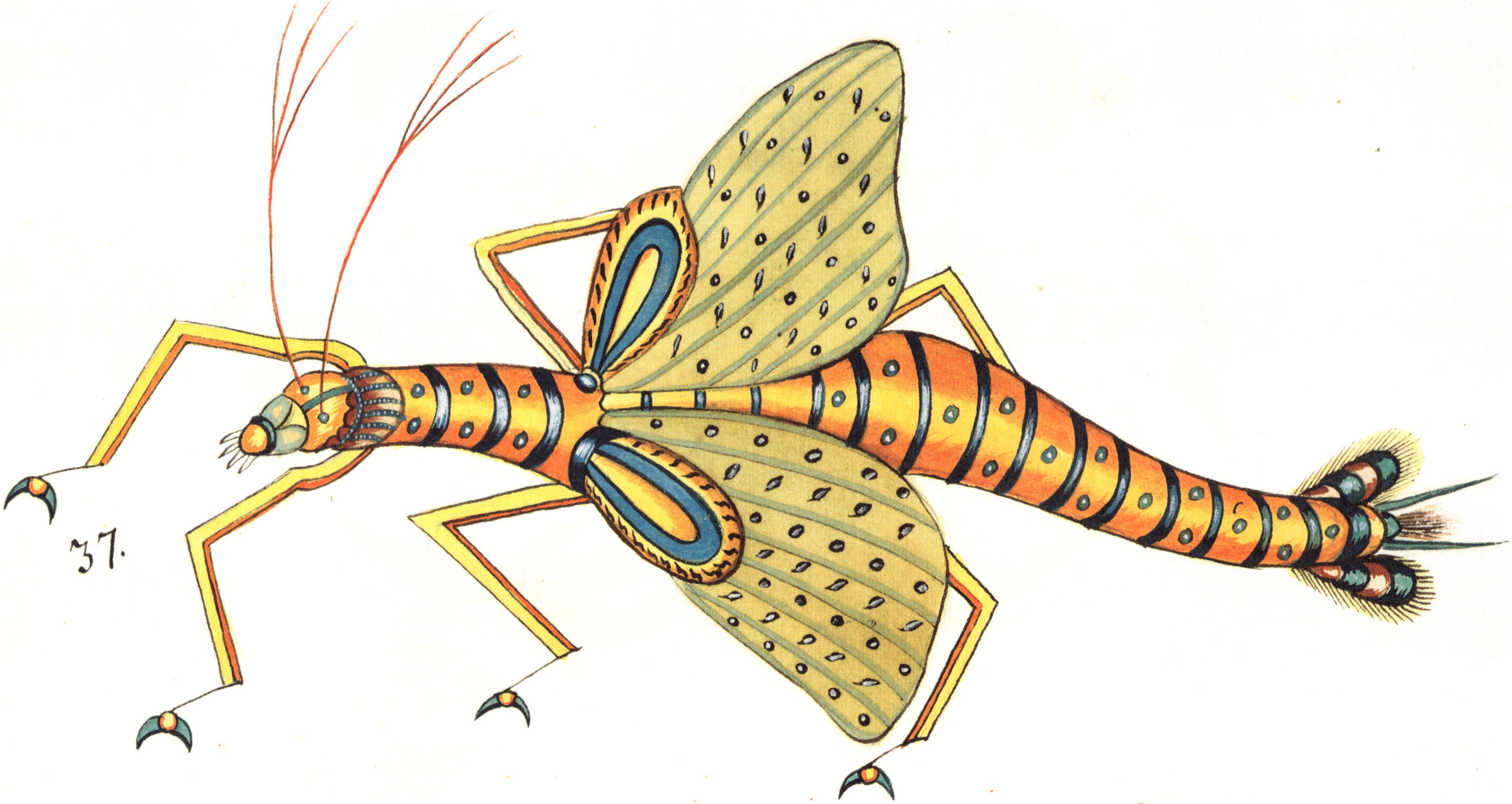

37.

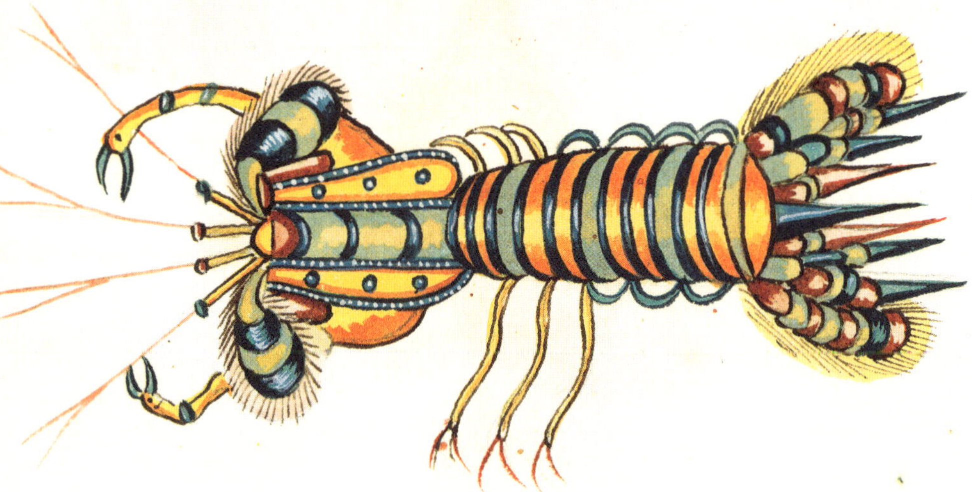

8.

39.

40. Escarbot d'Amboine, rayé d'or et d'une beauté ou le pinceau n'a point sçeu atteindre ; Ils devorent les fruits.

41. Couleuvre volante d'Amboine.

40.

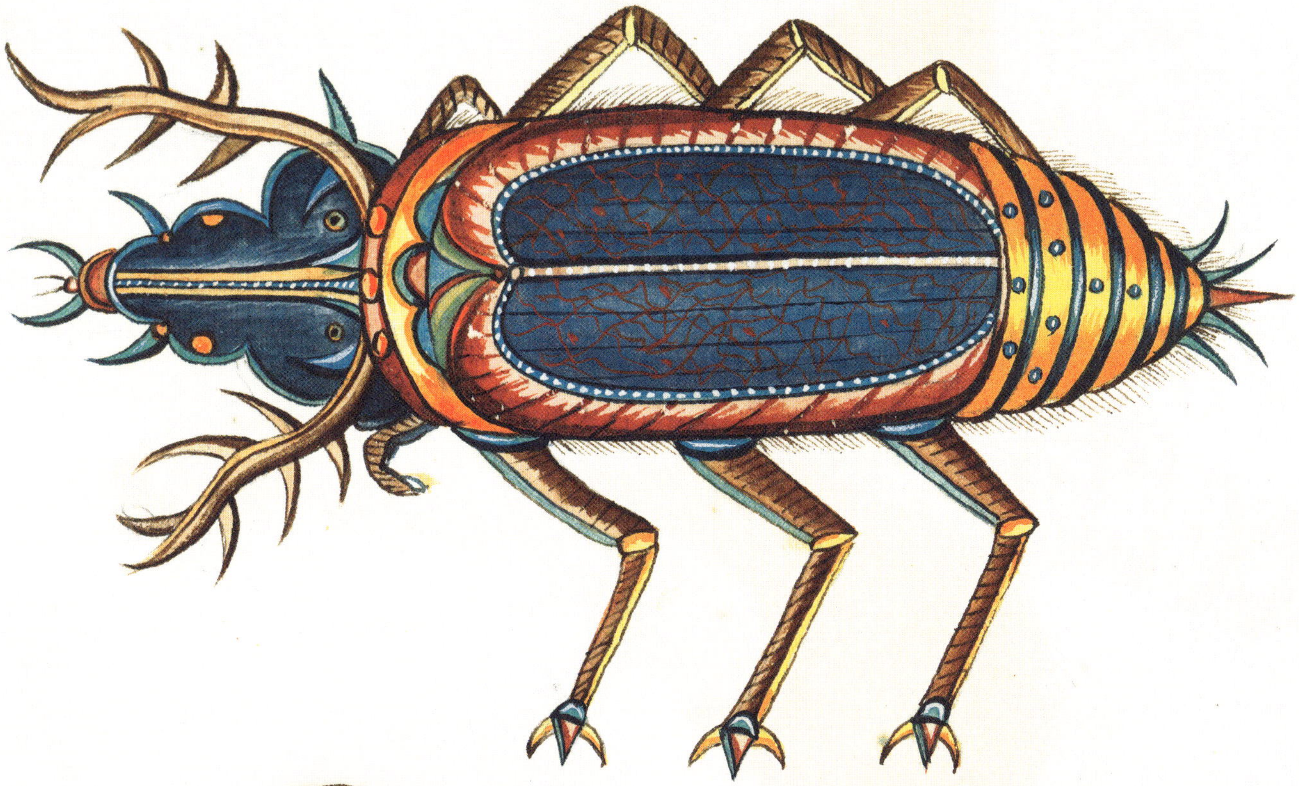

41.

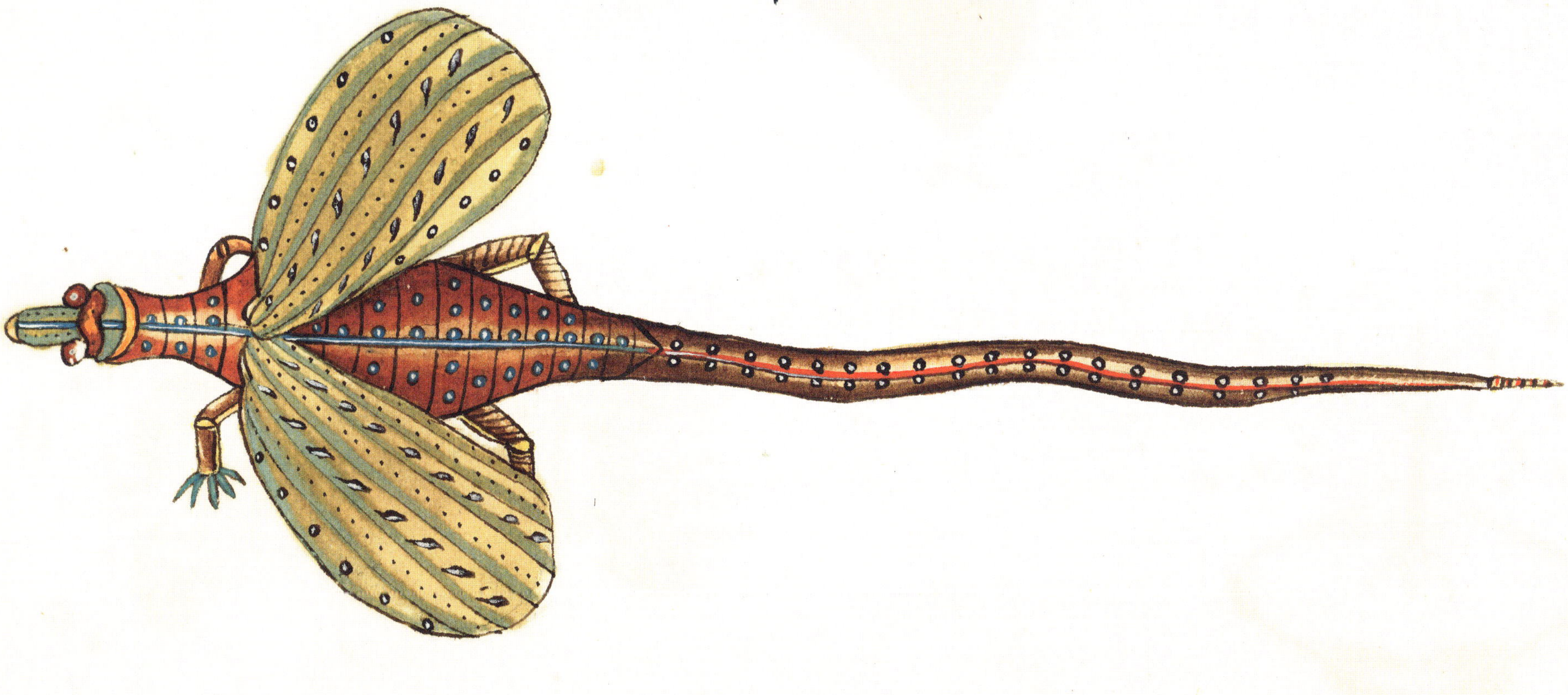

42. Chenille volante d'Amboine ; Elles naissent sur les feuilles, et vivent de la rosée, au rapport des Indiens ; ne nuisent point aux fruits.

43. Hannetons, que l'on prend sur les Arbres, nommés Kannary.

44. Groot Hannetons dit Moras.

Ces trois derniers Animaux sont icy dessinés, puisque les Chinois les mangent, et en font leur plus grande delicatesse.

42.

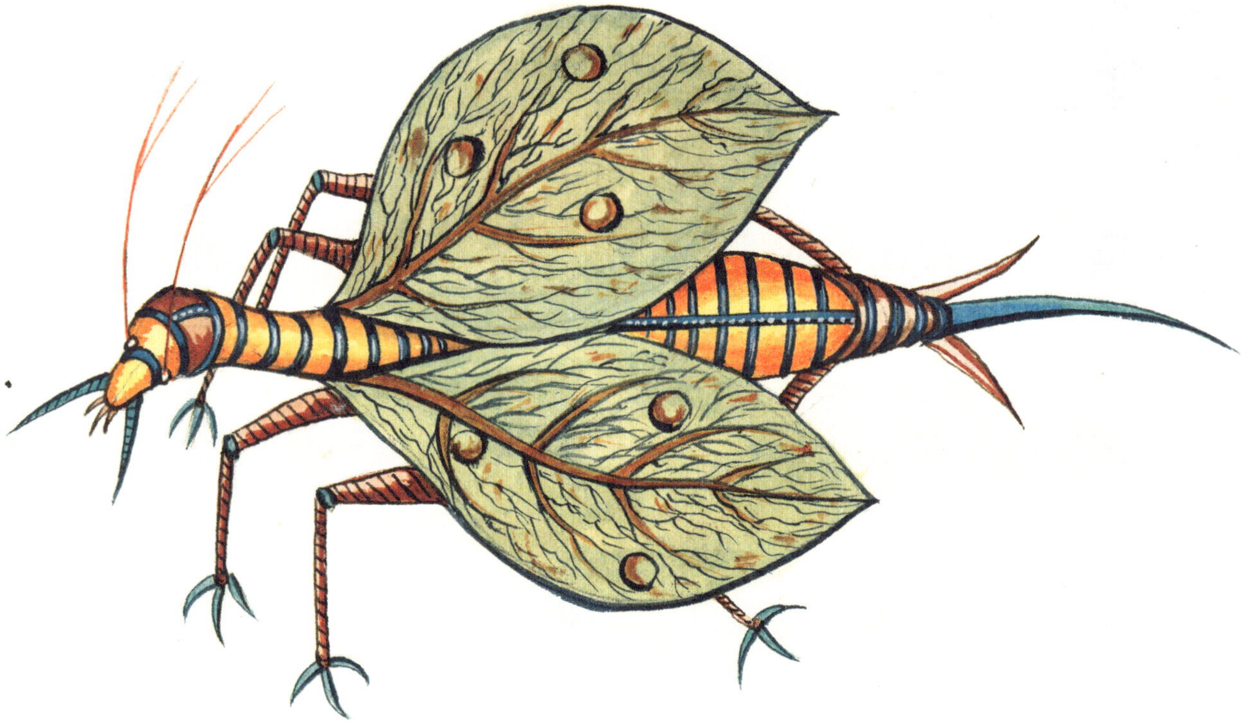

43.

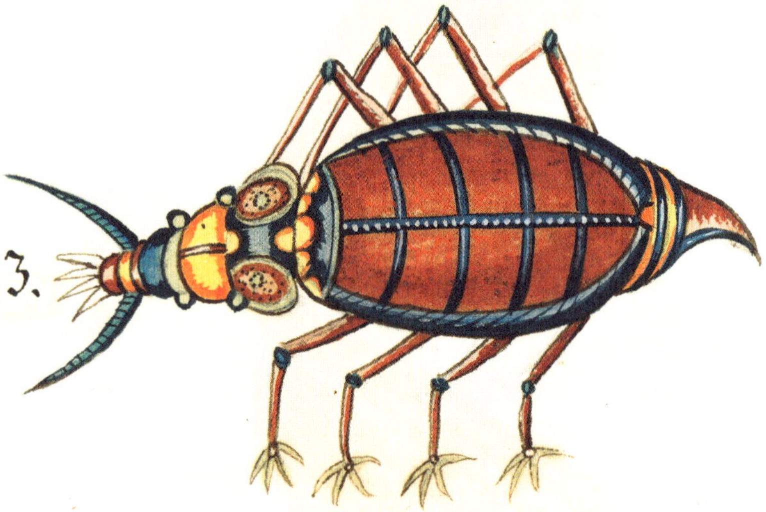

44.

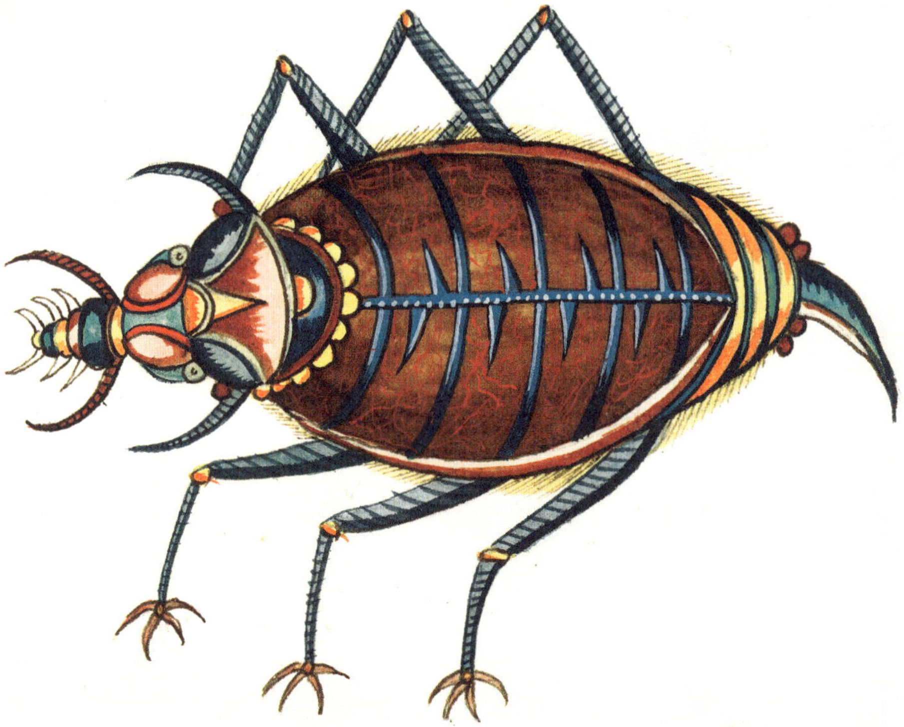

Pag:	Nr.	
1.	1.	de Grote Taffel-Visch ; la grande Table.
	2.	Jean Swangi.
	3.	de Spits-Neus. Nez pointu.
2.	4.	Petit Saulmoniet s: Salmoniach.
	5.	Poisson maigre.
	6.	Perche de Riviere.
	7.	Jean Bantam.
	8.	Sans nom.
3.	9.	de Bedrieger; Le trompeur.
	10.	de langh Neus ; le long Nez.
	11.	de Bonte Haan ; le Coq panaché.
	12.	Klip-Visch.
	13.	Amboneese Visch.
	14.	le Goujon Rayé.
4.	15.	Harckse ; Brasem.
	16.	Porpoe se Both.
	17.	Halve-beck ; demy bec de Bagewael.
	18.	Klip-Visch.
	19.	Jean de L'Isle de Lamme.
5.	20.	Coffer-Visch ; Jean Tomtombo.
	21.	Klip-Visch de Kaeyman Rock.
	22.	Paradys Vischye ; poisson de Paradis.
	23.	Jacob Everse.
6.	24.	Coffer-Visch ; la femelle.
	25.	Joly poisson.
	26.	Zee-Kat ; Chat marin.
	27.	Poisson de la Rique.
	28.	Poisson à la Rique.
7.	29.	Bonte Jager ; le Chasseur panaché.
	30.	Strepeling ; le Rayé bleu.
	31.	de Nonne van Amboine.
	32.	de Vaan drager ; L'Enseigne.

Pag.	Nr.	
8.	33.	de Groote Eylander ; L'Insulaire.
	34.	Zee-Os ; le Boeuf Marin ; le Male.
	35.	de Springer ; le Sauteur.
	36.	de Marmerde Klip-Visch ; le poisson marbré.
9.	37.	Duyvels-Visch ; Jean Satan.
	38.	Jean Cabessa ; poisson de Riviere.
	39.	Bantemmer Snoek ; brochet de Banda.
	40.	Sans nom.
	41.	Poisson à bec de Canard
10.	42	de Sade-Visch ; le poisson sellé ; femelle.
	43.	de Zee-Drackje ; le Dragon de Mer.
	44.	Bruyntje van Manipe.
	45.	Jean de Bagewal.
	46.	le Piquet bandé.
11.	47.	Sans nom.
	48.	Schlecht-hooft ; teste Verte.
	49.	Diable Cornu.
	50.	Jean Doriou s: Egel-Visch ; le Herisson.
	51.	Pyl-Visch ; la fleche de Hila.
12.	52.	Kap-Mes ; Jean Paringh.
	53.	Jean Boulan Tomtombo.
	54.	Chat Marin d'Amboine.
	55.	Slecht-hooft ; teste sotte.
	56.	Petit tomtombo.
13.	57.	Sorte d'Jean Swangi.
	58.	la None bardée d'Amboine.
	59.	Rouger piquet.
	60.	Le Harang Rayé.
	61.	Sans nom.
14.	62	Drates Vouris ; le Male.
	63.	L'Estoile d'Amboine.
	64.	Sans nom ; de la Compagnie des Porte Enseigne.
	65.	Brunet Sanglé
	66.	Spits-beck ; Nez pointû.

Pag.	Nr.	
15.	67.	de Bedrieger.
	68.	Sans nom.
	69.	Sans nom
	70.	Poisson à l'Escaille de Banda.
	71.	Groot Paradys-Visch ; le grand poisson de Paradis.
16.	72.	Pots-Kop.
	73.	Barbot d'Amboine.
	74.	Caffertje ; le Male.
	75.	Papouse bot ; Amboinische Gravini ; Comtesse d'Amboine.
	76.	Sans nom.
17.	77.	de bonte Wolf ; le Loup chamaré.
	78.	Poepoese both ; le Male.
	79.	Kalkoentje.
	80.	Sans nom.
	81.	la Princesse barrée
	82.	le Goujon vert bandé.
18.	83.	Snip-Visch ; la Begasse d'Amboine.
	84.	Schout by nacht
	85.	Sans nom ; de la trouppe du port Enseigne.
	86.	le Cornu.
	87.	la Poirne ; femelle.
19.	88.	Iacob Everse.
	89.	Ioan Kalle Koentje.
	90.	Princesse de Hila.
	91.	Schel-Visch d'Amboine
	92.	Frans Mannetje ; le poisson François.
	93.	Strepeling van la Rique ; la femelle.
20.	94.	Le Prince de Ceram.
	95.	Ioan Boulan.
	96.	Kleyn Byter
	97.	Harder.
	98.	Juffertje van Lieven.
	99.	Goujon Rosé.
21.	100.	de Seeramse Visch ; poisson de Ceram.
	101.	Ioan Poepoe.
	102.	Sans nom.
	103.	Caffertje.
	104.	Monstre
	105	de Boer d'Amboine.
22.	106.	de Groote Moor ; le Grand Moine de Hila.
	107.	Espece de Harang.
	108.	de Snavelaer ; la grande Gravin.
	109.	Ioan Popoitje ; le Male.
	110.	Ioan Tambour.
23.	111.	Ioan Tabula ; poisson des Dez.
	112.	Sans nom.
	113.	Speer-Visch.
	114. 115.	Sans nom.
	116.	de Groene Suyger.
24.	117.	Klip-Visch.
	118.	Kaketou de Hila, la femelle.
	119.	L'hirondelle de Mer.
	120.	Hart-Visch ; Le Cerf. Le Male.
	121.	Klip-Visch.
	122.	Caffertje à Bande.
25.	123.	Zee-Drach ; le Dragon Marin.
	124.	L'Indien de Loeuvé.
	125.	Klip-Visch.
	126.	Oog-Visch ; poisson à 10. yeux.
	127.	Roos-Visch ; poisson à Rose.
	128.	Ioan Pidou.
26.	129.	Tomtombo, à Escaille.
	130.	Sans nom.
	131.	de Bonte Haan.
	132.	le Damier d'Amboine.
	133.	Ioan de St. André.
	134	Boots-Haaks.
	135	Gout Strepeling de la Rique.
27.	136.	Sans nom.
	137.	Gout Strepeling de la Rique.
	138.	Sans nom.
	139.	Sans nom.
28.	140.	Perche d'Amboine.
	141.	Gortd Cabillau ; Cabillau panaché.
	142.	Ioan Cambing.
	143.	Ioan Swangi.

Pag:	Nr.	
29.	144.	Drie Start ; queue triple.
	145.	Jean Boulan ; poisson à demy Lune.
	146.	Sans nom.
	147	Zee-Koe ; Vasche marine ; le Male.
30.	148.	Sans nom.
	149.	Sans nom.
	150.	Le Chasseur s: le Loup Vert.
	151.	Klip-Visch.
	152.	Sans nom.
31.	153.	Speer-Visch ; La Poire.
	154.	De Bezaen-Visch.
	155.	Jean Kap de Hila.
	156.	Peer Visch ; La Poire.
	157.	Voichsi Pampus.
32.	158.	Jean Porco.
	159.	Perche de Hila.
	160.	Espece de Sambilang.
	161.	Jean Svangi.
	162	le petit Dauphin de la Rique.
	163.	Le Comte de la Rique.
33.	164.	Sans nom.
	165.	Princesse.
	166.	Comtesse des Caffres.
	167.	Le Prince de la Rique.
	168.	Klip-Visch.
	169.	Brochet de la Rique.
34.	170.	Jacob Everse ; Male
	171.	Jacob Everse ; femelle.
	172.	Sans nom.
	173.	Jean Coupang.
	174.	Sans nom.
	175.	Goud-Visch ; poisson d'Or
	176.	Sans nom.
35.	177.	Jean Sanguer.
	178.	Sans nom.
	179.	Poisson Volant.
	180.	Sorte de Jacob Everse.
	181.	Harder.
	182.	Sans nom.
	183	Sambilang ; femelle.

Pag:	Nr.	
36.	184.	Sorte de Jean Tomtombo.
	185.	Hang-buick ; Sorte de Souffleurs.
	186.	Kleen Ostindisch-Vaar ; le Petit Indien.
	187.	Nonnin de Baguewal.
37.	188.	Jean Tomtombo.
	189.	Jacob Everse.
	190.	Femelle du Cheval Marin.
	191.	Strepeling de Hila.
	192.	Klip-Visch.
38.	193.	Poisson Volant.
	194.	Petit brochet de Baguewael.
	195.	Klip-Visch.
	196.	Le poulet d'Amboine.
	197.	Poisson Volant à deux cornes.
39.	198.	Harte-Visch ; Le Cerf, la femelle.
	199.	Speer-Visch ; Le Male.
	200.	Berg Karper.
	201	Varkens-Visch ; le poisson Cochon.
	202.	Inconnu de Manipe.
40.	203.	Jean Radi.
	204.	Le Casuarius de Hila.
	205.	Zee-Luys ; pou de Mer ; femelle
	206.	Zee-Luys ; le Masle.
	207	Groene Ridder ; Le Chevalier verd.
41.	208.	Klip-Visch.
	209	Voorn d'Amboine.
	210.	Le Goujon d'Amboine.
	211	Le Grand Ours d'Arouka.
	212.	Le Laffertje.
	213.	de Eenhoorn ; la Licorne.
42.	214.	Rood Haantje ; le Coq rouge.
	215.	Zee-Duyvel van Hila ; le Diable Marin.
	216.	Domkop ; le Lourdaut.
	217.	La petite Ourse de Manipe.
	218.	Amboonse Bleckje.
	219	Klip-Visch.

Pag:	Nr.	
43.	220.	Klip-Visch.
	221.	Kleen-Blasertje ; le petit Soufleur de la Rique.
	222.	Zyl-Visch ; le Voillier.
	223.	la Scie volante.
	224.	Ican bato ; le Male.
	225.	Ican bato ; la femelle.
	226.	Camp-haantje de Bagewael ; le Male.
44.	227.	de Bruyn Zee-Duyvel ; le Diable brun d'Amboine.
	228.	le Diable jeaune.
	229.	Petite Princesse.
	230.	Sambi-lang.
	231.	Comtesse de Hila.
	232.	le Loup de Nasselauwe.
45.	233.	Ican Svangi.
	234.	Ican Svangi.
	235.	L'Insulaire de la Rique.
	236.	Moorse Duyvel ; le Diable des Mores.
	237.	la petite Princesse d'Amboine.
	238.	Kikvorst ; Grenouille d'Amboine.
46.	239.	le Dromedaire du Mont rouge.
	240.	la Demoiselle d'Amboine.
	241.	Ican Serbandel ; la femelle.
	242	Klip-Visch ; Langebeck.
	243.	Cheval Marin ; le Mâle.
47.	244.	Kaketou d'Hila.
	245.	Klip-Visch.
	246.	Bruyn Popoetje ou Speer-Visch
	247	Ezel-Visch ; Ican Douriaun ; le Mâle
	248.	Ican Serbandel ; le Mâle.
48.	249	le Turc.
	250.	Poisson volant d'Amboine.
	251.	Tomtombo.
	252.	Sans nom.
	253.	Ican Svangi.
49.	254.	le grand Tigne d'Amboine.
	255.	la None bleue.
	256.	Klip-Visch.
	257.	Jacob Everse.
	258.	Ican d'Amboine, rare ; le Mâle.

Pag:	Nr.	
50.	259.	le Loup d'Amboine.
	260.	Sans nom.
	261.	Sans nom.
	262.	Sans nom.
	263.	Sans nom.
	264.	de Sand-Kruyper ; l'Ensablé.
51.	265.	de Maen-Visch ; poisson de la Lune.
	266.	Harockse-Brasem.
	267.	Duchesse d'Amboine.
52.	268.	Groot-Oog ; Gros yeux.
	269.	Gebandeer de Lange beck de la Rique.
	270.	Pennemisje ; Ican Piso.
	271.	Sans nom.
53.	272.	Jacob Everse.
	273.	Poisson à l'Escaille tortue.
	274.	le Courtisan d'Amboine.
	275.	Klip-Visch.
54.	276.	Sans nom.
	277.	Slimme Visch ; Ican Bineo.
	278.	Sans nom.
	279.	Petit Chasseur de Hila.
	280.	Sans nom.
55.	281.	Speer-Visch de la Rique.
	282.	Sans nom.
	283.	Fluytertje.
	284.	Knevel-bart ; le barbu.
56.	285.	la Toile peinte à bandes rouges ; le Mâle
	286.	Ican Svangi.
	287.	le Tacheté.
	288.	le Camus.
57.	289.	Bleuet Poupou.
	290.	Saulmonet ; le Mâle.
	291	le petit d'Oré ; Mâle
	292.	le petit d'Oré ; femelle.
58.	293.	le Tigre Jeaune.
	294.	Ican Svangi.
	295.	Rare ; Sans nom.
	296.	la Salamandre.
59.	297.	Qvick-Staart ; Mâle.
	298.	le Trompette.
	299.	Qvick-Staart ; femelle.

g:	Nr.	
0.	300.	Harang Peck de Banda.
	301.	Ican Svangi
	302.	Jacob Everse.
	303.	Lootsi Lootsi.
1.	304.	la Toile peinte à la Rique ; la femelle.
	305.	la Blaye d'Amboine.
	306.	Sans nom ; rare.
2.	307.	le Grand Coffre ; Ican Tomtombo.
	308.	Sans nom ; rare
	309.	Sans nom.
3.	310.	le Spirinck d'Or.
	311.	Une Nonnain de Bantam.
	312.	la femelle de nr. 258.
	313	le Capitaine Espagnol.
4.	314	de Groote-Blaser ; le grand Souffleur.
	315.	Sans nom.
5.	316.	le Grand Kaketou.
	317.	Levre pendante.
	318.	Sans nom.
	319.	Salmoniack.
6.	320.	Sans nom.
	321.	Kaketou ; Male.
	322.	le Poisson d'Argent.
	323.	Sans nom.
7.	324.	Jacob Everse.
	325.	la petite Reyne.
	326.	Sans nom.
	327.	Jacob Everse.
8.	328	le Feston.
	329.	le Capon.
	330.	la Carpe de Ceram.
	331.	Dauphin ; la femelle.
9.	332.	le Loup tacheté.
	333.	Ican Popoe ; la femelle.
	334.	le Coq Marin.
	335.	Perche d'Amboine.
	336.	Oost Indisch-Vaar ; l'Indien.
	337.	le Scieur bandé.
	338.	la Comtesse d'Amboine.
1.	339.	le Chasseur brun.
	340.	Princesse du Mont rouge.
	341.	Goujon d'Oré.
	342.	le petit Soufleur.

Pag:	Nr.	
72.	343.	le Piquier de Papous.
	344.	la Levre pendante de la Rique.
	345.	le Barbu de la Rique.
	346.	Ican Radi.
73.	347.	Brand Jagertje ; Chasseur flambojant.
	348.	Sans nom.
	349.	Goujeon de Mer.
	350.	Sans nom.
74.	351.	Jacob Everse.
	352.	Hatjes Visch ; poisson du Coeur.
	353	Poisson du Paradis ; le Mâle.
	354.	Sans nom.
75.	355.	le Chasseur de Banda.
	356.	Nez pointu.
	357.	Sans nom.
	358.	Bec pointu.
76.	359	Brochet d'Amboine
	360.	Ican Svangi.
	361.	Orania ; Spiring de Hila.
	362.	Poisson des Roches.
77.	363.	le Bandeau d'Amboine.
	364.	Brunet de Papoe.
	365.	Demi-bec.
	366.	Sans nom.
78.	367.	le grand Porkiete bordé.
	368	Sans nom.
	369.	Sans nom.
	370.	le Sauteur brun.
79.	371.	Sade-Visch ; poisson Sellé ; le Mâle.
	372	Verken-Visch.
	373.	Klip-Visch ou Poisson de Roche.
	374.	Reine de Hila.
80.	375.	Chasseur du Harang.
	376.	Hart-Visch ; poisson de Coeur.
	377.	la Perche d'Amboine.
	378	Ican Banda.
81.	379	Perkiet Visch.
	380.	de Stomp Kop ; le Lourdaut
	381.	Hart-Visch ; Le Coeur.
	382.	Klip-Baars ; perche de Roes.
82.	383.	Moors-Afgodt ; L'Idole des Noirs
	384.	Klip-Visch.
	385.	Sans nom.
	386.	la femelle du Sans nom cy dessus.
	387.	Bonte-Baers ; la perche panachée.
83.	388.	L'Empereur du Japan.
84.	389.	le Barbare
85.	390.	Une Syrene.

54. Sans Nom

Pag:	Nr.	
86.	1.	L'Escrevisse d'Amboine.
87.	2.	Anguille d'Amboine.
	3.	Krabbe d'Amboine.
	4.	Krabbe terrestre.
	5.	Taffel-Kreeft.
88.	6.	Lokkie Lokkie.
	7.	Katjang Roeper; Krabbe Criante.
	8.	Krabbe terrestre.
89.	9.	Lokkie, ou Escrevisse commune à Amboine.
	10.	Anguille d'Eau douce.
	11.	Krabbe de la Lune.
	12.	Krabbe du Soleil.
90.	13.	Krabbe du Roy.
	14.	Krabbe terrestre.
	15.	Petite Escrevisse de table.
91.	16.	Krabbe de L'Empereur.
	17.	Linquo Lokkie ou Escrevisse.
92.	18.	Steene Krabbe.
	19.	Krabbe areignée.
	20.	Krabbe amphibie.
93.	21.	Krabbe Marine de Nasselau.
	22.	Sauterelle d'Amboine; la femelle.
94.	23.	Krabbe de Ste Croix.
	24.	Petite Garnelle de Table.
	25.	Petite Krabbe de Hibemelan.
95.	26.	Krabbe de la Rique.
	27.	Krabbe du Chien; ou Kantiang handieng.
	28.	Krabbe de la Lune.
96.	29.	Krabbe de la Baye Portugaise.
	30.	Petite Escrevisse terrestre.
	31.	Krabbe areignée.
97.	32.	Krabbe Scorpion.
	33.	Escrevisse d'Eaux douces.
98.	34.	Katjang Radi d'Amboine.
	35.	Krabbe de la Baye Portugaise.
	36.	Krabbe terrestre.
99.	37.	Sauterelle d'Amboine; le Mâle.
	38.	Petite Escrevisse de Table.
	39.	Krabbe armoiriée.
100.	40.	Escarbot d'Amboine.
	41.	Couleuvre Volante.
101.	42.	Chenille Volante.
	43.	Hanneton.
	44.	Groot Hanneton ou Moras.
	390	
Somme Totale	434.	Figur.

Dans le Livre in Fol: se trouvent, 459 Figures.

Samuel Fallours

TROPICAL FISHES *of the* EAST INDIES

Tropische Fische Ostindiens
Poissons tropicaux des Indes orientales

The copy used for printing belongs to the
Der Druck erfolgte nach dem Exemplar der / L'impression a été effectuée d'après l'exemplaire de la
Niedersächsische(n) Staats- und Universitätsbibliothek Göttingen

Text by / *Text von / Texte de* Theodore W. Pietsch

TASCHEN

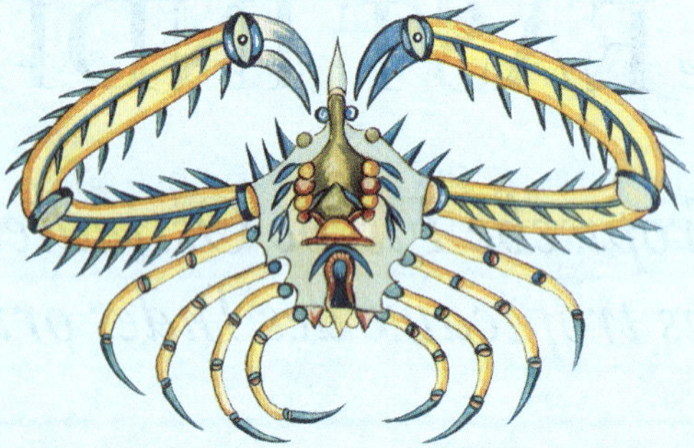

Samuel Fallours's Drawings of Fishes, Crayfishes, and Crabs

Samuel Fallours Zeichnungen von Fischen, Krebsen und Krabben

Les dessins des poissons, des écrevisses et des crabes de Samuel Fallours

Theodore W. Pietsch

On 9 May 1716, Louis Renard (1678/79–1746), book dealer, publisher, and agent in Amsterdam to the British Crown, wrote to Robert Aryeskin, physician to Peter the Great and first "keeper" of the czar's natural-history collection, describing his latest publishing effort. Hoping to solicit interest from the czar and others among the nobility of St. Petersburg, he elaborated in extraordinary terms: "I received last year [1715] a manuscript on the Moluccas, concerning the natural history of fishes of that country. There are about 500 of them, painted in their natural colors; they are more beautiful than the parrots, the butterflies, and even the flowers in our gardens. Their colors are so vivid that it is like a new miracle of nature. It is, Monsieur, the General of the Indies [Adriaen van der Stel] who has had them drawn and painted. They have worked on this for seventeen years. It is the most beautiful collection in the world for people interested in the curiosities of nature. I have already had engraved from this collection 50 large plates. The others are being done." (Archives of the Academy St. Petersburg of Sciences, Ms. 846/44, fol. 63 verso) The result of this work, which was published three years later, is Renard's great masterpiece, *Poissons, ecrevisses et crabes* (Fishes, Crayfishes, and Crabs; 1719, 1754, 1782; ill. 1), containing 100 plates divided into two parts, each bearing the half-title "Histoire naturelle des plus rares curiositez de la Mer des Indes" ("Natural history of the rarest curiosities of the Seas of the Indies"). The plates themselves consist of 460 brilliantly coloured copper engravings, representing 415 fishes, 41 crustaceans, two stick-insects, one dugong, and a mermaid (see Pietsch, 1984, 1991, 1993, 1995a; Pietsch and Rubiano, 1988). With perhaps one exception, all the illustrations represent tropical species of the Indo-west Pacific Ocean, especially the warm shallow seas of what was then the Dutch East Indies (ill. 2). The question of how Renard, who had spent almost his entire adult life in Amsterdam, obtained these extraordinary drawings is answered by Renard himself in the introduction to his book: "Mr. Balthasar Coyett, former Governor and Director of Ambon and Banda, and President of the Commissioners at Batavia, is the first person to whom we owe this fine discovery [the drawings of Part I]. He encouraged the capture of these fishes during the time of his government [1694–1706], and after having 200 of them painted, which had been brought alive to his house, not only by natives of Ambon and the neighbouring islands, but also by the Dutch who had become established there, he made two collections of the fishes, the originals of which his son took to the elder Mr. Scott, who was then Attorney General or Prime Minister of the East India Company at Amsterdam. I had them copied exactly. The second volume of this work – in truth less correct in the preciseness of its drawings, but extremely interesting for the novelties with which it is replete and for the remarks that are given next to

In seinem Brief vom 9. Mai 1716 an Robert Aryeskin, Leibarzt Peters des Großen und erster „Kustos" der naturhistorischen Sammlung des Zaren, äußerte sich Louis Renard (1678/79–1746), Buchhändler, Verleger und Bevollmächtigter der britischen Krone in Amsterdam, über sein jüngstes verlegerisches Vorhaben. In der Hoffnung, das Interesse des Zaren und des Petersburger Adels zu erregen, übte er sich nicht in Bescheidenheit: „Letztes Jahr [1715] erhielt ich ein Manuskript über die Molukken, betreffend die Naturhistorie der Fische jenes Landes. Es sind rund 500 an der Zahl, gemalt in ihren natürlichen Farben; sie sind prächtiger als die Papageien, die Schmetterlinge und sogar die Blumen in unseren Gärten. Ihre Farben sind derart lebendig, dass es einem neuen Wunder der Natur gleichkommt. Gezeichnet und koloriert wurden sie, Monsieur, im Auftrag des Generalgouverneurs von Ostindien [Adriaen van der Stel]. 17 Jahre lang wurde daran gearbeitet. Für Menschen, die sich für die Kuriositäten der Natur interessieren, ist dies die schönste Sammlung auf der ganzen Welt. Ich habe danach bereits 50 große Tafeln anfertigen lassen. Die übrigen sind in Arbeit." (Archive der Petersburger Akademie der Wissenschaften, Ms. 846/44, Fol. 63 verso). Drei Jahre später wurde das Ergebnis dieser Arbeit veröffentlicht, Renards Meisterwerk *Poissons, ecrevisses et crabes* („Fische, Krebse und Krabben"; 1719, 1754, 1782; Abb. 1) mit 100 zweiteiligen Tafeln, jeweils mit dem Untertitel „Histoire naturelle des plus rares curiositez de la Mer des Indes" („Naturhistorie der seltensten Kuriositäten des Indischen Meeres"). Die Tafeln selbst bestehen aus 460 leuchtend kolorierten Kupferstichen; sie präsentieren 415 Fische, 41 Krebstiere, zwei Stabheuschrecken, einen Dugong und eine Meerjungfrau (siehe Pietsch 1984, 1991, 1993, 1995a; Pietsch und Rubiano 1988). Mit vielleicht einer Ausnahme zeigen sämtliche Illustrationen tropische Arten des östlichen Indischen Ozeans, speziell der warmen, seichten Gewässer des damaligen Niederländisch-Ostindien (Abb. 2). Wie Renard, der nahezu sein gesamtes Erwachsenenleben in Amsterdam verbrachte, in den Besitz dieser außergewöhnlichen Zeichnungen gelangte, erklärt der Autor in der Einleitung seines Buches: „Herr Balthasar Coyett, einstiger Gouverneur und Direktor von Ambon und Banda sowie Präsident der Kommissionäre zu Batavia, ist die erste Person, der wir diesen schönen Fund verdanken [die Zeichnungen von Teil I]. Während seiner Regierungszeit [1694–1706] regte er den Fang dieser Fische an und ließ 200 von diesen malen, die lebendig zu seinem Haus gebracht worden waren, nicht nur von den Bewohnern Ambons und der benachbarten Inseln, sondern auch von den Niederländern, die sich dort niedergelassen hatten. Dann ordnete er den Bestand in zwei Teile, deren Originale sein Sohn dem älteren Herrn Scott brachte, dem damaligen Kronanwalt oder Premierminister der Ostindienkompanie in Amsterdam. Diese ließ ich exakt kopieren. Der zweite

Le 9 mai 1716, Louis Renard (1678/79–1746), éditeur, libraire et représentant de la Couronne britannique à Amsterdam, écrit à Robert Aryeskin, médecin personnel de Pierre le Grand et responsable de la collection d'histoire naturelle du maître de la Russie. Dans ce courrier, Louis Renard évoque son projet de publication le plus récent. Afin d'éveiller l'intérêt du tsar et de la noblesse de Saint-Pétersbourg, il se répand en précisions enthousiastes : « J'ai reçu l'an dernier [1715] des îles Moluques un manuscrit sur l'histoire naturelle des poissons de ce pays. Il y en a près de cinq cents, peints dans leurs couleurs naturelles ; ils sont plus beaux que les perroquets, les papillons et même les fleurs de nos jardins. Leurs couleurs sont si éclatantes que c'est comme un nouveau miracle de la nature. C'est, Monsieur le Général des Indes, Adriaen van der Stel, qui les a fait dessiner et peindre. Ils y ont travaillé dix-sept ans. C'est la plus belle collection dans le monde, pour les personnes qui s'intéressent aux curiosités de la nature. J'ai déjà fait graver cinquante grandes planches à partir de cette collection. Les autres sont en cours. » (Archives de l'Académie des Sciences de Saint-Pétersbourg, Ms. 846/44, fol. 63 verso).

Le fruit de ce travail, qui sera publié trois ans plus tard, est le grand œuvre de Louis Renard : *Poissons, ecrevisses et crabes de diverses couleurs et figures extraordinaires, que l'on trouve autour des Iles Moluques et sur les côtes des Terres australes* (1719, 1754, 1782, ill. 1). L'ouvrage se compose de cent planches séparées en deux parties, précédées l'une et l'autre du faux-titre *Histoire naturelle des plus rares curiositez de la Mer des Indes*. Les planches elles-mêmes sont constituées de 460 gravures sur cuivre magnifiquement coloriées, qui représentent 415 poissons, 41 crustacés, deux phasmes, un dugong et une sirène (voir Pietsch, 1984, 1991, 1993, 1995a ; Pietsch et Rubiano, 1988). A peut-être une exception près, toutes les illustrations décrivent des espèces tropicales de l'océan Indien et de l'ouest du Pacifique, particulièrement les mers chaudes et peu profondes de ce qu'on appelait alors les Indes orientales néerlandaises (ill. 2). Comment Renard, qui passa presque toute son existence à Amsterdam, est-il parvenu à se procurer ces extraordinaires dessins ? A cette question, il répond lui-même dans un avertissement placé en tête du livre : « M. Balthasar Coyett, aujourd'hui ancien Gouverneur et Directeur d'Amboine [ou Ambon N. d. T.] et de Banda, et Président des Commissaires à Batavia, est le premier à qui on doit cette belle découverte [les dessins du tome I]. Il encouragea la pêche de ces poissons pendant le temps de son gouvernement [1694–1706] ; et après en avoir fait peindre environ deux cents, qui avaient été portés en vie dans sa maison, tant par les Indiens d'Amboine et des îles voisines, que par les Hollandais qui y sont établis, il en forma deux recueils, dont Monsieur son fils apporta les originaux à Monsieur Scott l'aîné, qui était alors Premier Avocat, ou Premier Ministre de la Compagnie Générale des Indes orientales à

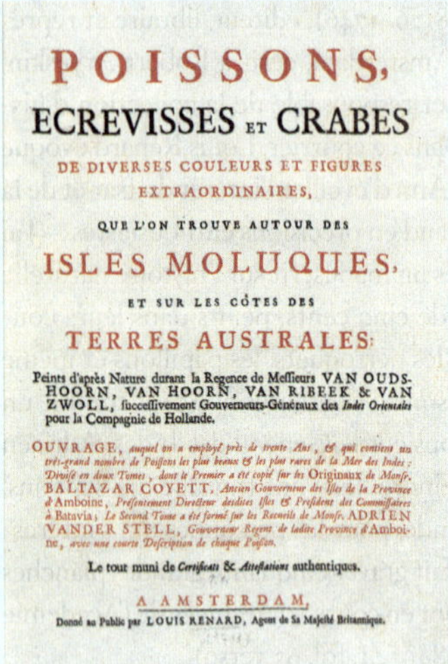
POISSONS,
ECREVISSES ET CRABES
DE DIVERSES COULEURS ET FIGURES
EXTRAORDINAIRES,
QUE L'ON TROUVE AUTOUR DES
ISLES MOLUQUES,
ET SUR LES CÔTES DES
TERRES AUSTRALES:
Peints d'après Nature durant la Regence de Messieurs VAN OUDSHOORN, VAN HOORN, VAN RIBEEK & VAN ZWOLL, successivement Gouverneurs-Généraux des *Indes Orientales* pour la Compagnie de Hollande.

OUVRAGE, *auquel on a employé près de trente Ans, & qui contient un très-grand nombre de Poissons les plus beaux & les plus rares de la Mer des Indes: Divisé en deux Tomes, dont le Premier a été copié sur les* Originaux *de Monsr.* BALTAZAR COYETT, *Ancien Gouverneur des Isles de la Province* d'Amboine, *Présentement Directeur desdites Isles & President des Commissaires à* Batavia; *Le Second Tome a été formé sur les Recueils de Monsr.* ADRIEN VANDER STELL, *Gouverneur Regent de ladite Province d'*Amboine, *avec une courte Description de chaque Poisson.*

Le tout muni de *Certificats* & *Attestations* authentiques.

A AMSTERDAM,
Donné au Public par LOUIS RENARD, Agent de Sa Majesté Britannique.

Ill. 1
Louis Renard: ***Poissons, ecrevisses et crabes. Histoire naturelle des plus rares curiositez de la Mer des Indes***, 1719
Undated title page
Hanover, Gottfried Wilhelm Leibniz Bibliothek, Niedersächsische Landesbibliothek

Ill. 2 (right/rechts/à droite)
Louis Renard: ***Atlas de la navigation, et du commerce***, 1715
fol. 21, "Indiarum Orientalium"
Chart of the East Indies
Ostindien-Karte
Carte des Indes orientales
Göttingen, Niedersächsische Staats- und Universitätsbibliothek

each fish – is based on the collection of drawings of Mr. Van der Stel, presently Governor of the Molucca Islands. Mr. Van der Stel had these fishes drawn by an artist named Samuel Fallours, who brought them to me from the Indies."

Governors Coyett and Van der Stel were employees of the great Dutch East India Company, more formally known as the VOC, the Vereenigde Oostindische Compagnie, or United Netherlands East India Company (ill. 3). For more than a century, the Dutch had dominated the rich spice trade of the East. The Company was wealthy and powerful, and within its domain it functioned as a governing body separate from that of the Netherlands. Its zealous exploitation of the native inhabitants of the Spice Islands, as well as its efforts to maintain a monopoly against competing companies, particularly the English East India Company, caused untold pain and suffering. Yet in other ways, the Directors of the Company were enlightened men, patrons of art and science, not only for reasons of acquiring further wealth but also of gaining knowledge itself. The fleets of East Indiamen returning to the Netherlands (ill. 4) each year brought with them all kinds of new and exotic goods. Travelers to the East soon learned that fanatical, and often very wealthy, European collectors of natural objects would pay handsomely for strange, never-before-seen plants and animals (ill. 5). Interest in all things botanical and zoological was intense, and it was in this atmosphere that Louis Renard introduced his book of elaborately coloured fishes and crustaceans.

Many of the species depicted by Renard had been known in Europe for some time, represented as specimens that had been dried or preserved in spirits of alcohol (ill. 6, 7, 8). But the brilliant natural colours of such creatures fade almost immediately after death, and few readers were prepared to believe in their existence. For this reason, Renard (1719, 1754) felt obliged to provide testimony to and certification of the authenticity of his work: "I have taken great care to go to the source, and to produce proofs of certain facts that are explored herein. To help certain still non-believers, I thought it appropriate to publish the following letters, of which I have retained the originals."

Among these missives was one written by Frederik Julius Coyett, son of Balthasar, to Louis Renard on 17 October 1718, in which he explains: "Since you desire to have from me the true story of the two collections of fish drawings from the Molucca Islands [ill. 10], received by you from Mr. Scott, I can assure you on my honour that they were drawn and coloured as truthfully as the painter and the strength of the colours could permit, although it is impossible to obtain with a brush the brightness and admirable variety of colours that these fishes have when still alive. My father had the work done in his house (during the fourteen consecutive years that he was governor of the province of Ambon and of Banda) whenever certain curious fishes were brought to him.

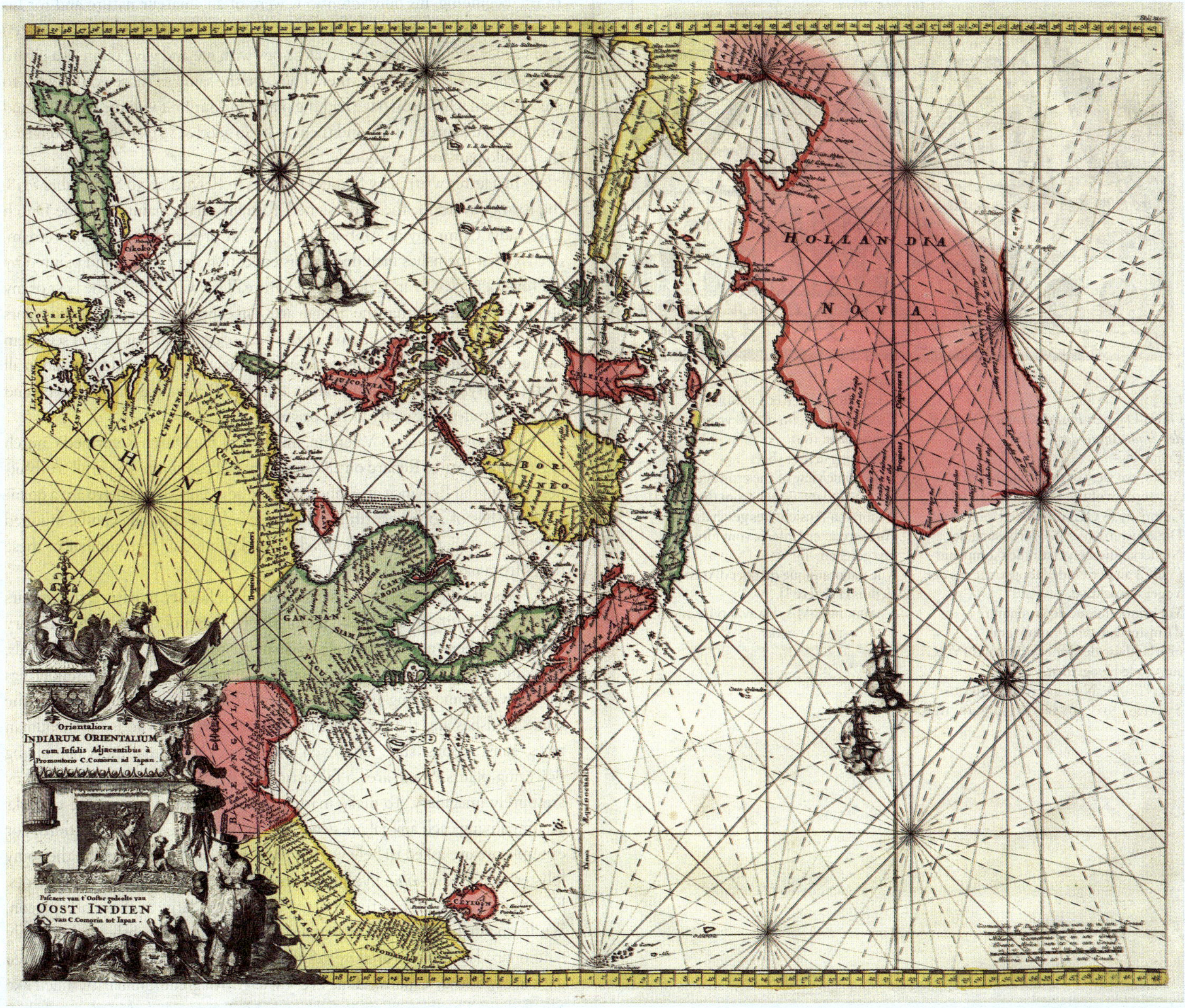

Orientaliora
INDIARUM ORIENTALIUM
cum Insulis Adjacentibus à
Promontorio C. Comorin ad Iapan.
Pascaert van t' Ooster gedeelte van
OOST INDIEN
van C. Comorin tot Iapan.
CHINA
HOLLANDIA NOVA
BORNEO
CEYLON

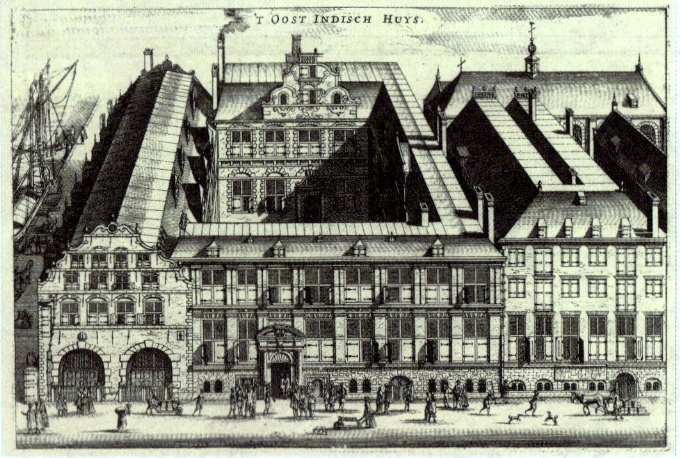

ILL. 3
Olfert Dapper: ***Historische Beschryvinge der Stadt Amsterdam***, 1663
Engraving
Bird's-eye view of the Chamber of Amsterdam of the Dutch East India Company (VOC) on Oude Hoogstraat.
Die Amsterdamer Niederlassung der Niederländischen Ostindienkompanie (VOC) an der Oude Hoogstraat aus der Vogelperspektive.
Vue panoramique de la chambre d'Amsterdam de la Compagnie néerlandaise des Indes orientales (VOC) sur Oude Hoogstraat.
GÖTTINGEN, NIEDERSÄCHSISCHE STAATS- UND UNIVERSITÄTSBIBLIOTHEK

ILL. 4 (RIGHT/RECHTS/À DROITE)
Casper Commelin: ***Beschryvinge van Amsterdam***, 1693
Engraving in four sheets
Panoramic view of the crowded port of Amsterdam as seen from the river IJ.
Panorama-Ansicht des geschäftigen Amsterdamer Hafens, vom Fluss IJ aus gesehen.
Vue panoramique du port d'Amsterdam depuis la rivière IJ.
CAMBRIDGE, MA, HARVARD UNIVERSITY, HOUGHTON LIBRARY

In the beginning, his only intentions were of an amateur nature and for his personal satisfaction alone. But, upon my return from the Indies some ten years ago, I brought these two collections with me and gave them as a gift to Mr. Scott on behalf of my father. They are the same as those you showed to me and from which you have had the plates in your first volume engraved and coloured. I declare that I found them to be so good & so exactly executed that they could pass for the originals... ."

In a letter written by Samuel Fallours to Renard on 30 September 1718, the former avers: "I, the undersigned, formerly artist painter for the Dutch East India Company at Ambon [ill. 9, 11], at present living at Amsterdam, declare that the fishes included in this collection were drawn and painted by me (over a twelve-year period) from nature. This was done to the best of my ability, not believing that the human arts can express the beauty of the colors of these fishes when caught alive in the best season or when we can see them swimming in clear water. This declaration I make here in good faith and in all truth, certifying that the publication that Mr. Renard has had engraved and coloured conforms exactly to the original."

Moreover, François Valentijn, minister of the Dutch Reformed Church at Ambon, wrote to Renard on 28 August 1715: "I can assure you in all truthfulness that in the Province of Ambon and the adjacent islands there are a quantity of fishes of such beautiful and diverse colours that one can be stunned by it. I know that Samuel Fallours drew and painted a large number of these fishes from nature."

Despite these repeated assurances of their fidelity to nature, the colours used in the paintings are applied, more often than not, in a totally arbitrary fashion and bear no resemblance whatsoever to those of the living animals. Even more unfortunate is the gross inaccuracy of many of the renderings themselves, some being impossible to identify with actual species. To the flanks of fishes and the carapaces of crabs, the artist has added little human faces, suns, moons, stars, and even what look to be small pots containing flowering plants. Some are so fantastic that we can only conclude that they are purely imaginary. To make matters worse, the brief descriptive remarks accompanying each animal are generally nothing more than fabrications. For example, we are asked to believe that the Ecrevisse des Montagnes, the spiny lobster *Panulirus ornatus*, lives in the mountains, dislikes snakes, climbs trees, likes to eat fruit, and lays red-spotted blue eggs as large as those of a pigeon. We learn further that Sambia or Loop-Visch, an anglerfish of the family Antennariidae, was captured by the artist on the sand: "I kept it alive for three days in my house; it followed me everywhere with great familiarity, much like a little dog." The Bouaya, a pipefish, probably *Syngnathoides biaculeatus*, "whis-

Band dieses Werkes – ehrlicherweise weniger korrekt in der Präzision seiner Zeichnungen, dafür indes überaus interessant wegen der zahllosen Neuheiten und der jedem Fisch beigefügten Anmerkungen – fußt auf den von Herrn van der Stel, dem heutigen Gouverneur der Molukken-Inseln, gesammelten Zeichnungen. Herr van der Stel ließ diese Fische von einem Künstler namens Samuel Fallours zeichnen, der sie mir von Ostindien mitbrachte."

Die Gouverneure Coyett und van der Stel standen in Diensten der großen Niederländischen Ostindienkompanie, genauer: der VOC oder Vereenigde Oostindische Compagnie (Abb. 3). Die Niederländer beherrschten seit mehr als hundert Jahren den einträglichen östlichen Gewürzhandel. Die Kompanie war wohlhabend und mächtig und regierte innerhalb ihres Einflussbereichs als von Holland unabhängige Körperschaft. Die intensiv betriebene Ausbeutung der Ureinwohner der Gewürzinseln sowie die Verteidigung der Monopolstellung gegenüber konkurrierenden Handelskompanien, vor allem der Englischen Ostindienkompanie, hatten unbeschreibliches Leid zur Folge. Zugleich waren ihre Direktoren indes auch aufgeklärte Männer und Förderer von Kunst und Wissenschaft, dies nicht allein zur Mehrung ihrer Reichtümer, sondern auch, um das Wissen zu erweitern. Die Flotten der alljährlich nach

Amsterdam. Je les ai fait exactement copier. Le second tome, moins correct, à la vérité, pour l'exactitude des dessins, mais très curieux par les nouveautés dont il est rempli et par les remarques qui sont à côté de chaque poisson, a été formé sur des recueils que Monsieur Van der Stel, présentement Gouverneur des Moluques, a fait faire de ces sortes de poissons par un peintre nommé Samuel Fallours, qui me les a apportés des Indes. »

Les gouverneurs Coyett et Van der Stel servaient la puissante Compagnie néerlandaise des Indes orientales, plus formellement connue sous le label VOC – Vereenigde Oost-indische Compagnie, ou Compagnie unie des Indes orientales (ill. 3). Les Néerlandais dominaient alors, depuis plus d'un siècle, le lucratif commerce des épices d'Orient. Vis-à-vis du gouvernement des Pays-Bas, la prospère Compagnie fonctionnait, sur son pré carré, comme une administration autonome. Son avidité à exploiter la population autochtone des îles aux épices, et ses efforts pour préserver son monopole face à la concurrence, notamment celle de la Compagnie anglaise des Indes orientales, occasionnèrent de terribles souffrances. A titre privé pourtant, les gouverneurs de la Compagnie se posaient en hommes éclairés, protecteurs des arts et de la science, mus non par la seule cupidité mais aussi par la soif de connais-

Ill. 5
Albertus Seba: ***Locupletissimi rerum naturalium thesauri***, vol. 1, 1734
Frontispiece
Albertus Seba at the age of 66. As a pharmacist living in Amsterdam, he devoted much of his time and money to his interests in natural history, amassing a fine cabinet of natural curiosities, one that became world famous.
Albertus Seba im Alter von 66 Jahren. Der Amsterdamer Apotheker widmete seinem Interesse für die Naturgeschichte viel Zeit und Geld. So entstand ein Kuriositätenkabinett, das weltberühmt werden sollte.
Albertus Seba à l'âge de 66 ans. L'apothicaire d'Amsterdam consacra la plupart de son temps et de sa richesse à sa passion pour l'histoire naturelle. Il rassembla un cabinet de curiosités naturelles, qui acquit une renommée mondiale.
The Hague, Koninklijke Bibliotheek

tles so loudly that it can be heard for a great distance at sea. It can be folded like a handkerchief and put into one's pocket. When removed, it immediately takes on its former shape." Finally, the existence of the mermaid ("sirenne") is "quite definitely affirmed." Captured at the island of Bouro and purchased from the blacks for two ells of cloth, this "woman of the sea" was brought to Ambon, where she lived in a tub of water for four days and seven hours at the house of the painter, Samuel Fallours. Occasionally uttering cries like those of a mouse and depositing faces similar to those of a cat, she finally died of hunger, not wishing to eat, be it fishes or shellfishes, mosses or grasses. To verify her kinship with the human species, Fallours is said to have "lifted her fins in front and back and found her to be like any other woman." What was actually in that tub was probably a dugong (*Dugong dugon*), but despite ample time to make an accurate sketch, the upper half of Renard's illustration is distinctly and deceptively humanoid (Pietsch, 2008).

Although several artists were involved in the production of these drawings, we know most, but still very little, about Samuel Fallours. Apparently born in Rotterdam, he began his career as a common soldier in the service of the Dutch East India Company. On 27 April 1703, he sailed from Goeree, in the Netherlands, aboard the *Belois*, commanded by Jacob van Belle, and arrived in Batavia on 13 December of the same year. He remained in Batavia until at least the close of 1705, but by June 1706 he was serving as a soldier in Ambon, assigned to the main guard-house of Castle Victoria. From September 1706 to June 1712, he held the title of Associate Curate (*krankbezoeker*), a kind of assistant to the clergy, entrusted with consoling the sick of Ambon (ill. 12). He left the Indies for the Netherlands aboard the *Kockengen*, which sailed from Batavia on 26 November 1712 and arrived in Texel on 19 August 1713. So, although Fallours claimed that he drew his figures from nature during a period of some twelve years, his sojourn in the Indies was just under nine years (1703–1712), and only six of these (1706–1712) were spent in Ambon, where he actually executed the illustrations.

As early as 1703, Fallours's artistic abilities were discovered by several prominent officials of the Company. Among these was Governor Coyett, who commissioned drawings from that time until his retirement in 1706. His replacement, Adriaen van der Stel, Governor of Ambon until his death in 1720, also proved to be interested in objects of natural history and made good use of Fallours's talents. In addition to these governors, others also had great interest in building their own personal collections of "curiosities". Of these, the most important was probably François Valentijn (ill. 13), who preached the gospel to the Dutch congregation in Ambon for some twelve years and who must have been Fallours's immediate superior (ill. 14). In response to the

Holland zurückkehrenden Ostindienfahrer (Abb. 4) brachten alle möglichen neuen und exotischen Güter mit. Wer gen Osten aufbrach, lernte rasch, dass fanatische und oft auch sehr wohlhabende europäische Sammler von Naturobjekten für exotische, nie zuvor gesehene Pflanzen und Tiere einiges zu zahlen bereit waren (Abb. 5). Es bestand reges Interesse an allen botanischen und zoologischen Dingen, und in just dieser Atmosphäre präsentierte Louis Renard sein Buch der aufwändig kolorierten Fische und Krebstiere.

Viele der bei Renard abgebildeten Spezies waren in Europa bereits seit einiger Zeit bekannt, doch nur anhand von getrockneten oder in Alkohol konservierten Exemplaren (Abb. 6, 7, 8). Die intensive natürliche Färbung dieser Kreaturen verblasst sehr bald nach ihrem Tod, so dass nur wenige Leser bereit waren, an ihre Existenz zu glauben. Daher sah sich Renard (1719, 1754) genötigt, Belege für die Authentizität seines Werkes anzuführen: „Ich habe mich sehr bemüht, zu den Quellen zurückzugehen und Beweise für bestimmte hier dargelegte Fakten zu erbringen. Um manchen weiterhin Ungläubigen zu helfen, hielt ich es für angebracht, hier die folgenden Briefe abzudrucken, von denen ich die Originale besitze."

Eines dieser Antwortschreiben an Renard stammt von Frederik Julius Coyett, dem Sohn von Balthasar Coyett, und datiert vom 17. Oktober 1718: „Da Sie die wahre Geschichte der beiden Sammlungen von Fischzeichnungen von den Molukken-Inseln [Abb. 10], die Sie von Herrn Scott erhalten haben, zu erfahren wünschen, darf ich Ihnen mit meinem Ehrenwort versichern, dass sie so naturgetreu gemalt und koloriert wurden, wie es dem Maler und der Kraft der Farben möglich war, wenngleich es unmöglich ist, mit dem Pinsel jene Leuchtkraft und bewundernswerte Vielfalt von Farben zu erzielen, wie sie den lebenden Fischen eigen ist. Mein Vater ließ diese Arbeit in seinem Hause verrichten (während seiner vierzehnjährigen Amtszeit als Gouverneur der Provinz Ambon und Banda), wann immer man einige interessante Fische zu ihm brachte. Anfangs war dies für ihn nicht mehr als eine persönliche Liebhaberei. Als ich dann vor etwa zehn Jahren aus Ostindien zurückkehrte, brachte ich diese beiden Sammlungen mit und schenkte sie im Namen meines Vaters Herrn Scott. Es handelt sich um genau jene, die Sie mir gezeigt und anhand derer Sie die Tafeln in Ihrem ersten Band haben anfertigen und kolorieren lassen. Ich darf sagen, dass ich sie so gut & so exakt ausgeführt fand, dass man sie für die Originale halten könnte ..."

In einem Brief vom 30. September 1718 bekräftigt Samuel Fallours gegenüber Renard: „Ich, der Unterzeichnete, ehemals Kunstmaler für die Niederländische Ostindienkompannie in Ambon [Abb. 9, 11], derzeit in Amsterdam lebend, erkläre hiermit, dass die in dieser Sammlung enthaltenen Fische von mir (während eines Zeitraums von zwölf Jahren) nach der Natur

sance. Chaque année, les flottes qui revenaient des Indes orientales (ill. 4) rapportaient sur le Vieux Continent toutes sortes de marchandises nouvelles et exotiques. Les voyageurs vers l'Orient ne tardèrent pas à constater que des Européens souvent très fortunés, collectionneurs passionnés d'objets naturels, étaient prêts à acquérir à grands frais plantes ou animaux venus de loin, pourvu qu'ils fussent étranges et inconnus (ill. 5). La curiosité pour tout ce qui avait trait à la botanique et à la zoologie était alors intense : c'est dans ce contexte que Louis Renard présenta son recueil de poissons et de crustacés minutieusement enluminés. Beaucoup d'espèces, parmi celles qu'il décrivait, étaient depuis quelque temps familières aux Européens, grâce à des spécimens séchés ou conservés dans l'alcool (ill. 6, 7, 8). Mais les éclatantes couleurs naturelles de ces créatures s'évanouissaient immédiatement après leur mort, aussi les lecteurs préparés à croire en leur existence, et *a fortiori* à une semblable palette, étaient-ils rares. Pour cette raison, Renard (1719, 1754) se sentit obligé de fournir des preuves de l'authenticité de son travail. « J'ai pris grand soin d'aller à la source et de produire des preuves de certains des faits exposés. Au reste pour prévenir l'incrédulité de certaines personnes, j'ai cru à propos de joindre ici les pièces suivantes, dont les originaux sont entre mes mains, et que j'ai traduites du hollandais. »

L'une de ces missives avait été envoyée à Louis Renard par Frederik Julius Coyett, le 17 octobre 1718 : « Puisque vous souhaitez avoir de moi-même la véritable histoire des deux recueils de poissons des îles Moluques [ill. 10] que vous avez reçus de Monsieur Scott, je puis vous assurer sur l'honneur qu'ils ont été dessinés et enluminés aussi approchant du vif que l'art du peintre et la force des couleurs ont pu le permettre ; car il est impossible au pinceau d'atteindre le brillant et l'admirable variété du coloris que ces poissons ont étant en vie. Mon père y a fait travailler dans la maison (pendant quatorze années consécutives qu'il a été Gouverneur de la Province d'Amboine et de Banda) à mesure qu'on lui en apportait quelques-uns qui méritaient sa curiosité. Il n'a eu d'abord d'autre intention que celle d'un amateur pour sa propre satisfaction : mais lors que je vins des Indes ici il y a environ dix ans, j'apportai avec moi ces deux recueils, et j'en fis présent à Monsieur Scott de la part de mon père. Ce sont les mêmes que vous m'avez montrés et sur lesquels vous avez fait graver et enluminer les planches de votre premier tome. Je déclare que je les ai trouvées si bien et si exactement exécutées qu'elles peuvent passer pour les originaux. »

Dans un courrier à Renard daté du 30 septembre 1718, Samuel Fallours ajoutait son témoignage. « Je soussigné, ci-devant peintre pour la Compagnie des Indes Orientales de Hollande à Amboine [ill. 9, 11], habitant présentement à Amsterdam, déclare que les poissons contenus dans ce recueil ont été

Ill. 6
Frederik Ruysch: ***Thesaurus animalium primus***, 1710
Frontispiece engraved by C. Hüyberts
The cabinet of curiosities of the famous physician and anatomist Frederik Ruysch (1638–1731).
Das Kuriositätenkabinett des berühmten Arztes und Anatomen Frederik Ruysch (1638–1731).
Le cabinet de curiosités du célèbre anatomiste et médecin néerlandais Frederik Ruysch (1638–1731).
Munich, Bayerische Staatsbibliothek, Res/4 Anat. 164–1

heavy demand, we know that Fallours made multiple copies of all his drawings. Realising how well his illustrations were received, he probably hired local artists to make extra copies of his works, which he sold or presented as gifts to influential people back home. In addition, there is evidence that he copied or had multiple copies made of drawings by other artists, particularly those of Isaac Johannes Lamotius, a former governor of Mauritius, who later became associated with Governor Coyett in Banda and Ambon (see Pietsch and Holthuis, 1992; Holthuis and Pietsch, 2006). One can see, through this

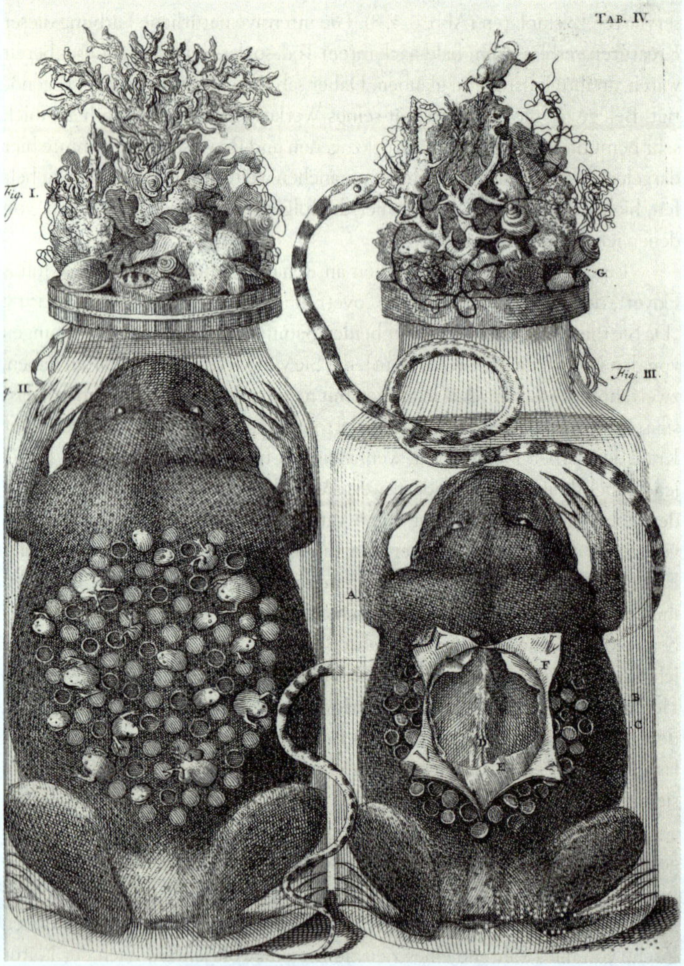

Ill. 7 and 8 (right/rechts/à droite)
Frederik Ruysch: ***Thesaurus animalium primus***, 1710
Plates 4 and 6
Specimens of natural objects from the cabinet of Frederik Ruysch, stored and preserved in spirit-filled, glass containers.
Naturobjekte aus der Sammlung von Frederik Ruysch, aufbewahrt und konserviert in mit Spiritus gefüllten Gläsern.
Spécimens d'objets naturels du cabinet de Frederik Ruysch, rangés et conservés dans des bocaux en verre remplis d'eau-de-vie.
Munich, Bayerische Staatsbibliothek, Res/4 Anat. 164–1

gezeichnet und koloriert wurden. Ich tat dies nach bestem Vermögen und nicht glaubend, dass die menschlichen Künste die Schönheit der Farben dieser Fische auszudrücken vermögen, wenn sie in der besten Saison lebend gefangen oder in klarem Wasser schwimmend beobachtet werden. Diese Erklärung gebe ich hier in guter Absicht und voll der Wahrhaftigkeit ab und bestätige, dass die Tafeln, die Herr Renard hat stechen und kolorieren lassen, exakt dem Original entsprechen."

Ferner schrieb François Valentijn, Geistlicher der Niederländisch-Reformierten Kirche in Ambon, am 28. August 1715 an Renard: „Ich kann Ihnen in aller Wahrhaftigkeit versichern, dass es in der Provinz Ambon und bei den benachbarten Inseln eine Vielzahl von Fischen mit derart prächtigen und vielfältigen Farben gibt, dass man sich nur wundern kann. Ich weiß, dass Samuel Fallours eine große Zahl dieser Fische nach der Natur gezeichnet und gemalt hat."

Trotz der wiederholt versicherten Naturtreue liegt den Abbildungen meist eine vollkommen willkürliche Farbgebung zugrunde, die keinerlei Ähnlichkeit mit der der lebenden Tiere aufweist. Noch bedauerlicher ist die markante Ungenauigkeit zahlreicher Abbildungen, die bisweilen keine Identifizierung der jeweiligen Spezies zulassen. Den Fischleibern und Krebspanzern gesellte der Künstler kleine menschliche Gesichter bei, dazu Sonnen, Monde, Sterne und anscheinend sogar kleine Töpfe mit blühenden Pflanzen. Manche Darstellungen sind derart grotesk, dass wir von reinen Fantasieprodukten ausgehen müssen. Und schlimmer noch: Auch bei den knappen, jedem Tier zugeordneten Anmerkungen handelt es sich meist nur mehr um Fantasiertes. So etwa werden wir aufgefordert zu glauben, dass die Ecrevisse des Montagnes, mithin die Schmuck-Languste (*Panulirus ornatus*), in den Bergen lebt, Schlangen verabscheut, auf Bäume klettert, Früchte mag und rot gesprenkelte blaue Eier von der Größe eines Taubeneis legt. Ferner erfahren wir, dass der Sambia oder Loop-Visch, ein Fühlerfisch aus der Familie Antennariidae, von Fallours auf dem Sand gefangen wurde: „Ich hielt ihn drei Tage lang in meinem Haus am Leben; er folgte mir ganz zutraulich überall hin, fast wie ein Hündchen." Der Bouaya, eine Seenadel, vermutlich *Syngnathoides biaculeatus*, „pfeift so laut, dass man ihn auf See aus großer Entfernung hören kann. Man kann ihn wie ein Taschentuch falten und einstecken. Holt man ihn aus der Tasche heraus, so nimmt er sogleich wieder seine einstige Gestalt an." Schließlich noch sieht sich die Existenz der Meerjungfrau („Sirene") „recht eindeutig belegt". Vor der Insel Buru gefangen und bei zwei Schwarzen gegen zwei Ellen Tuch eingetauscht, wurde dieses „Seeweib" nach Ambon gebracht, wo es im Haus des Malers Samuel Fallours vier Tage und sieben Stunden in einem Wasserbottich überlebte. Dann und wann wie eine Maus quiekend und

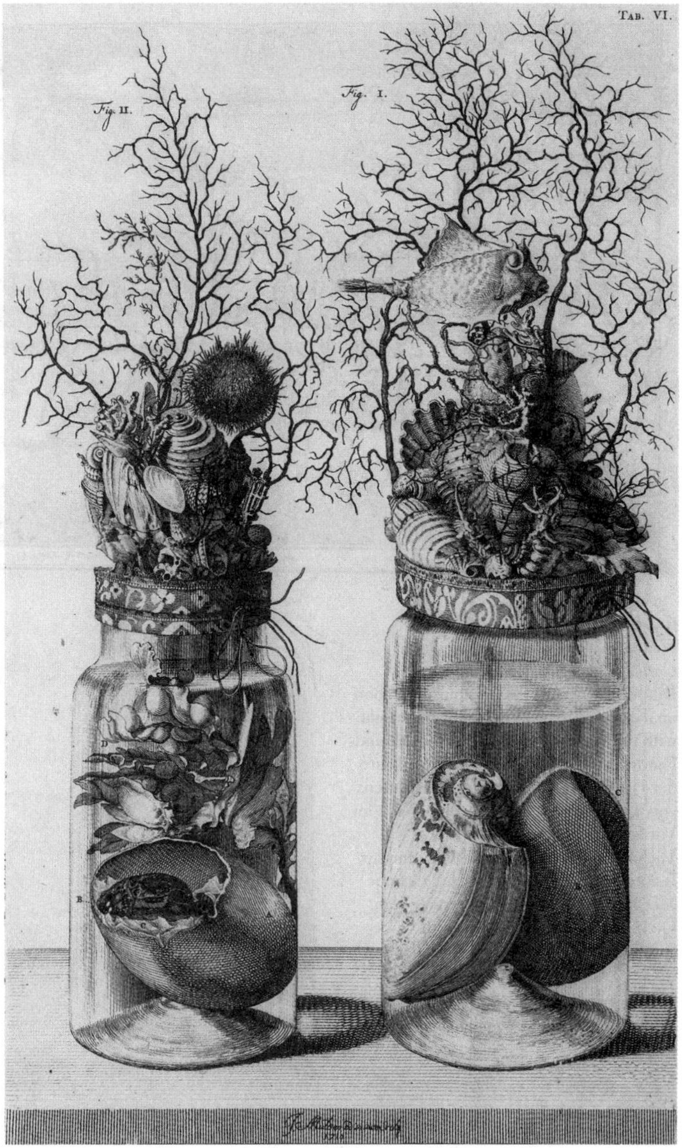

par moi dessinés et peints (en douze années de temps) d'après nature, le plus fidèlement qu'il m'a été possible ; ne croyant pas que l'art des hommes puisse

Ill. 9
François Valentijn: ***Oud en Nieuw Oost-Indiën***, vol. 2, 1724
Panoramic view of the harbour of Ambon on the north coast of Leitimor Peninsula, with the Bay of Ambon in the foreground.
Panorama-Ansicht des an der Nordküste der Halbinsel Leitimor gelegenen Hafens von Ambon mit der Bucht von Ambon im Vordergrund.
Vue panoramique du port d'Amboine sur la côte nord de la péninsule de Leitimor avec la baie d'Amboine au premier plan.
Göttingen, Niedersächsische Staats- und Universitätsbibliothek

complex process of copying copies of copies, how errors, whether intentional or not, could have been made and compounded over time.

The use of the proper colour each time a painting was repeated most likely became tedious as well, the artist eventually deciding that any available colour would do, as long as it was nice and bright and contributed towards creating a satisfactory whole. Although all of this must have added, at least partly, to the inaccuracy of the final product, it is not enough to explain the few truly bizarre creatures he depicted, some of which appear to be hybrids embodying two animal phyla. These could have been modelled after actual specimens so decomposed or damaged that their reconstruction in Fallours's paintings bore little resemblance to their actual appearance. Alternatively, they may well have been pieced together, not from nature as is so often claimed in Renard's book, but from descriptions related by eyewitnesses, whose memory of what they really saw had faded, or in some cases by second or third parties. Finally, it is not inconceivable that Fallours, fully aware of the financial rewards to be gained by producing one more extraordinary beast for his uncritical patrons, arrived at these animals through pure invention.

dem der Katze ähnelnden Kot absetzend, verhungerte sie schließlich, nachdem sie Fische, Muscheln, Moose und Gräser verschmäht hatte. Wie es heißt, habe Fallours, um ihre Verwandtschaft mit der menschlichen Spezies zu überprüfen, „vorne und hinten ihre Flossen angehoben und festgestellt, dass sie wie jede andere Frau war." Was da in dem Bottich schwamm, war vermutlich ein Dugong (*Dugong dugon*), doch wenngleich für eine präzise Skizze reichlich Zeit gewesen wäre, ist die obere Hälfte von Renards Illustration eindeutig und täuschend menschenartig (Pietsch 2008).

Hinsichlich der verschiedenen Künstler, auf die diese Zeichnungen zurückgehen, wissen wir nur sehr wenig, am meisten noch über Samuel Fallours. Anscheinend in Rotterdam geboren, begann er seine berufliche Laufbahn als gemeiner Soldat in Diensten der Niederländischen Ostindienkompanie. Am 27. April 1703 verließ er die holländische Insel Goeree an Bord der von Jacob van Belle befehligten *Belois* und traf am 13. Dezember desselben Jahres in Batavia ein. Dort hielt er sich wenigstens bis Ende 1705 auf, diente jedoch im Juni 1706 bereits als Soldat in Ambon, wo er der Hauptwache von Fort Victoria zugeteilt war. Von September 1706 bis Juni 1712 firmierte er als *krankbezoeker*, eine Art Hilfspfarrer, der den Kranken von Ambon seelischen Beistand leistete (Abb. 12). Am 26. November 1712 verließ er Batavia an Bord der *Kockengen* und traf am 19. August 1713 auf Texel ein. Obwohl Fallours behauptete, rund zwölf Jahre lang an seinen Zeichnungen nach der Natur gearbeitet zu haben, hielt er sich doch nur knapp neun Jahre (1703–1712) in Ostindien auf, und nur sechs (1706–1712) in Ambon, wo er die Illustrationen tatsächlich anfertigte.

Fallours' künstlerische Fähigkeiten wurden bereits 1703 von einigen führenden Persönlichkeiten entdeckt, etwa von Gouverneur Coyett, der bis zu seiner Pensionierung im Jahr 1706 Zeichnungen in Auftrag gab. Auch sein Nachfolger Adriaen van der Stel, Gouverneur von Ambon, zeigte sich an Objekten der Naturgeschichte interessiert und bediente sich bis zu seinem Tod 1720 der Talente Fallours'. Außerdem waren noch weitere Persönlichkeiten daran interessiert, eine private Sammlung von „Kuriositäten" aufzubauen. Besondere Erwähnung verdient François Valentijn (Abb. 13), der der niederländischen Kirchengemeinde von Ambon rund zwölf Jahre lang das Evangelium verkündigte und Fallours' unmittelbarer Vorgesetzter gewesen sein muss (Abb. 14). Wie wir wissen, fertigte Fallours zahlreiche Kopien all seiner Zeichnungen an, um die rege Nachfrage zu befriedigen. Angesichts der positiven Resonanz ließ er womöglich von lokalen Künstlern weitere Kopien erstellen, die er in seiner Heimat an einflussreiche Personen veräußerte oder verschenkte. Zudem spricht einiges dafür, dass er auch die Zeichnungen anderer Künstler kopierte oder in größerer Zahl kopieren ließ, vor allem jene von Isaac

exprimer la beauté des couleurs de ces poissons, quand on les prend en vie dans la bonne saison, ou qu'on les voit nager dans l'eau claire. Laquelle déclaration je fais ici de bonne foi, en toute vérité, certifiant que l'édition que M. Renard en a fait graver et enluminer, est parfaitement conforme aux originaux. »

Troisième pièce à porter au crédit de Louis Renard, enfin, la lettre en date du 28 août 1715 que lui adressa François Valentijn, pasteur de l'église réformée hollandaise à Amboine :

« Je puis vous assurer en toute vérité, que dans la Province d'Amboine et les îles adjacentes, il se trouve quantité de poissons de si belles et diverses couleurs, qu'on en demeure frappé d'étonnement : desquels poissons je sais que Samuel Fallours en a dessinés et peints un grand nombre d'après nature. »

Malgré ces proclamations réitérées de fidélité à la nature, les couleurs utilisées dans les peintures ont été choisies, plus souvent qu'à leur tour, d'une manière tout à fait arbitraire. Elles ne ressemblent absolument en rien à celles des animaux vivants. Plus malheureuse encore, la grossière inexactitude de nombreuses dénominations, parfois impossibles à associer à des espèces réelles. Sur les flancs des poissons et sur les carapaces des crabes, l'artiste alla jusqu'à adjoindre des petits visages humains, des soleils, des lunes, des étoiles et même, semble-t-il, des plantes en pots. Certains de ces dessins sont trop insolites pour ne pas être imaginaires. Pis, les brèves notes descriptives qui accompagnent chaque dessin sont, généralement, pure affabulation. Elles nous demandent ainsi de bien vouloir admettre que l'Ecrevisse des Montagnes, la langouste (*Paulinus ornatus*), vit en montagne, « hait » les serpents, monte aux arbres pour y manger des fruits et ponds des œufs « d'un bleu céleste picotés de rouge » aussi gros que ceux d'un pigeon.

Nous apprendrons également que le Sambia, une baudroie de la famille des antennaires, a été pêché sur le sable par l'artiste. « Je l'ai gardé trois jours en vie dans ma maison comme un petit chien qui me suivait partout fort familièrement. » De même le Bouaya, une espèce d'hippocampe, probablement le *Syngnathoides biaculeatus*, « siffle de manière qu'on l'entend de fort loin en mer. On peut le tortiller comme un mouchoir et le porter ainsi dans la poche, d'où quand on le retire, il reprend subitement sa figure. » Enfin l'existence de la sirène est-elle désormais avérée : capturée sur l'île de Bouro et achetée aux indigènes pour deux aunes de drap, cette « femme de la mer » fut amenée à Amboine où elle vécut « dans une cuve pleine d'eau quatre jours et sept heures » (dans la maison du peintre, Samuel Fallours). Elle « poussait de temps en temps des petits cris comme ceux d'une souris » mais « ne voulut point manger », que ce fussent des petits poissons ou des coquillages, des algues ou des herbes. On trouva dans sa cuve après sa mort « quelques excréments semblables à des crottes de chat ». Pour vérifier sa parenté avec l'espèce humaine,

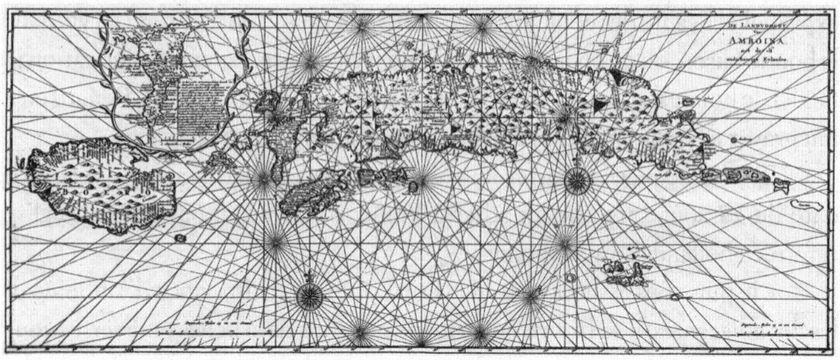

Ill. 10 (above/oben/en haut)
Chart of the Province of Ambon in the Molucca Islands. The large, elongated island above is Ceram, with Ambon and the three Uliasser Islands just beneath its west end; Buru is on the far left, and the Banda Islands on the lower right.
Karte der zu den Molukken-Inseln gehörenden Provinz Ambon. Bei der großen, länglichen Insel oben handelt es sich um Ceram; am westlichen Ende liegen Ambon und die drei Uliasser-Inseln, links außen Buru und unten rechts die Banda-Inseln.
Carte de la Province d'Amboine, dans les îles Moluques. En haut, la grande île allongée est Seram, avec Amboine et les trois îles Uliasses en contrebas de sa pointe occidentale. Plus loin à gauche : Buru. En bas à droite : les îles de Banda.

Ill. 11 (below/unten/en bas)
Ground plan of Ambon City in 1718. Castle Victoria, protected on the land side by moats, is in the center foreground. The market-place is just to the right of the fort; the Dutch Church (cf. ill. 14) is in the center, above the fort, and the infirmary (cf. ill. 12) to the left of the church.
Grundriss der Stadt Ambon im Jahr 1718. Im Vordergrund Fort Victoria, das auf der Landseite mit Gräben befestigt ist. Rechts daneben am Ufer liegt der Marktplatz, in der Mitte oberhalb des Forts die Niederländische Kirche (vgl. Abb. 14) und links davon das Hospital (vgl. Abb. 12).
Plan au sol de la ville d'Amboine telle qu'elle était en 1718. Au premier plan, au centre, le fort Victoria, partiellement entouré de marais protecteurs. La place du marché se trouve sur le front de mer, à la gauche du fort ; l'église hollandaise (cf. ill. 14) est au centre, au-dessus du fort et le dispensaire infirmary (cf. ill. 12) est en haut à gauche.

Ill. 10 and 11
François Valentijn: *Oud en Nieuw Oost-Indiën*, vol. 2, 1724
Göttingen, Niedersächsische Staats- und Universitätsbibliothek

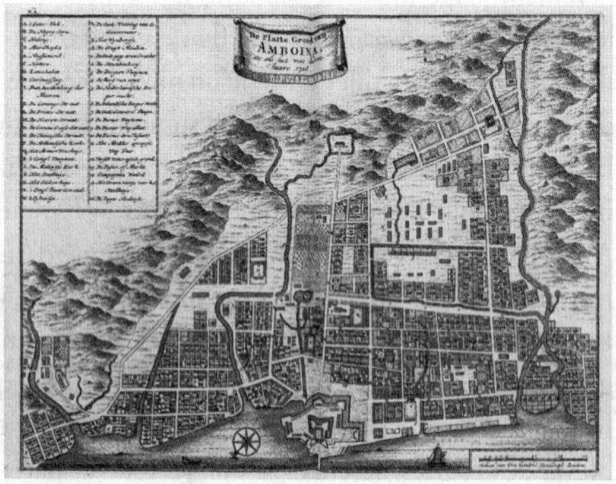

The Various Related Sets of Drawings and Their History

In addition to Renard's now famous book, it is a curious fact that a large number of Fallours's illustrations of crustaceans and fishes appear in three other eighteenth-century publications. The earliest of these is the "Collectio nova piscium Amboinensium" by Hendrik Ruysch (ill. 15), the first part of Volume 1 of his *Theatrum universale omnium animalium* published in 1718 (ill. 16). This work contains 20 plates and 404 figures, depicting 402 fishes and two crustaceans (isopods), no less than 196 of which appear to be identical with, or at least originating from, the same source as the 204 fishes depicted in Volume 2 of Renard's book; another 98 of Ruysch's illustrations have equivalents in Volume 1 of Renard's book. Some of Renard's animals are illustrated in the frontispiece of Ruysch's book as well (ill. 17, 18).

In the preface and dedication of the *Theatrum*, Ruysch praises his "Collection of the Fishes of Ambon and the Neighbouring Islands of the Orient" as "a singular masterpiece." "The illustrations appearing therein were drawn on the island of Ambon by a man neither of the second rank, to be sure, nor without experience in other matters, but perhaps insufficiently trained in the art of painting. For he, when he was there for a number of years delivering discourses before the assembled populace and seeing to the rest of those matters that pertain to religion, spent what leisure time he had depicting the fishes of that region. But had he been somewhat more practised at painting, perhaps we would through his efforts possess a complete system [*absolutum systema*] of the fishes of the Orient, as was the man's desire in doing service to learning; but though his intention was honest, he lacked the ability to carry to completion his original good plans." This resident of Ambon can hardly have been anyone else than Samuel Fallours.

A large portion of Fallours's illustrations may also be found in Volume 3 of François Valentijn's *Oud en Nieuw Oost-Indiën*, published in 1726 by Joannes van Braam and Gerard Onder de Linden, Dordrecht and Amsterdam (ill. 19). Of the 528 illustrations published by Valentijn in his chapter titled "Uncommon Fishes of Ambon", 452 are identical to or at least originate from the same source as those of Renard, including 408 depicting fishes (ill. 20), all but one of his crustaceans, the stick-insects, the dugong, and the mermaid (ill. 21). Not only are the illustrations remarkably similar, but Valentijn's text, at least those few remarks that go beyond the description of shape and colour (which are obviously based entirely on the paintings rather than on actual specimens), has a great deal in common with the descriptive information provided in Fallours's manuscript. For example, the same incredible story mentioned above, about *Panulirus ornatus* climbing trees and eating fruit, is retold by Valentijn.

Johannes Lamotius, dem ehemaligen Gouverneur von Mauritius, der später in Banda und Ambon mit Gouverneur Coyett verkehrte (siehe Pietsch und Holthuis 1992; Holthuis und Pietsch 2006). So erklärt sich, wie durch diesen komplexen Prozess des Kopierens der Kopien von Kopien – ob absichtlich oder aus Versehen – Fehler entstehen und mit der Zeit verstärkt werden konnten.

Eine mühsame Angelegenheit war es, bei jedem Kopiervorgang die richtigen Farben zu verwenden, so dass der Künstler schließlich mit jeder verfügbaren Farbe vorliebnahm, sofern sie gefällig und kräftig war und zu einem befriedigenden Ganzen beitrug. Auch wenn all das zur mangelnden Präzision des Endprodukts beigetragen haben muss, reicht es doch nicht aus, um jene Handvoll wahrhaft bizarrer Kreaturen zu erklären, die bisweilen wie eine Kreuzung zweier Tierstämme erscheinen. Womöglich lagen den Abbildungen einige reale Exemplare zugrunde, die bereits derart verwest oder beschädigt waren, dass Fallours' Rekonstruktion kaum Ähnlichkeit mit ihrem tatsächlichen Erscheinungsbild aufwies. Oder aber sie wurden einfach zusammengestückelt – nicht etwa nach der Natur, wie in Renards Buch so oft behauptet wird, sondern nach den Schilderungen von Augenzeugen, deren Erinnerungen verblasst waren, oder in manchen Fällen gar von Unbeteiligten. Und schließlich ist es nicht unvorstellbar, dass Fallours genau wusste, wie einträglich es war, seinen unkritischen Gönnern weitere bizarre Geschöpfe zu präsentieren, so dass er durch reine Erfindungskraft zu diesen Tieren gelangte.

Die einzelnen verwandten Zeichnungssammlungen und ihre Geschichte

Merkwürdig ist, dass eine große Zahl von Fallours' Illustrationen der Fische und Krebstiere außer in Renards heute berühmten Buch noch in drei weiteren Publikationen aus dem 18. Jahrhundert erscheinen. Die älteste von ihnen ist die „Collectio nova piscium Amboinensium“ von Hendrik Ruysch (Abb. 15), der erste Teil von Band 1 seines *Theatrum universale omnium animalium*, erschienen 1718 (Abb. 16). Das Werk enthält 404 Abbildungen von 402 Fischen und zwei Krebstieren (Asseln) auf 20 Tafeln; nicht weniger als 196 von diesen scheinen mit den insgesamt 204 Fischen in Band 2 von Renards Buch identisch zu sein oder zumindest auf dieselbe Quelle zurückzugehen; für weitere 98 Illustrationen von Ruysch findet sich ein Äquivalent in Band 1 von Renards Buch. Einige von Renards Tieren zieren überdies das Titelblatt von Ruyschs Buch (Abb. 17, 18).

Im Vorwort und in der Widmung seines *Theatrum* preist Ruysch seine „Sammlung der Fische von Ambon und der benachbarten Inseln des Orients“ als „einmaliges Meisterwerk“ und erläutert: „Die hierin erscheinenden Illustrationen wurden auf der Insel Ambon von einem Manne gezeichnet, der

Fallours aurait « levé ses nageoires par devant et par derrière », et constaté son irrécusable féminité. En réalité, la créature qui barbota dans le baquet de Fallours était probablement un dugong (*Dugong dugon*). Le peintre aurait eu tout le temps, apparemment, pour en exécuter un croquis fidèle, hélas la partie supérieure de l'illustration publiée par Renard reste, sans l'ombre d'un doute, de type humanoïde (Pietsch, 2008).

La réalisation de ces dessins mobilisa plusieurs artistes différents, mais c'est de Samuel Fallours que nous savons le plus – et cependant si peu. Vraisemblablement né à Amsterdam, il commença sa carrière comme simple soldat au service de la Compagnie néerlandaise des Indes orientales. Le 27 avril 1703, il embarqua à Goeree, aux Pays-Bas, à bord du *Belois*, commandé par Jacob van Belle. Il arriva à Batavia le 13 décembre de la même année et y demeura au moins jusqu'à la fin de 1705, mais en juin 1706, il se trouvait à Amboine, assigné au poste de garde principal du fort de Victoria (demeure du gouverneur). De septembre 1706 à juin 1712, il porta le titre de consolateur des malades, une sorte de vicariat dévoué aux indigents (ill. 12). Il quitta les Indes pour les Pays-Bas à bord du *Kockengen*, qui prit la mer à Batavia le 26 novembre 1712 pour atteindre Texel le 19 août 1713. De fait, bien que Fallours ait affirmé avoir dessiné ses objets naturels au cours d'une période de près de douze années, son séjour aux Indes ne dépassa pas neuf ans (1703–1712), dont six seulement (1706–1712) à Amboine, où il exécuta effectivement les illustrations en question.

Ses dons artistiques, en vérité, avaient été repérés dès 1703 par plusieurs fonctionnaires éminents de la Compagnie. Parmi eux le gouverneur Coyett, qui lui commanda des dessins depuis cette date et jusqu'à son départ en 1706. Son successeur Adriaen van der Stel, gouverneur d'Amboine jusqu'à sa mort en 1720, manifesta également son intérêt pour l'histoire naturelle et fit bon usage des talents de Fallours. La tentation de se constituer une collection particulière de « curiosités » ne se limita pas aux gouverneurs : d'autres colons se prirent au jeu, à commencer par François Valentijn (ill. 13), pasteur pendant une douzaine d'années auprès de la communauté hollandaise d'Amboine. En l'espèce, Valentijn était certainement le supérieur hiérarchique direct de Samuel Fallours (ill. 14). Confronté à une demande de plus en plus pressante, Fallours, nous le savons, réalisa de multiples copies de ses dessins : l'accueil plus que favorable réservé à ses illustrations l'incita probablement à embaucher des artistes du cru pour l'aider à en exécuter des répliques supplémentaires. Une fois rentré chez lui, il les vendait ou les offrait à des personnages influents. Il est également avéré qu'il copia lui-même ou fit copier en de nombreux exemplaires les dessins d'autres artistes, et plus particulièrement ceux d'Isaac Johannes Lamotius, un ancien gouverneur de Maurice qui devait plus tard

ILL. 12
François Valentijn: *Oud en Nieuw Oost-Indiën*, vol. 2, 1724
The infirmary at Ambon, where Samuel Fallours was Associate Curate, or *krankbezoeker*, in the service of the VOC and consoled the sick.
Das Hospital von Ambon, wo Samuel Fallours als Hilfspfarrer oder „krankbezoeker" im Dienst der VOC die Kranken betreute.
Le dispensaire d'Amboine où Samuel Fallours était vicaire associé et « consolait » les malades pour le compte de la VOC.
GÖTTINGEN, NIEDERSÄCHSISCHE STAATS- UND UNIVERSITÄTSBIBLIOTHEK

That the primary source of Valentijn's illustrations was the same as those used by Renard (as well as by Ruysch) is indicated by Valentijn himself in the introductory paragraphs of his "Uncommon Fishes of Ambon". He not only provides evidence that he knew Samuel Fallours in Ambon, but that Fallours was an accomplished painter, and that competition for Fallours's work was keen, particularly between himself and Governor Van der Stel.

The last publication in which illustrations from Renard may be found is the *Histoire générale des voyages, ou Nouvelle collection de toutes les relations de voyages par mer et par terre* by Antoine François Prévost, better known as Prévost d'Exiles or l'Abbé Prévost (ill. 22). The best known edition of this work was published in French in 25 volumes from 1746 to 1780, by the firm of Pierre de Hondt in The Hague. A number of other editions appeared at the same time or shortly afterwards, some in abbreviated form, the most significant being the 21-volume Dutch version published in Amsterdam by Jan Roman and others from 1755 to 1767. Volume 21 of the Dutch edition, dated 1767 and entitled "Natuurlyke Historie van het Oostelyk Indie", contains an account of the plants and animals of the East Indies, of which Part 7 is devoted to the "Singular or Uncommon Fishes of the Coast of Ambon", Part 8 to the "Lobsters of Ambon," and Part 9 to the "Crabs of Ambon". The illustrations accompanying these accounts are all taken from François Valentijn's *Oud en Nieuw Oost-Indiën*. In his introduction, l'Abbé Prévost says that "during his long stay in Ambon, Valentijn gathered together at great expense all of these [drawings] that we provide here… . The only change that we took the liberty of making was to separate the fishes from the crustaceans." When copied for Prévost's book, the elaborate decorative backgrounds of Valentijn's plates were removed, yet the relative positions of the animals within any one plate were retained (e.g. cf. ill. 20 and 23).

In addition to there being an equivalent to nearly all Fallours's illustrations in four independently published works, it is further remarkable that in several instances one author published two or more figures that are unmistakably modifications of a single original. Among the crustaceans that appear in Renard's book, L. B. Holthuis (1959) counted seven such groups of similar drawings. In comparing Renard and Valentijn, Holthuis further pointed out that in the case of the burrowing crab, *Ranina ranina*, for example, there are no less than five similar illustrations in the two books.

The only logical conclusion to be drawn from all this duplication is that there are, or were, several sets of approximately similar drawings, all of which somehow originated on Ambon Island, and which centre in some complex way around the artist Samuel Fallours. The existence, or former existence, of ten of these sets is known. Each of the ten sets has its own more-or-less

gewiss weder von zweitem Rang war noch unerfahren in andren Dingen, doch vielleicht unzureichend geschult in der Kunst des Malens. Denn er, als er für einige Jahre dort war, um dem gemeinen Volke zu predigen und sich auch sonst um Glaubensdinge zu kümmern, verbrachte seine freie Zeit damit, die Fische jener Gegend abzubilden. Wäre er im Malen geübter gewesen, so würden wir ihm vielleicht ein vollständiges System [*absolutum systema*] der Fische des Orients verdanken, wie es sein Bestreben als Lernender war; doch trotz seiner ehrlichen Absicht fehlte ihm doch die Fähigkeit, seine ursprünglichen guten Pläne zur Vollendung zu bringen." Dieser Mann aus Ambon kann kaum jemand anderes gewesen sein als Samuel Fallours.

Ein Großteil von Fallours' Illustrationen findet sich außerdem in Band 3 von François Valentijns *Oud en Niew Oost-Indiën*, veröffentlicht 1726 von Joannes van Braam und Gerard Onder de Linden in Dordrecht und Amsterdam (Abb. 19). Von den 528 Illustrationen, die Valentijn in sein Kapitel „Ungewöhnliche Fische von Ambon" aufnahm, sind 452 mit denen von Renard identisch oder gehen zumindest auf dieselbe Quelle zurück, darunter 408 Fischdarstellungen (Abb. 20), sämtliche Krebstiere (mit einer Ausnahme), die Stabheuschrecken, der Dugong und die Meerjungfrau (Abb. 21). Neben der auffallenden Ähnlichkeit der Illustrationen zeigt auch Valentijns Text, zumindest jene paar Bemerkungen, die über die Beschreibung von Gestalt und Farbe hinausgehen (diese basieren offensichtlich durchweg auf den Abbildungen und nicht auf tatsächlichen Exemplaren), zahlreiche Gemeinsamkeiten mit den Beschreibungen in Fallours' Manuskript. So etwa findet sich auch bei Valentijn die unglaubwürdige Geschichte über *Panulirus ornatus*, der auf Bäume klettert und Früchte verspeist.

Dass Valentijn für seine Illustrationen dieselbe Hauptquelle benutzte wie Renard (und Ruysch), deutet Valentijn in den einleitenden Absätzen des Kapitels „Ungewöhnliche Fische von Ambon" selbst an. Er liefert nicht nur Hinweise darauf, dass er Fallours auf Ambon begegnet war, sondern auch, dass Fallours ein versierter Maler war und um seine Werke ein regelrechter Wettstreit herrschte, vor allem zwischen ihm selbst und Gouverneur van der Stel.

Die letzte Publikation, in der man auf Illustrationen von Renard stößt, ist die *Histoire générale des voyages, ou Nouvelle collection de toutes les relations de voyages par mer et par terre* von Antoine François Prévost, besser bekannt als Prévost d'Exiles oder Abbé Prévost (Abb. 22). Die bekannteste Ausgabe erschien von 1746 bis 1780 in 25 Bänden auf Französisch bei Pierre de Hondt in Den Haag. Zeitgleich oder kurz darauf gab es noch weitere, bisweilen gekürzte Ausgaben; hervorzuheben ist die 21-bändige niederländische Ausgabe, die zwischen 1755 und 1767 von Jan Roman u. a. in Amsterdam veröffentlicht wurde. Der 1767 erschienene Band 21 der niederländischen Ausgabe

se retrouver associé au gouverneur Coyett à Amboine et à Banda (voir Pietsch et Holthuis, 1992 ; Holthuis et Pietsch, 2006). A la lumière de ce processus complexe – la copie de copies de copies –, on conçoit que des erreurs, intentionnelles ou non, aient pu s'y glisser et être reproduites avec le temps.

Il est probable aussi que l'application de la couleur appropriée, à chaque fois qu'un dessin devait être recopié, se révéla fastidieuse ; sans doute l'artiste décidait-il en dernier recours que n'importe quelle couleur ferait l'affaire, à condition d'être belle et brillante, et de contribuer à créer un ensemble satisfaisant. Ainsi s'explique certainement, au moins en partie, l'inexactitude du résultat final, mais comment justifier la présence des quelques créatures vraiment étranges qu'on y rencontre ? Certaines d'entre elles suggèrent un croisement entre deux groupes zoologiques différents. Peut-être ont-elles été modelées à partir d'authentiques spécimens tellement abîmés ou décomposés que leur reconstitution, sous la plume de Fallours, restitue mal leur apparence réelle. On peut également supposer qu'elles ont été assemblées non par la nature, comme le prétend si souvent l'ouvrage de Renard, mais sur la foi de témoignages visuels directs, voire parfois très indirects, soumis aux caprices de la mémoire. Il n'est pas non plus inconcevable que Fallours, parfaitement conscient de ce que pouvait lui faire gagner, auprès de ses crédules clients, la confection de nouveaux monstres fabuleux, soit parvenu à ces animaux au terme d'un exercice de pure imagination.

Les différents recueils de dessins et leur histoire

Hors l'ouvrage désormais célèbre de Renard, il est curieux qu'une bonne partie des reproductions de crustacés et de poissons de Fallours figurent dans trois autres publications du XVIIIe siècle. La plus ancienne d'entre elles est la *Collectio nova piscium Amboinensium* de Hendrik Ruysch (ill. 15), première partie du tome 1 de son *Theatrum universale omnium animalium* publié en 1718 (ill. 16). Le travail de Ruysch est composé de vingt planches et de 404 vignettes, représentant 402 poissons et deux crustacés (isopodes). Etonnamment, 196 de ces images, pas moins, sont identiques à 204 des poissons dépeints dans le tome 2 du livre de Renard – ou en sont directement inspirées ; d'autres illustrations de Ruysch – au nombre de 98 – ont leur double dans le tome 1 du livre de Renard. Certaines des créatures de Renard ornent aussi le frontispice du livre de Ruysch (ill. 17, 18). Dans sa préface et dédicace au *Theatrum*, Ruysch célèbre sa « Collection des Poissons d'Amboine et des Iles voisines de l'Orient » comme « un remarquable chef-d'œuvre ».

« Les illustrations ci-incluses ont été dessinées sur l'île d'Amboine par un homme qui n'était certainement pas de second rang ni dénué d'expérience sur d'autres sujets, mais peut-être insuffisamment exercé à l'art de la peinture.

Ill. 13
François Valentijn: *Oud en Nieuw Oost-Indiën*, vol. 1, 1724

François Valentijn (1666–1727) who, from 1685 to 1694 and again from 1706 to 1713, worked in the Molucca Islands as a chaplain in the service of the VOC, but spent considerable time as well conducting scientific work. In 1714, he returned to Holland to spend the rest of his days writing and compiling his *opus magnum*, the *Oud en Nieuw Oost-Indiën* (1724–1726).

François Valentijn (1666–1727) war von 1685 bis 1694 und von 1706 bis 1713 Pfarrer der VOC auf den Molukken und widmete sich zugleich seinen wissenschaftlichen Forschungen. Er kehrte 1714 in die Niederlande zurück und arbeitete bis zu seinem Lebensende an seinem Hauptwerk *Oud en Nieuw Oost-Indiën* (1724–1726).

François Valentijn (1666–1727) exerça la charge d'aumônier aux îles Moluques pour le compte de la VOC, de 1685 à 1694 puis à nouveau de 1706–1713. Il consacra toutefois une grande partie de son temps à ses recherches scientifiques. Il retourna aux Pays-Bas en 1714 et passa le reste de ses jours à rédiger et à constituer son œuvre *Oud en Nieuw Oost-Indiën* (1724–1726).

Washington, D.C., The Library of Congress

unique history subsequent to its creation on Ambon, all of them eventually making their way back to the Netherlands in separate and little-known ways. The various uses to which these were put are unique as well, each coming to be known by the name of their former owner (for details, see the Appendix). Of these ten related sets of fish drawings, those of Ruysch, Valentijn, and François P.L. Pollen are in all probability lost and known to us only because they were either published in part or mentioned somewhere in the literature. Those of Balthasar Coyett and Cornelis de Vlamingh were both made by Isaac Johannes Lamotius; those of Von Behr and Theodoor Gerard van Lidth de Jeude, while certainly originating from Samuel Fallours, contain no text or annotations of any kind, thus, they are of less interest to us; and those of Van der Stel were badly damaged by water.

Although the set belonging to Von Bülow is a copy of the Van der Stel set and therefore was not made directly by Fallours, it is, to an extent far greater than all the other surviving sets of Fallours's drawings, extraordinarily bright, beautiful, and exceptionally well preserved. For these reasons, the Von Bülow manuscript best exemplifies today the stylistic intent and talents of the artist, not to mention the way in which the images were initially perceived by Fallours's contemporaries both in the East Indies and at home in Holland. It is reproduced here in full, along with all its original annotations as well as modern-day species identifications, and with kind permission of the Niedersächsische Staats- und Universitätsbibliothek, Göttingen. The Sloane set in the British Library, on the other hand, possesses greater historical value than the other sets, being the manuscript on which Renard based his book.

Fallours's Work Placed in Historical Context

By any measure, there is no creation in the history of zoological illustration that quite compares with the images produced by Samuel Fallours. While certainly holding the record for the earliest body of work on fishes ever to be published in colour (Renard, 1719), there are also no productions that compete in sheer audacity. Peter Dance (1978) referred to Fallours's paintings – as they appear in Renard's book – as a "phantasmagoria": "Improbably swimming and crawling over the 100 plates of this folio book, which Renard presented to an incredulous public ..., are weirdly formed and riotously coloured fishes, crabs and lobsters, all inhabitants of Pacific waters. These fantastic hand-coloured figures would not look out of place among the wilder creations of mid-twentieth-century art. The only comparable images in the whole of zoological literature were derived from Renard's originals."

But to place Fallours's images better in the context of illustrated works on fishes, one must go back to the beginnings of ichthyology. The ancient

trägt den Titel „Natuurlyke Historie van het Oostelyk Indie“ und beschreibt die Pflanzen und Tiere Ostindiens; Teil 7 behandelt die „Einzigartigen oder ungewöhnlichen Fische an der Küste von Ambon“, Teil 8 die „Hummer von Ambon“ und Teil 9 die „Krabben von Ambon“. Die begleitenden Illustrationen stammen allesamt aus François Valentijns *Oud en Niew Oost-Indiën*. Abbé Prévost schreibt in seiner Einleitung: „Während seines langen Aufenthaltes auf Ambon hat es sich Valentijn viel kosten lassen, all diese [Zeichnungen], die wir hier zeigen, zusammenzutragen ... Die einzige Änderung, die wir uns erlaubt haben, ist die Abtrennung der Fische von den Krebstieren.“ Als Valentijns Tafeln für Prévosts Buch kopiert wurden, ließ man ihren aufwändig gestalteten dekorativen Hintergrund fort, doch die Position der Tiere auf den jeweiligen Tafeln blieb gewahrt (vgl. etwa Abb. 20 und 23).

Für nahezu alle Illustrationen Fallours' findet sich somit ein Äquivalent in vier unabhängig voneinander erschienenen Werken. Bemerkenswert ist überdies, dass in mehreren Fällen derselbe Autor zwei oder mehr Abbildungen veröffentlichte, die unverkennbar Abwandlungen eines einzigen Originals darstellen. Bei den Krebstieren in Renards Buch fand L. B. Holthuis (1959) sieben solcher Gruppen von ähnlichen Zeichnungen. Renard und Valentijn vergleichend, wies Holthuis ferner darauf hin, dass etwa im Fall der Spannerkrabbe (*Ranina ranina*) in den beiden Büchern nicht weniger als fünf ähnliche Illustrationen zu finden sind.

Aus diesem ganzen Prozess der Vervielfältigung kann man logischerweise nur schließen, dass es mehrere Gruppen annähernd gleicher Zeichnungen gibt oder gab, die allesamt auf Ambon entstanden sind und bei denen der Künstler Fallours eine zentrale, wenngleich im Detail schwer zu ermittelnde Rolle spielt. Bekannt ist die einstige Existenz von zehn solcher Gruppen. Jede von ihnen kann auf eine mehr oder weniger einzigartige Geschichte zurückblicken, und alle gelangten sie schließlich jede für sich und auf kaum bekannten Wegen zurück nach Holland. Nicht weniger speziell ist ihre jeweilige Verwendung, und jede Sammlung wurde schließlich nach ihrem einstigen Eigentümer benannt (Details finden sich im Anhang). Unter diesen zehn verwandten Gruppen von Fischzeichnungen sind die mit Ruysch, Valentijn und François P. L. Pollen in Verbindung stehenden höchstwahrscheinlich nicht mehr existent und uns nur deshalb bekannt, weil sie in Teilen publiziert oder in der Literatur erwähnt sind. Die Zeichnungen in den Manuskripten von Balthasar Coyett und Cornelis de Vlamingh hat jeweils Isaac Johannes Lamotius geschaffen; diejenigen in den Manuskripten von von Behr und Theodoor Gerard van Lidth de Jeude stammen mit Sicherheit von Samuel Fallours, doch da sie keinerlei Anmerkungen enthalten, sind sie für uns weniger interessant. Die Zeichnungen des Van-der-Stel-Manuskripts trugen einen gravierenden Wasserschaden davon.

Car, alors qu'il passa là un certain nombre d'années, prêchant aux populations et s'occupant pour le reste d'activités en rapport avec la religion, il utilisa son temps libre à peindre les poisons de cette région. Eût-il été quelque peu mieux entraîné a la peinture, nous posséderions peut-être grâce a ses efforts une classification exhaustive [*absolutum systema*] des poissons de l'Orient, car cet homme désirait servir la science ; mais bien que ses intentions fussent honnêtes, il lui manqua la capacité nécessaire à la concrétisation de ses louables projets originels. »

Ce résident d'Amboine ne peut être que Samuel Fallours, dont on retrouvera encore les dessins, en quantité substantielle, dans le volume 3 de *Oud en Nieuw Oost-Indiën*, de François Valentijn, édité en 1726 par Johannes van Braam et Gerard Onder de Linden, à Dort (Dordrecht) et Amsterdam (ill. 19). Sur les 528 illustrations publiées par Valentijn dans le chapitre intitulé « Poissons peu communs d'Amboine », 452 sont identiques à celles de Renard, ou tirées de la même source. 408 d'entre elles représentent des poissons (ill. 20), tous les crustacés sauf un, les phasmes, le dugong et la sirène (ill. 21). Non seulement les dessins sont étrangement similaires mais le texte de Valentijn – tout au moins les quelques remarques qui ne se limitent pas à la description de la physionomie et de la couleur (d'après les illustrations, évidemment, et non de vrais spécimens) – ressemble beaucoup à l'information descriptive proposée par le manuscrit de Fallours. Ainsi Valentijn reprend-il la même histoire invraisemblable évoquée ci-avant, à propos du *Panulirus ornatus* qui monterait aux arbres et se nourrirait de fruits.

Du reste, dans son préambule aux « Poissons peu communs d'Amboine », Valentijn indique volontiers que la source première de ses illustrations est également celle de Renard (comme elle est celle de Ruysch). Il ne se contente pas de révéler qu'il rencontra Samuel Fallours à Amboine, mais précise que ledit Fallours était un peintre accompli dont chacun se disputait âprement les créations, notamment le gouverneur Van der Stel et Valentijn lui-même.

La dernière publication où il est possible de trouver les illustrations de Renard est l'*Histoire générale des voyages, ou Nouvelle collection de toutes les relations de voyages par mer et par terre*, écrite par Antoine François Prévost, mieux connu sous le nom de Prévost d'Exiles – l'abbé Prévost (ill. 22). L'édition la plus notoire de son travail fut publiée en français, en 25 volumes, de 1746 à 1780, par la maison Pierre De Hondt à La Haye. D'autres éditions parurent au même moment ou peu après, certaines sous une forme abrégée. La plus significative est la version néerlandaise en vingt et un volumes diffusée notamment par Jan Roman à Amsterdam, de 1755 à 1767. Le volume 21 de l'édition néerlandaise, datée de 1767 et intitulée *Natuurlyke Historie van het Oostelyk Indie* (« Histoire naturelle des Indes orientales »), embrasse un inventaire de

Ill. 14
François Valentijn: *Oud en Nieuw Oost-Indiën*, vol. 2, 1724
The old Dutch Church at Ambon, where François Valentijn preached the gospel to the Dutch congregation.
Die alte Niederländische Kirche von Ambon, wo François Valentijn der Gemeinde das Evangelium verkündete.
La vieille église hollandaise d'Amboine où François Valentijn prêchait l'Evangile à la communauté néerlandaise.
Göttingen, Niedersächsische Staats- und Universitätsbibliothek

Greeks and Romans, living on the shores of the Mediterranean where fishes and other marine creatures abound (much more so in those early days than now), were fully aware of their presence, and thought enough about them to use their likeness as decoration on plates, vases, frescoes, and mosaics. Greek red-figured fish-plates, for example, excavated from archeological sites and dating most probably to the fourth century B.C., show the extent to which fishes and other marine animals were important in the everyday life in Antiquity, especially in the coastal towns of Attica and southern Italy (see McPhee and Trendall, 1987). Among marine invertebrates, most often illustrated are cuttlefishes, squids, octopuses, and various bivalves and snails, such as scallops, ceriths, rock shells, and cockles. The most popular fishes depicted are the porgies or breams, but grey mullets, goatfishes (especially the Red Mullet), scorpionfishes, perches, and the John Dory are often seen, as is the anglerfish, but these are not drawn very accurately.

For illustrations of any real accuracy, ones that serve to provide a good general feeling for what fishes are really like, we have to wait more than 1,800 years, almost two millennia – until a century after the advent of the printing press and a time when enlightened people began to realise the importance of depicting nature as it really is. Thus the earliest printed drawings of fishes appeared in books published by three great Renaissance authors who can be described without exaggeration as the founders of the modern science of ichthyology. These three were contemporaries who, quite remarkably, produced their works at almost exactly the same time: Pierre Belon in 1551 and 1553, Ippolito Salviani from 1554 to 1558, and Guillaume Rondelet in 1554 and 1555. In sharp contrast to all those other authors we know about who came after Aristotle, and who did nothing but pass on anecdotal tales about plants and animals from one writer to the next, never questioning their authenticity, it appears that Belon, Rondelet, and Salviani did their best to provide first-hand information. As emphasized by the great French anatomist Georges Cuvier (ill. 24), in his history of ichthyology published in 1828 (see Pietsch, 1995b), we have convincing evidence that all three personally examined the fishes they wrote about and saw to it that they were drawn with some exactitude. And yet, as Cuvier says, "too faithful to the spirit of their time, they applied themselves more to finding the names of these fishes in antiquity and composing their natural history from fragments taken from the authors where they believed they had found these names, than to describing the fishes in a clear and complete manner, so that, if it were not for their drawings, it would be almost as difficult to determine their species as those of the ancients."

Belon's drawings are overall not quite as good as those of Rondelet and Salviani – most of them recognizable, yet roughly drawn and generally lacking

Obwohl es sich bei der Sammlung aus dem Besitz von Bülows um eine Kopie der Zeichnungen des Van-der-Stel-Manuskripts handelt und diese somit nicht unmittelbar von Fallours' geschaffen wurde, geht sie in mancher Hinsicht weit über alle übrigen erhaltenen Gruppen mit Fallours Zeichnungen hinaus, da sie ungemein farbenfroh, prächtig und außergewöhnlich gut erhalten ist. Aus diesen Gründen gibt das Von-Bülow-Manuskript heute das beste Zeugnis von den stilistischen Absichten und Talenten des Künstlers, ganz zu schweigen von jener Art und Weise, wie die Abbildungen von Fallours' Zeitgenossen sowohl in Ostindien als auch zu Hause in Holland rezipiert wurden. Die nachstehende Reproduktion umfasst das vollständige Manuskript mitsamt allen ursprünglichen Anmerkungen sowie den modernen Artnamen und erfolgt mit freundlicher Genehmigung der Niedersächsischen Staats- und Universitätsbibliothek Göttingen. Den größten historischen Wert besitzt allerdings die in der British Library aufbewahrte Sloane-Gruppe, da Renards Buch auf diesem Manuskript beruht.

Fallours' Werk im historischen Kontext

In der Geschichte der zoologischen Illustration findet sich keine wie auch immer geartete Schöpfung, die sich mit den von Fallours geschaffenen Darstellungen auch nur annähernd vergleichen ließe. Nicht nur, dass sie den Rekord für die früheste Arbeit über Fische halten, die jemals in Farbe erschienen ist (Renard 1719), nein, auch ihre Kühnheit bleibt unerreicht. Peter Dance (1978) nannte Fallours' Werk, wie es in Renards Buch erscheint, eine „Phantasmagorie" und fährt fort: „Die 100 Tafeln dieses Folianten, den Renard einer ungläubigen Leserschaft präsentierte ..., quellen über von bizarr geformten und knallbunten Fischen, Krabben und Hummern, allesamt Bewohner der pazifischen Gewässer. Diese fantastischen, handkolorierten Gestalten würden unter den wilderen Ausgeburten der Kunst von der Mitte des 20. Jahrhunderts nicht weiter auffallen. Die einzigen vergleichbaren Bilder in der gesamten zoologischen Literatur sind von Renards Originalen abgeleitet."

Um den fachlichen Stellenwert von Fallours' Abbildungen besser beurteilen zu können, müssen wir bis zu den Anfängen der Ichthyologie zurückgehen. Die alten Griechen und Römer lebten an den Küsten des Mittelmeers mit seinen zahllosen Fischen und anderen Meerestieren, deren Bestände damals weitaus üppiger waren als heute. Sie wussten um den Reichtum an Meerestieren und schmückten Teller, Vasen, Fresken und Mosaiken mit ihren Abbildern. So etwa zeigen die bei Ausgrabungen gefundenen, höchstwahrscheinlich aus dem 4. vorchristlichen Jahrhundert datierenden griechischen Fischteller mit ihren roten Figuren, wie sehr Fische und andere Meerestiere den Alltag in der Antike bestimmten, speziell der Einwohner der Küstenstädte von Attika

la faune et de la flore de la région. La septième partie traite des « Poissons singuliers ou peu communs de la côte d'Amboine », la huitième partie des « Ecrevisses d'Amboine » et la neuvième des « Crabes d'Amboine ». Les illustrations qui accompagnent ces comptes-rendus sont toutes issues du livre de François Valentijn, *Oud en Nieuw Oost-Indiën*. Dans sa préface, l'abbé Prévost précise que « pendant son long séjour à Amboine, Valentijn a rassemblé à grand prix tout ce qui est ici présenté [les dessins]. La seule modification que nous avons pris la liberté d'apporter est d'avoir séparé les poissons des crustacés. » Au moment d'être copiées pour l'ouvrage de Prévost, les planches de Valentijn furent soulagées de leur arrière-plan décoratif, quelque peu chargé. Prévost conserva toutefois sur chaque planche les emplacements respectifs des animaux (comparer par exemple les illustrations 20 et 23).

Dans quatre ouvrages édités séparément, les illustrations de Fallours possèdent donc toutes un équivalent. Il est encore plus frappant de constater qu'à plusieurs reprises, un auteur n'a pas hésité à publier deux figures ou davantage qui reproduisent en le modifiant – légèrement, mais manifestement – un même modèle original, unique. Parmi les crustacés du livre de Renard, L. B. Holthuis, en 1959, a compté sept de ces groupes de dessins analogues. Holthuis a également comparé les recueils de Renard et de Valentijn et relevé, dans le cas du crabe terrestre *Ranina ranina*, par exemple, cinq dessins similaires dans les deux ouvrages.

De cette succession de duplications, on ne peut tirer qu'une seule conclusion logique : il existe, ou il exista, plusieurs recueils peu ou prou identiques, tous originaires, d'une manière ou d'une autre, de l'île d'Amboine, et qui renvoient, de manière assez sinueuse, à l'artiste Samuel Fallours. La réalité présente ou passée de dix de ces recueils est avérée. Chacun d'eux a eu sa propre histoire, plus ou moins exclusive, après sa création à Amboine. Tous ont fini par prendre le chemin des Pays-Bas, à leur façon distincte et mal connue. Les différents usages auxquels ils ont été destinés sont également uniques en leur genre, chacun d'entre eux étant identifié par le nom de son précédent propriétaire (voir appendice).

De ces dix recueils, clairement apparentés, ceux de Ruysch, de Valentijn et de François P. L. Pollen sont, selon toute vraisemblance, perdus. Ils ne nous sont connus que pour avoir été soit en partie publiés soit mentionnés par ailleurs. Ceux de Balthasar Coyett et de Cornelis de Vlamingh ont été l'un et l'autre exécutés par Isaac Johannes Lamotius. Ceux de Von Behr et de Theodoor Gerard van Lidth de Jeude, certainement issus du travail de Samuel Fallours, sont dépourvus de tout texte ou annotation, ce qui limite leur intérêt. Quant aux planches de Van der Stel, elles furent sévèrement endommagées par l'eau.

Ill. 15
Adriaen Backer: ***The Anatomy Lesson of Professor Frederik Ruysch***, 1670
Oil on canvas, 168 x 244 cm
At an early age, Hendrik Ruysch was heavily influenced by his famous father, renowned Amsterdam physician and anatomist Frederik Ruysch, shown here preparing to demonstrate the dissection of the corpse of a young man.
Hendrik Ruysch wurde bereits in jungen Jahren von seinem berühmten Vater, dem Physiker und Anatomen Frederik Ruysch, maßgeblich beeinflusst. Ruysch ist hier gezeigt, wie er den Leichnam eines jungen Mannes für die Sektion vorbereitet.
Dès son plus jeune âge, Hendrik Ruysch vécut sous l'influence considérable de son célèbre père, Frederik Ruysch, anatomiste et médecin à Amsterdam, que l'on voit ici préparer la dissection du cadavre d'un jeune homme.
Amsterdam, Historical Museum

in detail – but some of the things he wrote about the fishes are more accurate and of greater originality (ill. 25, 26). Born in 1517 near the town of Le Mans in the department of Sarthe, northwestern France, Belon studied medicine in Paris and became a doctor, but it is unknown whether he ever practiced his profession. He later studied botany, which seems to have been his greatest interest – he published several major works on plants, but also a monographic work on birds, said to have been the best of its kind in the sixteenth century, and several books on fishes. Unfortunately, his life was cut short at the age of 47 in the Bois de Boulogne in Paris, killed by an assassin in 1564 in an act of gratuitous violence. But despite his early death, he produced a great deal of original work, making him deserving of the various titles given to him, such as the father of ornithology, of ichthyology, and of comparative anatomy.

Belon's *Histoire naturelle des estranges poissons marins, avec la vraie peincture et description du Daulphin et de plusieurs autres de son espèce* ("Natural history of unusual marine fishes, with an accurate picture and description of the dolphin, and several others of its kind"), published in Paris in 1551, was the very first printed book devoted to fishes. But in those days, everything that lived in the water was considered a fish, and a disproportionate amount of space was given in this book to dolphins and their allies, to the hippopotamus, the nautilus, and other animals certainly not recognized today as fishes. In all, only ten fishes are described, along with clearly depicted illustrations. Two years later (1553), also in Paris, Belon produced a second book: *De Aquatilibus, libri duo, cum eiconibus ad vivam ipsorum effigiem, quoad eius fieri potuit, expressis* ("Aquatic animals, in two volumes, with illustrations drawn as near to life as is possible"), an enlargement of his first work, containing a much wider range of water-dwelling organisms, with descriptions as well as drawings. He provided illustrations of 110 kinds of fishes, including 22 sharks and rays – 17 of these are freshwater species, the rest, marine; and he discussed about 20 other species that were not accompanied by illustrations. Most of the drawings are readily identifiable, despite having been crudely rendered. Nearly all are inhabitants of the Mediterranean, but some species are also from the Paris fish markets. Notable among his accounts is the first description and illustration of the hooked jaws of a salmon (ill. 27), characteristic of breeding males during the spawning season – no matter that Belon mistakenly labeled his figure "Head of a Female Salmon" (*Caput Salmonis Fœminæ*)!

Our next author, Ippolito Salviani, was born in 1514, in Città di Castello, Umbria, along the banks of the Tiber River in central Italy. Serving as physician to Pope Julius III, and subsequently to Cardinal Cervini – who was pope for less than a month (in April 1555) as Marcellus II – and his successor, Pope Paul IV, Salvani enjoyed an unusual patronage that allowed him ample time

und Süditalien (siehe McPhee und Trendall 1987). Am häufigsten abgebildet unter den wirbellosen Meeresbewohnern sind Tintenfische, Kalmare, Kraken sowie diverse Muscheln und Schnecken wie Kammmuscheln, Seenadelschnecken (Cerithiidae), Leistenschnecken (Muricidae) und Herzmuscheln. Die beliebtesten dargestellten Fische sind Meerbrassen oder Brassen, doch auch Meeräschen, Meerbarben (vor allem die Gewöhnliche Meerbarbe), Drachenköpfe, Echte Barsche und Petersfische kommen häufig vor, ebenfalls der Fühlerfisch, doch sie sind allesamt nicht besonders präzise abgebildet.

Für wirklich akkurate Illustrationen, die einen guten Gesamteindruck von der wahren Beschaffenheit der Fische vermitteln, müssen wir mehr als 1800 Jahre warten, mithin fast zwei Jahrtausende, bis nämlich ein Jahrhundert nach Erfindung des Buchdrucks aufgeklärte Geister zu realisieren begannen, wie wichtig es ist, die Natur so abzubilden, wie sie tatsächlich ist. So erschienen die ersten gedruckten Fischzeichnungen in den Büchern dreier bedeutender Autoren der Renaissance, die man ohne Übertreibung als Begründer der modernen Ichthyologie bezeichnen kann. Diese drei Autoren waren Zeitgenossen und schufen ihre Werke interessanterweise nahezu zeitgleich: Pierre Belon 1551 und 1553, Ippolito Salviani von 1554 bis 1558 und Guillaume Rondelet 1554 und 1555. Im Gegensatz zu allen anderen uns bekannten Autoren nach Aristoteles, die nichts anderes taten, als Anekdoten über Pflanzen und Tiere ungeprüft zu übernehmen, bemühten sich Belon, Rondelet und Salviani offenbar nach besten Kräften um Informationen aus erster Hand. Wie bereits der große französische Anatom Georges Cuvier (Abb. 24) 1828 in seiner Geschichte der Fischkunde betont (siehe Pietsch 1995b), spricht vieles dafür, dass alle drei die Fische, über die sie schrieben, persönlich untersucht haben und darauf achteten, dass sie mit einiger Präzision gezeichnet wurden. Dennoch gilt, wie Cuvier schrieb: „dem Geiste ihrer Zeit zu sehr ergeben, bemühten sie sich mehr darum, die Namen dieser Fische in der Antike zu ermitteln und ihre Naturgeschichte aus Fragmenten zusammenzusetzen, die sie dort entnahmen, wo sie diese Namen gefunden zu haben glaubten, als vielmehr die Fische in verständlicher und vollständiger Weise zu beschreiben, so dass, gäbe es ihre Zeichnungen nicht, es nahezu ebenso schwierig wäre, die Spezies zu bestimmen wie bei den Alten."

Belons Illustrationen können mit denen von Rondelet und Salviani insgesamt nicht ganz mithalten (die meisten dargestellten Fische lassen sich zwar identifizieren, die Zeichnungen sind jedoch eher grob und arm an Details), doch manches, was er über die Fische schrieb, ist präziser und origineller (Abb. 25, 26). Im Jahr 1517 unweit von Le Mans (Département Sarthe) geboren, schloss Belon sein Medizinstudium in Paris mit dem Doktortitel ab, wenngleich wir nicht wissen, ob er seinen Beruf jemals ausübte. Später studierte er Botanik,

La série qui appartenait à Von Bülow a beau n'être qu'une copie de celle de Van der Stel, elle est d'une splendeur et d'un éclat extraordinaires, loin devant les autres séries disponibles – et exceptionnellement bien conservée. C'est pourquoi le manuscrit de Von Bülow représente aujourd'hui mieux que tout autre l'intention stylistique et le talent de l'artiste, sans oublier l'impact immédiat produit par les dessins de Fallours sur ses contemporains, aux Indes orientales comme en Hollande. Nous le reproduisons ici intégralement, avec l'ensemble de ses annotations originales et la dénomination moderne des espèces, grâce à l'aimable autorisation de la Niedersächsische Staats- und Universitätsbibliothek Göttingen. Il n'en reste pas moins que la série de Sloane, à la British Library, possède une valeur historique supérieure aux autres recueils, car c'est sur ce manuscrit que Renard a basé son livre.

L'œuvre de Fallours dans son contexte historique

Il n'est pas de création, dans toute l'histoire de l'illustration zoologique, qui puisse être réellement comparée aux images exécutées par Samuel Fallours. L'artiste d'Amboine détient déjà certainement le record du plus ancien ouvrage dévolu aux poissons jamais publié en couleur (Renard, 1719). Et en termes d'audace pure, sa production est sans rivale. Peter Dance, en 1978, assimila les figures de Fallours – telles qu'elles apparaissent dans l'ouvrage de Renard – à une « fantasmagorie » : « Ces créatures improbables, nageant et rampant au long des cent planches de cet in-folio que Renard présenta à un public incrédule (...) sont des poissons, des crabes et des écrevisses bizarrement constitués, aux couleurs tapageuses, tous habitants des eaux du Pacifique. Ces figures fantastiques coloriées à la main ne dépareraient pas parmi les plus folles créations artistiques du milieu du XXe siècle. Les seules images comparables dans toute la littérature zoologique ont été dérivées des originaux de Renard. »

Pour mieux situer les dessins de Fallours parmi tous les travaux illustrés consacrés aux poissons, il faut remonter aux débuts de l'ichtyologie. Riverains d'une Méditerranée où poissons et autres créatures marines abondaient – plus encore en ces temps reculés qu'aujourd'hui, Grecs et Romains n'ignoraient rien de leur présence. Ils y pensaient assez pour les reproduire sur des vases, des fresques et des mosaïques. Les figures rouges stylisées sur les assiettes grecques, par exemple, découvertes sur des sites archéologiques et datant probablement du IVe siècle avant notre ère, témoignent de la place des poissons et des animaux marins dans la vie quotidienne de l'Antiquité, plus particulièrement dans les villes côtières d'Attique et en Italie méridionale (voir McPhee et Trendall, 1987). Parmi les invertébrés marins, seiches, calamars et poulpes avaient la faveur des artistes, ainsi que divers mollusques bivalves et gastéropodes : pétoncles, cérithes, murex, coques. Du côté des poissons, dorades et

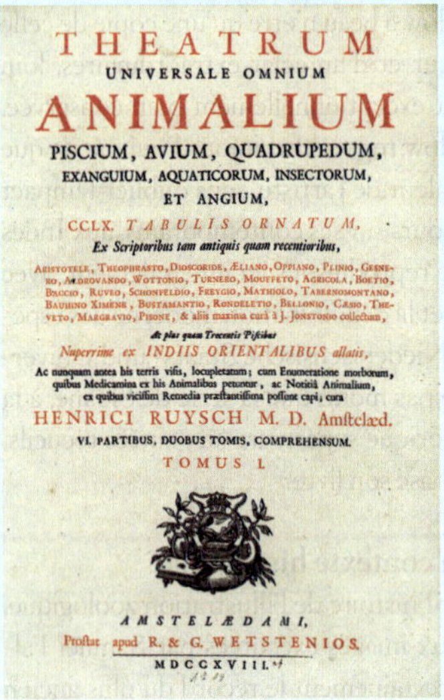
THEATRUM
UNIVERSALE OMNIUM
ANIMALIUM
PISCIUM, AVIUM, QUADRUPEDUM,
EXANGUIUM, AQUATICORUM, INSECTORUM,
ET ANGIUM,
CCLX. TABULIS ORNATUM,
Ex Scriptoribus tam antiquis quam recentioribus,
Aristotele, Theophrasto, Dioscoride, Æliano, Oppiano, Plinio, Gesnero, Aldrovando, Wottonio, Turnero, Mouffeto, Agricola, Boetio, Baccio, Ruveo, Schonfeldio, Freygio, Mathiolo, Tabernomontano, Bauhino Ximene, Bustamantio, Rondeletio, Bellonio, Cæsio, Theveto, Margravio, Pisone, & aliis maxima curâ à J. Jonstonio collectum,
Ac plus quam Trecentis Piscibus
Nuperrime ex INDIIS ORIENTALIBUS allatis,
Ac nunquam antea his terris visis, locupletatum; cum Enumeratione morborum, quibus Medicamina ex his Animalibus petuntur, ac Notitiâ Animalium, ex quibus vicissim Remedia præstantissima possunt capi; cura
HENRICI RUYSCH M. D. Amstelæd.
VI. PARTIBUS, DUOBUS TOMIS, COMPREHENSUM.
TOMUS I.
AMSTELÆDAMI,
Prostat apud R. & G. WETSTENIOS.
MDCCXVIII.

Ill. 16
Frederik Ruysch: *Theatrum universale omnium animalium*, vol. 1, 1718
Title page
Part I contains a section on the fishes of Ambon, entitled "Collectio nova piscium Amboinensium."
Teil I des Buches ist den Fischen von Ambon gewidmet und trägt den Titel „Collectio nova piscium Amboinensium".
La partie I est consacrée aux poissons d'Amboine et est intitulée « Collectio nova piscium Amboinensium. »
Göttingen, Niedersächsische Staats- und Universitätsbibliothek

Ill. 17 (right/rechts/à droite)
Frederik Ruysch: *Theatrum universale omnium animalium,* vol. 1, 1718
Frontispiece
Göttingen, Niedersächsische Staats- und Universitätsbibliothek

and money to pursue natural history. He produced a few medical works, but his one great achievement is *Aquatilium animalium historiae, liber primus, cum eorumdem formis, aere excusis* ("History of aquatic animals, book one, with likenesses of them etched in copper"), a large folio volume of 256 leaves, printed in Rome and issued in instalments from 1554 to 1558 (ill. 28). As indicated on the last page of the book, the printing was done in Salviani's house, undoubtedly under his watchful eye. The work is divided into two parts. The first 110 pages are devoted to tables that provide, in alphabetical order, the Greek and Latin names of the fishes as they were mentioned by the ancients. The rest of the book is devoted to the illustrations and descriptive accounts of the animals themselves: 81 full-sized plates in all, one of which depicts an octopus and three showing squids, leaving the remaining 77 plates devoted to fishes. The latter include 93 drawings, all drawn first-hand after the fishes themselves, which are said to have been selected personally by Salviani from the fish markets in Rome. In contrast to the rough wood engravings of Belon, and although not so numerous, Salviani's drawings are far superior, all printed from carefully executed engravings on brass or copper, the grandeur of the design all made possible by Salviani's high position at the Vatican.

As a standard approach to all his species accounts, Salviani's chapters are divided into five parts: "Nomenclature", "Description", "Method of Reproduction", "Nature and Habits", and "Nourishment and Medicinal Uses". Altogether, his species accounts are much longer and considerably more detailed than Belon's; a close comparison of the two, however, shows that Salviani added very little new biological information. By far most of the space that he allocates to each animal is taken up by quotes from the ancient Greek and Latin authors – Aristotle, Cicero, Pliny, Aelian, and Oppian – thus relying heavily on these texts for many of his facts. In contrast, Belon, rarely makes mention of the ancients, not even Aristotle; nevertheless it is obvious that he relied on these early texts as well, failing to acknowledge his predecessors properly.

While Salviani's narrative may leave something to be desired, his illustrations of fishes are extraordinary for their time. Belon's figures can only be described as cartoons compared to the detailed, life-like engravings provided by Salviani. In each case, the animals have been painstakingly rendered and nothing has been added. They are, in fact, much better than many modern-day attempts.

Even a brief comparison of the drawings of Salviani and Rondelet will make the work of our next author seem like a step backwards – but this is only partly true. Rondelet is actually superior to the other two Renaissance ichthyologists in the number of fishes he was familiar with, and even though

daubenets mènent ce palmarès décoratif où surnagent aussi mulets lippus et surmulets, rougets, rascasses, perches, saint-pierres et baudroies, quoique dessinés sans grande précision.

Pour avoir accès à des illustrations d'une réelle exactitude, qui donnent une juste idée de la physionomie des poissons, il faudra encore attendre plus de 1800 ans, presque deux millénaires – un siècle, en fait, après l'avènement de l'imprimerie : une époque où les esprits éclairés commencent à prendre conscience qu'il est important de représenter la nature telle qu'elle est vraiment. Les premiers dessins de poissons imprimés apparaissent ainsi dans des ouvrages publiés par trois grands auteurs de la Renaissance que nous pouvons considérer, sans exagération, comme les fondateurs de l'ichtyologie moderne. Contemporains, ils produisent leurs travaux à peu près au même moment : Pierre Belon en 1551 et 1553, Ippolito Salviani de 1554 à 1558 et Guillaume Rondelet en 1554 et 1555. A l'inverse de tous les auteurs venus après Aristote et qui se borneront à répéter, chacun à son tour, d'anecdotiques racontars zoologiques et botaniques – sans jamais s'interroger sur leur véracité Belon, Rondelet et Salviani firent de leur mieux pour prodiguer une information de première main. Comme l'a souligné le grand anatomiste français Georges Cuvier (ill. 24) dans l'histoire de l'ichtyologie qu'il publia en 1828 (voir Pietsch, 1995b), nous savons avec certitude que ces trois-là examinèrent personnellement les poissons qu'ils prévoyaient d'inventorier, et s'évertuèrent à ce qu'ils fussent fidèlement dessinés. Et cependant, ainsi que le dit Cuvier, « trop fidèles à l'esprit de leur temps, ils s'attachent beaucoup plus à rechercher les noms que ces poissons portaient dans l'Antiquité, et à composer leur histoire de lambeaux pris dans les auteurs où ils croient avoir retrouvé ces noms, qu'à les décrire d'une manière claire et complète, en sorte que, sans leurs figures, il serait presque aussi difficile de déterminer leurs espèces que celles des anciens ».

Les figures de Belon, constate Cuvier, sont les moins heureuses : la plupart des poissons y sont reconnaissables mais grossièrement dessinés, avares de détails. Toutefois certaines des informations qu'il livre sont plus exactes et plus originales que celles de Rondelet et de Salviani (ill. 25, 26).

Né en 1517 dans la Sarthe, non loin du Mans, Belon étudia la médecine à Paris où il obtint son diplôme, mais on ignore s'il exerça jamais. Il se dirigea ensuite vers la botanique, qui semble avoir constitué son principal centre d'intérêt, et publia plusieurs essais majeurs dédiés aux végétaux, ainsi qu'une monographie sur les oiseaux considérée comme la meilleure en son genre au XVIe siècle, et plusieurs ouvrages à propos des poissons. Son œuvre tourna court, hélas, lorsqu'il fut assassiné sans raison au bois de Boulogne, à l'âge de 47 ans (1564). En dépit de sa mort prématurée, il livra quantité de travaux originaux qui justifient les titres variés dont on le couvrit, tels que père de l'orni-

Ill. 18 (right/rechts/à droite)
Frederik Ruysch: ***Theatrum universale omnium animalium***, vol. 1, 1718
Plate 19 of "Collectio nova piscium Amboinensium"
Göttingen, Niedersächsische Staats- und Universitätsbibliothek

OUD en NIEUW
OOST-INDIËN,
VERVATTENDE
Een Naaukeurige en Uitvoerige Verhandelinge van
NEDERLANDS MOGENTHEYD
In die
GEWESTEN,
BENEVENS
Eene wydluftige Beschryvinge der MOLUCCOS, AMBOINA, BANDA, TIMOR, en SOLOR, JAVA, en alle de Eylanden onder dezelve Landbestieringen behoorende; het Nederlands Comptoir op SURATTE, en de LEVENS DER GROOTE MOGOLS;
ALS OOK
Een Keurlyke Verhandeling van 't wezentlykste, dat men behoort te weten van CHOROMANDEL, PEGU, ARRACAN, BENGALE, MOCHA, PERSIEN, MALACCA, SUMATRA, CEYLON, MALABAR, CELEBES of MACASSAR, CHINA, JAPAN, TAYOUAN of FORMOSA, TONKIN, CAMBODIA, SIAM, BORNEO, BALI, KAAP DER GOEDE HOOP en van MAURITIUS.
't Zamen dus behelzende niet alleen eene zeer nette Beschryving van alles, wat Nederlands Oost-Indiën betreft, maar ook 't voornaamste dat eenigzins tot eenige andere Europers, in die Gewesten, betrekking heeft.
Met meer dan thien honderd en vyftig Prentverbeeldingen verrykt.
Alles zeer naaukeurig, in opzigt van de Landen, Steden, Sterkten, Zeden der Volken, Boomen, Gewasschen, Land- en Zee-dieren, met alle het Wereldlyke en Kerkelyke, van d'Oudste tyden af tot nu toe aldaar voorgevallen, beschreven, en met veele zeer nette daar toe vereyschte Kaarten opgeheldert.
DOOR
FRANÇOIS VALENTYN,
Onlangs Bedienaar des Goddelyken Woords in AMBOINA, BANDA, *enz.*
IN VYF DEELEN
Te DORDRECHT, AMSTERDAM, by JOANNES VAN BRAAM, GERARD ONDER DE LINDEN, Boekverkopers.
MDCCXXIV.
MET PRIVILEGIE.

Ill. 19
François Valentijn: *Oud en Nieuw Oost-Indiën*, 1724–1726
Title page
The opus consists of five parts (in eight folio volumes) and 4,800 double-column pages, including a large number of prints, maps, and portraits.
Das Werk besteht aus fünf Teilen (in acht Folianten) mit 4800 zweispaltigen Seiten und einer Vielzahl von Drucken, Karten und Porträts.
L'œuvre en huit volumes in-folio divisés en cinq parties, 4800 pages sur deux colonnes, dont un grand nombre de reproductions, de cartes et de portraits.
Göttingen, Niedersächsische Staats- und Universitätsbibliothek

his drawings, which are wood engravings, do not compare with Salviani's in beauty, they are by and large more accurate, and are especially remarkable for their characteristic details. Moreover, his descriptions provide more information, with notes on anatomy, behavior, and general natural history. Born in 1507, in Montpellier, southern France, very close to the shores of the Mediterranean, Rondelet studied philosophy, Latin, and Greek in Paris (ill. 29). Later he became a physician and set up a practice in his native city, where he soon came under the patronage of Cardinal François de Tournon. With the help of the Cardinal, and often in his company, Rondelet travelled extensively throughout western Europe studying fishes, among other things, everywhere he went. All of this effort resulted in two publications on fishes.

The earliest is his *Libri de piscibus marinis, in quibus verae piscium effigies expressae sunt* ("Books on marine fishes, in which true likenesses of fishes are depicted"), printed in Lyon in 1554. Divided into 18 parts, the first four parts are devoted to fish anatomy, both external and internal, but unfortunately without illustrations of any kind. The last three parts are about all those water-dwelling creatures considered at the time to be fishes: mainly shrimps and crabs, squids and octopuses, marine turtles and mammals, and various sea monsters, the latter including such mythical beings as the "Sea monster in monk's habit" (ill. 30). Parts 5 to 15 deal with the fishes themselves – descriptions and depictions of all the species known to Rondelet at the time, 244 in all. Although "marine fishes" appears in the title of the book, 47 freshwater species are also included, along with 197 marine forms, nearly all from the Mediterranean Sea.

Rondelet's second great work on fishes, almost always found bound in with the first and generally considered by most to be the second volume of the latter, is *Universae aquatilium historiae pars altera, cum veris ipsorum imaginibus* ("General history of aquatic animals, second book, with true pictures of them"), also published in Lyon, in 1555 (ill. 31). It, too, is divided into parts, of which three are devoted to freshwater fishes (lakes, rivers, and marshes). A few marine fishes (e. g. a seahorse) are found scattered among the other parts, and various aquatic animals of other kinds are mixed in with the fishes, such as frogs, a water snake, a turtle, a salamander, a lizard, a crocodile, and even a beaver. Of the true fishes, about 60 are described, and of these 50 are illustrated. Among the latter is a pug-headed or pug-nosed carp, which marks the first published account of this strange deformity in fishes (ill. 32).

In his descriptions, Rondelet included nearly everything mentioned by Belon and Salviani, and yet adds considerably more, based no doubt on personal examination of specimens, including dissection of the internal parts. One wonders if he had access to the books, or perhaps pre-publication notes

eine Disziplin, der wohl sein Hauptinteresse galt. Er schrieb mehrere bedeutende Bücher über Pflanzen, jedoch auch eine Monographie über Vögel, die im 16. Jahrhundert als die beste ihrer Art galt, sowie einige Bücher über Fische. Bedauerlicherweise fand sein Leben im Alter von 47 Jahren ein jähes Ende, als er 1564 im Pariser Bois de Boulogne einem Akt mutwilliger Gewalt zum Opfer fiel. Ungeachtet seines frühen Todes schuf er zahlreiche unabhängige Werke, weshalb ihm zu Recht verschiedene Ehrentitel wie Vater der Ornithologie, der Ichthyologie und der vergleichenden Anatomie verliehen wurden.

Belons 1551 in Paris erschienene *Histoire naturelle des estranges poissons marins, avec la vraie peincture et description du Daulphin et de plusieurs autres de son espece* („Naturgeschichte der ungewöhnlichen Meeresfische, mit wahrem Bildnis und Beschreibung des Delfins und mehrerer anderer seiner Art" ist das allererste dem Thema „Fische" gewidmete gedruckte Buch. Damals galt jedes im Wasser lebende Geschöpf als Fisch, weshalb in diesem Buch die Delfine und ihre Verwandten, das Flusspferd, der Nautilus und weitere Tiere, die man heute gewiss nicht als Fische ansehen würde, übermäßig viel Raum einnehmen. Insgesamt werden lediglich zehn Fischarten beschrieben, immerhin begleitet von unmissverständlichen Illustrationen. Zwei Jahre später (1553) veröffentlichte Belon ebenfalls in Paris ein zweites Buch: *De Aquatilibus, libri duo, cum eiconibus ad vivam ipsorum effigiem, quoad eius fieri potuit, expressis* („Wassertiere, in zwei Bänden, mit möglichst lebensnahen Abbildungen"), eine Erweiterung seiner ersten Arbeit und ein weitaus reicherer Querschnitt der Wasserorganismen, mitsamt Beschreibungen und Zeichnungen. Belon brachte Illustrationen von 110 Fischarten (mit 17 Süßwasser-Spezies), darunter 22 Haie und Rochen; besprochen werden überdies rund 20 weitere Arten, denen keine Illustration beigefügt ist. Obwohl die Zeichnungen eher skizzenhaft sind, gestatten sie meist eine rasche Identifizierung. Es handelt sich fast ausnahmslos um Bewohner des Mittelmeers, wobei manche Arten von den Pariser Fischmärkten stammen. Bemerkenswert ist die erstmalige Beschreibung und Abbildung des hakenförmigen Unterkiefers eines Lachses (Abb. 27), wie er in der Laichzeit für männliche Exemplare kennzeichnend ist – wenngleich Belon in der Bildunterschrift irrtümlicherweise „Kopf eines weiblichen Lachses" (*Caput Salmonis Fœminæ*) schreibt!

Ippolito Salviani, unser nächster Autor, wurde 1514 im umbrischen Città di Castello am Ufer des Tiber in Mittelitalien geboren. Als Leibarzt von Papst Julius III., anschließend von Kardinal Cervini – der im April 1555 für nicht einmal einen Monat Papst war – und dessen Nachfolger Papst Paul IV. genoss er ungewöhnliche Protektion, die ihm reichlich Zeit und Geld für die Erforschung der Naturgeschichte einbrachte. Er verfasste ein paar medizinische Werke, doch seine eigentliche große Leistung ist *Aquatilium animalium histo-*

Ill. 20 (right/rechts/à droite)
François Valentijn: ***Oud en Nieuw Oost-Indiën***, vol. 3, part 1, 1726
"Verhandeling der Ongemeene Visschen van Amboina"
Samuel Fallours's illustrations of fishes copied by Valentijn in his chapter entitled "Uncommon Fishes of Ambon."
Illustrationen von Samuel Fallours, die Valentijn im Kapitel „Abhandlung über die Ungewöhnlichen Fische von Ambon" kopierte.
Dessins des poissons de Samuel Fallours copiés par Valentijn dans son chapitre intitulé « Traité sur les poissons peu communs d'Amboine ».
Göttingen, Niedersächsische Staats- und Universitätsbibliothek

Ill. 21 (page 32/seite 32/page 32)
François Valentijn: ***Oud en Nieuw Oost-Indiën***, vol. 3, part 1, 1726
"Verhandeling der Ongemeene Visschen van Amboina"
Plate ***Boeroneesch Zeewyf***
The mermaid or "Sea-wife from Buru"
Die Meerjungfrau oder das „Seeweib von Buru"
La sirène ou « femme de mer de Buru »
Göttingen, Niedersächsische Staats- und Universitätsbibliothek

riae, liber primus, cum eorumdem formis, aere excusis („Geschichte der Wassertiere, erstes Buch, mit in Kupfer gestochenen Konterfeis"), ein großer Foliant mit 256 Blättern, gedruckt in Rom und in Teillieferungen zwischen 1554 und 1558 erschienen (Abb. 28). Wie auf der letzten Buchseite vermerkt, erfolgte der Druck in Salvianis Haus, mit Sicherheit unter seinem wachsamen Auge. Das Werk gliedert sich in zwei Teile. Die ersten 110 Seiten bestehen aus Tabellen, in denen die, griechischen und lateinischen Namen der Fische, wie sie in der Antike erwähnt werden, in alphabetischer Reihenfolge aufgeführt sind. Der Rest des Buches gilt den Illustrationen und Beschreibungen der einzelnen Tiere: insgesamt 81 vollformatige Tafeln, eine davon zeigt einen Kraken und drei einen Kalmar, so dass sich die verbleibenden 77 Tafeln den Fischen widmen. Diese enthalten 93 Zeichnungen, allesamt direkte Abbilder jener Fische, die Salviani angeblich persönlich auf den römischen Fischmärkten ausgewählt hat. Wenngleich weniger zahlreich, sind Salvianis nach sorgfältig ausgeführten Kupfer- und Messingstichen gedruckte Zeichnungen den groben Holzschnitten bei Belon weit überlegen, wobei sich die prachtvolle Ausführung Salvianis hervorgehobener Stellung im Vatikan verdankt.

Salviani untergliedert seine den einzelnen Arten geltenden Kapitel stets in fünf Teile: „Nomenklatur", „Beschreibung", „Fortpflanzung", „Wesen und Gewohnheiten" sowie „Nahrung und medizinische Verwendung". Insgesamt nimmt seine Darstellung viel mehr Platz ein und ist erheblich detaillierter als bei Belon; ein genauer Vergleich zeigt indes, dass Salviani nur sehr wenige neue biologische Informationen hinzufügte. Bei weitem den meisten Raum beanspruchen Zitate der alten Griechen und Römer, sei es Aristoteles, Cicero, Plinius, Claudius Aelianus oder Oppian von Korykos, weshalb sich zahlreiche Faktenaussagen stark auf diese Texte stützen. Anders dagegen Belon, der die Alten nur selten erwähnt, nicht einmal Aristoteles; dennoch ist klar, dass er sich ebenfalls auf diese frühen Schriften bezieht, wenngleich er seine Vorgänger nicht ausdrücklich würdigt.

Während Salvianis Darstellung vielleicht manches zu wünschen übrig lässt, sind seine Illustrationen der Fische für ihre Zeit außergewöhnlich. Belons Abbildungen kann man nur mehr als Skizzen bezeichnen, vergleicht man sie mit Salvianis detailreichen, lebensechten Kupferstichen. Jede einzelne Spezies wurde penibel abgebildet und nichts hinzuerfunden. Seine Illustrationen sind sogar viel besser als so manche heutige Abbildung.

Selbst ein flüchtiger Vergleich der Illustrationen von Salviani und Rondelet lässt das Werk unseres nächsten Autors wie einen Rückschritt erscheinen. Dies ist jedoch nur die halbe Wahrheit, denn Rondelet überragt seine beiden Zeitgenossen hinsichtlich der Zahl der Fischarten, mit denen er vertraut war. Und obwohl seine Holzschnitte ästhetisch nicht mit Salvianis Stichen

thologie, de l'ichtyologie et de l'anatomie comparée. Son *Histoire naturelle des estranges poissons marins, avec la vraie Peincture et Description du Daulphin et de plusieurs autres de son espèce*, publiée à Paris en 1551, fut le tout premier ouvrage imprimé traitant des poissons. Mais en ce temps, tout ce qui vivait dans l'eau était appelé poisson : un espace disproportionné, dans son ouvrage, accueille les dauphins et leurs semblables, l'hippopotame, le nautile et d'autres espèces qu'on aurait beaucoup de mal, aujourd'hui, à qualifier de poissons. Au total, dix vrais poissons seulement sont recensés, accompagnés d'illustrations clairement légendées. Deux ans plus tard (1553), toujours à Paris, Belon publiera un second livre : *De Aquatilibus, libri duo, cum eiconibus ad vivam ipsorum effigiem, quoad eius fieri potuit, expressis* (« Des animaux aquatiques, en deux volumes, avec leurs portraits représentés au plus près du naturel »). Il s'agit d'une version augmentée de son premier traité, qui incorpore une sélection d'organismes marins bien plus vaste, composée de descriptions et de dessins. Il représente ainsi cent-dix espèces de poissons dont vingt-deux cartilagineux (requins et raies) – dix-sept d'eau douce, le reste d'origine marine. Il évoque aussi, sans les illustrer, une vingtaine d'autres espèces. Comme on l'a vu, la plupart de ces dessins, malgré leur représentation approximative, sont identifiables. Ce sont presque tous des poissons de Méditerranée, bien que certains proviennent aussi des marchés parisiens. On remarque parmi ses sélections la première description – illustrée – des mâchoires crochues du saumon de l'Atlantique (ill. 27), caractéristiques du mâle reproducteur au moment de la fraye. Belon légenda toutefois son dessin « Tête de saumon femelle » (*Caput Salmonis Fœminæ*) !

Le deuxième auteur important, Ippolito Salviani (ill. 28), est né en 1514 à Città di Castello, en Ombrie (Italie centrale), sur les rives du Tibre. Médecin du pape Jules III, puis du cardinal Cervini – qui fut pape moins d'un mois, en avril 1555, sous le nom de Marcel II – et de son successeur, le pape Paul IV, Salviani trouva là un soutien peu ordinaire qui lui laissa tout le loisir nécessaire à ses activités naturalistes. Il produisit quelques travaux médicaux mais son grand accomplissement reste l'*Aquatilium animalium historiae, liber primus, cum eorumdem formis, aere excusis* (« Histoire des animaux aquatiques, livre un, avec leurs formes gravées sur cuivre »), un gros volume in-folio de 256 feuillets, imprimé à Rome et publié sous forme de fascicules entre 1554 et 1558 (ill. 28). Comme l'indique la dernière page du livre, l'impression se déroula au domicile même de Salviani, à coup sûr sous son œil attentif. L'ouvrage est divisé en deux parties. Les 110 premières pages sont réservées à des tableaux qui recensent, dans l'ordre alphabétique, les noms grec et latin des poissons tels qu'ils étaient désignés par les Anciens. Le reste du livre se compose d'illustrations et de notices détaillées : au total 81 planches pleine page, dont l'une décrit une pieuvre et trois calamars, concédant aux poissons les 77 planches restantes.

M. Balen delin. Meermin of Boeroneesch Zeewyf, Y de Zwaardvisch of de Steekraay, E Vliegende Visch EE Calappa Maldiva
Of Maldivisch Cocos-noot
Or. Elliger Junior fecit.

mithalten können, sind sie insgesamt präziser und zeichnen sich besonders durch ihre Details aus. Auch seine Beschreibungen gehen mehr ins Detail; sie enthalten Anmerkungen zur Anatomie, zum Verhalten und zur allgemeinen Naturgeschichte. Unweit des Mittelmeers 1507 im südfranzösischen Montpellier geboren, studierte Rondelet Philosophie, Latein und Griechisch in Paris (Abb. 29). Später ließ er sich als Arzt in seiner Heimatstadt nieder, wo er schon bald die Gunst von Kardinal François de Tournon genoss. Unterstützt durch den Kardinal und oft auch in dessen Begleitung bereiste Rondelet ausgiebig ganz Westeuropa, um unter anderem auch dessen Fischwelt zu studieren. Schließlich verfasste er zu diesem Thema zwei Werke. Sein erstes Opus erschien 1554 in Lyon mit dem Titel *Libri de piscibus marinis, in quibus verae piscium effigies expressae sunt* („Bücher über Meeresfische, in welchen wahre Abbilder von Fischen dargestellt sind"). Die ersten vier der insgesamt 18 Teile gelten der äußeren wie inneren Anatomie der Fische, enthalten jedoch leider keinerlei Illustrationen. Die letzten drei Teile handeln von all jenen Wasserlebewesen, die man damals als Fische einstufte, vor allem von Garnelen und Krabben, Kalmaren und Kraken, Meeresschildkröten und -säugern sowie diversen Seeungeheuern, darunter solch rätselhafte Wesen wie das „Meeresungeheuer im Mönchsgewand" (Abb. 30). Die Teile 5 bis 15 behandeln die eigentlichen Fische, mit Beschreibungen und Abbildungen sämtlicher 244 Rondelet damals bekannten Arten. Obwohl der Titel von „Meeresfischen" spricht, sind auch 47 Süßwasser-Arten aufgeführt, neben den 197 nahezu ausnahmslos aus dem Mittelmeer stammenden Meeresformen.

Fast immer mit dem ersten Buch in einem Band vereint, trägt Rondelets zweites großes Werk über Fische den Titel *Universae aquatilium historiae pars altera, cum veris ipsorum imaginibus* („Zweiter Teil der Geschichte der Wassertiere, mit echten Bildern von diesen"), 1555 ebenfalls in Lyon erschienen (Abb. 31). Drei seiner Teile handeln von den Süßwasserfischen (Seen, Flüsse und Sümpfe). In den übrigen Teilen finden sich ein paar Meeresfische eingestreut, etwa ein Seepferdchen, während diverse andere Wassertiere mit den Fischen vermengt sind, darunter Frösche, eine Wasserschlange, eine Schildkröte, ein Salamander, eine Eidechse, ein Krokodil und sogar ein Biber. Ungefähr 60 echte Fische werden beschrieben, 50 von diesen sind illustriert. Darunter befindet sich auch die Darstellung eines mopsköpfigen Karpfens (Abb. 32) als erstmalige Erwähnung dieser merkwürdigen Missbildung der Fische in der Literatur.

Rondelet berichtet fast alles, was auch bei Belon und Salviani zu lesen ist, doch zugleich bietet er beträchtliche Ergänzungen, die sicherlich auf der persönlichen Untersuchung einzelner Exemplare und der Freilegung der inneren Organe beruhen. Man darf sich fragen, ob er Zugang zu den Büchern, Vorveröffentlichungen oder Manuskripten von Belon und Salviani hatte.

Y figurent 93 dessins, réalisés directement d'après les poissons dont il est dit que Salviani les choisissait en personne sur les marchés de Rome. Comparés aux lourdes gravures sur bois de Belon, les dessins de Salviani, pourtant moins nombreux, leur sont très supérieurs ; ils ont tous été imprimés à partir de gravures soigneusement exécutées sur cuivre jaune ou rouge. La position importante de Salviani au Vatican n'est certainement pas étrangère à la splendeur de son travail.

Comme à chaque fois qu'il inventoriait des espèces, Salviani subdivisa ses chapitres en cinq parties : nomenclature, description, méthode de reproduction, nature et comportements, alimentation et usages médicinaux. Dans leur ensemble, ses notices sont beaucoup plus longues et détaillées que celles de Belon ; elles ne renferment pourtant que très peu d'informations biologiques inédites. De fait l'essentiel de l'espace accordé à chaque animal est occupé par des citations d'auteurs grecs et latins – Aristote, Cicéron, Pline, Elian et Oppien. Ces textes, sur lesquels Salviani s'appuie lourdement, lui servent à étayer les faits qu'il avance. A l'inverse, Belon mentionne rarement les Anciens, pas même Aristote ; il est cependant évident qu'il s'est lui aussi reposé sur ces écrits classiques, sans citer ainsi qu'il aurait dû le faire ses illustres prédécesseurs. Si les textes de Salviani peuvent laisser quelque peu à désirer, ses illustrations de poissons, pour l'époque, sont extraordinaires. Confrontées à ces gravures minutieuses, imitant la vie à s'y méprendre, les figures de Belon passent pour des caricatures. A chaque fois chez Salviani, les animaux ont été scrupuleusement représentés, sans aucun ajout. En fait, ce travail surpasse largement nombre d'ouvrages modernes.

Si l'on se borne à les comparer brièvement à ceux de Salviani, il est tentant de déceler dans les dessins de Rondelet le signe d'une régression – or ce n'est que partiellement vrai. Guillaume Rondelet, en réalité, devance les deux autres ichtyologistes de la Renaissance par le nombre des poissons qu'il connaissait avec précision. Bien que ses illustrations, des gravures sur bois, ne puissent, et de loin, prétendre à la beauté de celles de Salviani, elles sont globalement plus exactes, et particulièrement remarquables pour les détails qui les caractérisent. Enrichies de notes sur l'anatomie, le comportement et l'histoire naturelle en général, ses descriptions offrent aussi davantage d'informations. Né en 1507 à Montpellier, donc à proximité des côtes méditerranéennes, Rondelet étudia la philosophie, le latin et le grec à Paris (ill. 29). Devenu médecin, il ouvrit un cabinet dans sa ville natale où il bénéficia de la protection du cardinal François de Tournon. Avec l'aide du cardinal et souvent en sa compagnie, Rondelet voyagea beaucoup à travers l'Europe de l'Ouest, étudiant les poissons, entre autres occupations, partout où il se rendait. Cet effort suscita deux publications : la première est son *Libri de piscibus marinis, in quibus verae*

Ill. 22
Antoine François Prévost (Abbé Prévost): *Histoire générale des voyages*, vol. 1, 1746 Paris
Frontispiece
Seattle, WA, University of Washington Libraries, Special Collections Division

or manuscripts, of Belon and Salviani: publishing at almost exactly the same time, and considering that each author probably worked hard to maintain confidentiality, not to be outdone by their revales, this seems unlikely. But still, there is no real evidence either to confirm or refute this – at least there are no specific details, no similar phrases present in his narrative, that might lead to this conclusion. On the contrary, when he says that his drawing of some particular fish "is a true portrait, not the portrait that others have drawn showing an imaginary monster from fantasy rather than a fish," he simply could not have seen the more beautiful illustrations provided by Salviani.

As an aside, it is worth pointing out the experimental part of Rondelet's methods. For example, he was the first to put to paper the curious technique

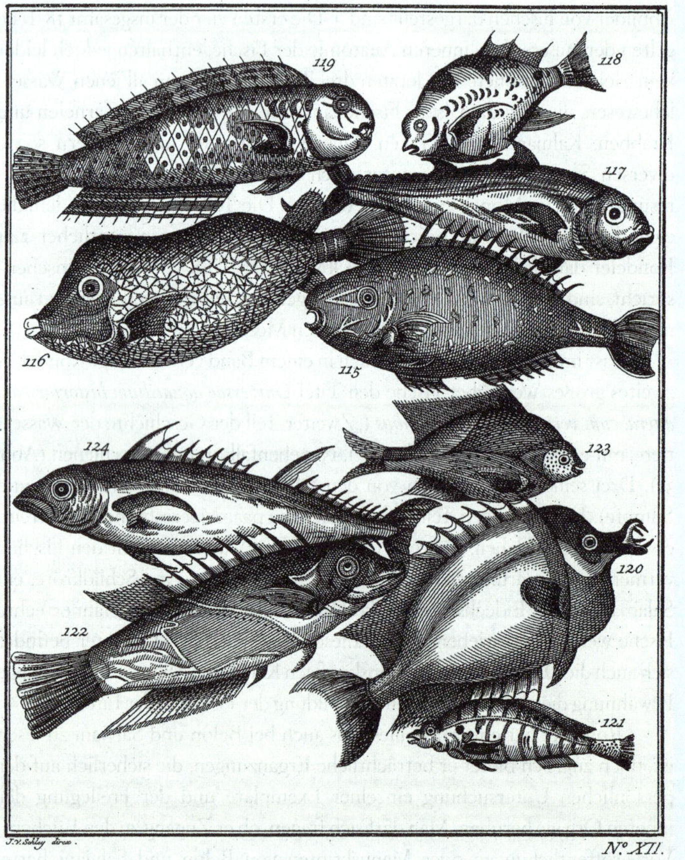

Ill. 23
Antoine François Prévost: ***Histoire générale des voyages,*** 1746 Paris
Plate 12 of "Poissons singuliers ou peu communs de la Côte d'Amboine"
Samuel Fallours's illustrations of fishes copied by Prévost from Valentijn's "Uncommon Fishes of Ambon" (cf. Ill. 20).
Illustrationen von Samuel Fallours, die Prévost aus Valentijns „Kapitel „Ungewöhnliche Fische von Ambon" kopierte (vgl. Ill. 20).
Dessins des poissons copiés par Prévost à partir des « Poissons peu communs d'Amboine », de Valentijn (cf. ill. 20).
Seattle, WA, T. W. Pietsch collection

Wahrscheinlich nicht, denn alle drei Werke erschienen nahezu zeitgleich, und jeder Autor dürfte um Geheimhaltung bemüht gewesen sein, um von den Konkurrenten nicht ausgestochen zu werden. Dennoch spricht nichts wirklich Greifbares dafür oder dagegen, zumindest keine speziellen Detailinformationen oder ähnlichen Wendungen. Wenn Rondelet indes schreibt, seine Darstellung eines bestimmten Fisches sei „ein echtes Porträt, nicht das von anderen gezeichnete Porträt, das eher ein der Phantasie entsprungenes Monstrum zeigt denn einen Fisch", dann konnte er einfach die prachtvolleren Illustrationen von Salviani nicht gekannt haben.

Nicht unerwähnt bleiben sollte die experimentelle Natur von Rondelets Methoden. So etwa finden wir bei ihm das erste schriftliche Zeugnis jener merkwürdigen Technik, aus einem frisch gefangenen Seeteufel, dem „angelnden Frosch" der Alten (aus der Gattung *Lophius*), eine „Laterne" anzufertigen. Nachdem man Magen und sämtliche Eingeweide durch das Maul entfernt hat, wird der hohle Körper so stark gespannt, dass er nahezu transparent ist; die getrocknete Hülle kann dann als Laterne dienen, indem man eine Kerze hineinstellt. Das Ergebnis dieser Operation war, wie er schreibt, ein grausiges Spektakel, bei dem sich dieser Fisch seines Namens würdig erweist und sich in all seiner Widerwärtigkeit präsentiert. Auch wenn dieser Kunstgriff zu Rondelets Zeit anscheinend weit verbreitet war, vielleicht ebenso wie heute die Kürbislaternen zu Halloween, wird er im Schrifttum kaum erwähnt. Eine seltene Ausnahme ist die Beschreibung von *Lophius piscatorius* in Francis Days *Fishes of Great Britain and Ireland* (1880): „Man nannte ihn *diable-de-mer* [Seeteufel]; wird seine Haut durchscheinend gemacht und durch ein hineingestelltes Licht zum Leuchten gebracht, so diente er oftmals dazu, Menschen von nicht übermäßiger Intelligenz eine Erscheinung vorzuspiegeln."

Während die drei bedeutenden Ichthyologen emsig daran arbeiteten, ihre Manuskripte druckreif zu machen – Belon in Paris, Salviani in Rom und Rondelet in Montpellier –, arbeitete Conrad Gessner ebenfalls ganz im Geiste der Renaissance in Zürich an der monumentalen Aufgabe, das gesamte damalige Wissen über Tiere in einer Reihe von Folianten zu vereinigen (Abb. 36). Von Georges Cuvier als kenntnisreichster Naturforscher des 16. Jahrhunderts bezeichnet, wurde der Deutschschweizer Gessner 1516 in Zürich geboren. In Basel 1541 zum Doktor der Medizin promoviert, ließ er sich kurz darauf in seiner Heimatstadt als Arzt nieder, wo die Stadtoberen bald auf ihn aufmerksam wurden. Im Jahr 1554 wurde Gessner zum Stadtarzt und Professor für Philosophie und Naturgeschichte ernannt; die mit diesen Titeln verbundenen Finanzmittel ermöglichten es ihm, ganz Europa auf der Suche nach Naturalien zu bereisen. Nachdem er 1554 die Beulenpest abwehren konnte, fiel er 1565 im Alter von 49 Jahren der zweiten Pestwelle zum Opfer.

piscium effigies expressae sunt (« Livres sur les poissons de mer, où sont représentées les vraies figures des poissons »), imprimé à Lyon en 1554. Divisées en dix-huit sous-chapitres, les quatre premières parties abordent l'anatomie des poissons, externe et interne, hélas sans la moindre illustration. Les trois dernières parties concernent toutes ces créatures aquatiques que l'époque tenait pour des poissons : crevettes et crabes, calamars et poulpes, tortues et mammifères marins, sans oublier divers monstres des mers parmi lesquels des spécimens aussi drolatiques que le « Du monstre marin en habit de Moine » (ill. 30). Les parties 5 à 15 traitent des poissons proprement dits – descriptions et représentations de toutes les espèces connues de Rondelet, soit 244 au total. Le titre du livre n'annonçait que des « poissons de mer », mais 47 espèces d'eau douce sont également présentes, voisinant avec 197 formes marines, pour la plupart d'origine méditerranéenne.

Le deuxième essai de Rondelet sur les poissons, presque toujours relié au premier et d'ailleurs considéré comme son tome 2, est l'*Universae aquatilium historiae pars altera, cum veris ipsorum imaginibus* (« Histoire entière des poissons, second livre, avec leurs vrais portraits »), également publié à Lyon, en 1555 (ill. 31). Il est lui aussi divisé en deux parties, dont trois sont dédiées aux poissons d'eau douce (lacs, rivières, marais). Quelques poissons de mer, dont un hippocampe, sont dispersés au hasard des autres parties, et divers animaux aquatiques d'autres espèces sont mélangés aux poissons : grenouilles, serpent d'eau, tortue, salamandre, lézard, crocodile et même castor. Si l'on s'en tient aux authentiques poissons, l'ouvrage en décrit près de soixante, dont cinquante illustrés. Parmi eux, une carpe à grosse tête ou nez plat, qui marque la première publication de cette singulière difformité (ill. 32). Rondelet intégra dans ses descriptions la quasi-totalité de ce que Belon et Salviani avaient déjà mentionné. Il n'en parvint pas moins à ajouter une matière considérable, certainement fondée sur son examen personnel des spécimens, et sur leur dissection. On ignore s'il avait eu accès aux ouvrages de Belon et de Salviani, ou au moins aux notes et manuscrits rédigés avant publication. Mais c'est peu plausible, car chaque auteur, afin d'échapper aux critiques de ses confrères, s'efforça probablement de préserver la confidentialité de travaux prévus pour être publiés presque simultanément. Nous ne disposons certes pas de preuve tangible à ce propos ; ce qui est sûr, c'est qu'il n'existe pas, dans le texte de Rondelet, de fragments spécifiques ni de phrases similaires qui puissent suggérer une telle influence. Au contraire, quand il assure que son dessin de tel poisson particulier « est un vrai portrait, pas le portrait que d'autres ont réalisé pour montrer un monstre imaginaire emprunté à la fantaisie plus qu'à un poisson », on comprend que Rondelet ne devait certainement pas avoir eu connaissance des illustrations, bien plus belles, réalisées par Salviani.

ILL. 24
Portrait of Georges Cuvier (1769–1832), best known for his work in comparative anatomy, zoological classification, and ichthyology. In the monumental *Histoire naturelle des poissons*, he and his pupil Achille Valenciennes (1794–1865) summarised nearly all that was known about fishes up to that time.
Porträt von Georges Cuvier (1769–1832), der vor allem bekannt ist für seine Arbeiten zur vergleichenden Anatomie, zoologischen Systematik und Fischkunde. Gemeinsam mit seinem Schüler Achille Valenciennes (1794–1865) fasste er in seiner *Histoire naturelle des poissons* nahezu das gesamte fischkundliche Wissen seiner Zeit zusammen.
Portrait de Georges Cuvier (1769–1832), célèbre pour ses travaux sur l'anatomie comparée, la classification zoologique et l'ichtyologie. Dans sa monumentale *Histoire naturelle des poissons*, il a inventorié, aidé de son élève Achille Valenciennes (1794–1865), à peu près tout ce qu'il était possible de connaître des poissons à cette époque.
PARIS, MUSÉUM NATIONAL D'HISTOIRE NATURELLE, BIBLIOTHÈQUE CENTRALE

ILL. 25
Pierre Belon: *Histoire naturelle des estranges poissons marins*, 1551
Portrait of Pierre Belon (1517–1564), who published the earliest printed work devoted to fishes.
Porträt von Pierre Belon (1517–1564), der das älteste gedruckte Buch zum Thema Fische veröffentlichte.
Portrait de Pierre Belon (1517–1564), qui a publié le travail imprimé le plus ancien jamais consacré aux poissons.
GÖTTINGEN, NIEDERSÄCHSISCHE STAATS- UND UNIVERSITÄTSBIBLIOTHEK

of preparing a "lantern" from a freshly caught specimen of the monkfish or "fishing frog" of the ancients (species of the genus *Lophius*). By removing the stomach and all of the viscera through the mouth, and stretching the body cavity so much that it becomes thinner and almost transparent, the dried shell can then be made to serve as a lantern by putting a candle inside. The result of this operation was, as he says, a horrific spectacle, in which the animal appears in all its foul and loathsome aspects – no wonder the Italians named the fish the "Devil of the Sea". Although this trick seems to have been common back in Rondelet's time, perhaps as common as jack-o-lanterns being made from pumpkins today, there are few references to it in the literature. One notable exception is found in a description of *Lophius piscatorius* published in 1880 by Francis Day in his *Fishes of Great Britain and Ireland*: "It received the name of *diable-de-mer*, while its skin prepared so as to be transparent, and made luminous by a light placed in its interior, has frequently served to make people of not over strong intellects believe that they have seen apparitions."

While these three great ichthyologists were busy preparing their manuscripts for publication – Belon in Paris, Salviani in Rome, and Rondelet in Montpellier – another product of the Renaissance, Conrad Gessner, was working in Zurich on the monumental task of bringing together in a series of folio volumes all that was then known about animals (ill. 36). Described by Georges Cuvier as the most knowledgeable naturalist of the sixteenth century, Gessner was of German-Swiss parentage, born in Zurich in 1516. He earned a medical degree in Basel in 1541 and shortly afterwards set up practice in his native city, where he soon attracted the attention of the local magistrates. In 1554, he was appointed city physician and professor of philosophy and natural history, titles and financial resources that paved the way for ample travel throughout Europe in search of specimens. Having successfully fought off the bubonic plague of 1554, he succumbed to the second coming of the pestilence in 1565, dying at the age of 49.

Gessner was another one of those intelligent and intense individuals who got a lot done in an extremely short period of time. In addition to several dozen books on virtually all aspects of human knowledge – including the *Bibliotheca universalis* (1545–1555), a large compendium of medical and literary works, said to be the starting point of bibliography; and his *Mithridates* (1555), in 21 books, which laid the foundation for comparative linguistics and modern philology – he compiled the first illustrated work covering the entire animal kingdom, his *Historia animalium*. Published in Zurich from 1551 to 1587, the five parts of this opus, bound in four great folio volumes, comprise a total of some 4,500 pages, illustrated with hundreds of woodcuts, albeit mostly copied from earlier publications. This gigantic effort became so widely popular that it was frequently

Gessner war eine jener intelligenten, tatkräftigen Persönlichkeiten, die in extrem kurzer Zeit viel erreichten. Er verfasste einige Dutzend Bücher über nahezu sämtliche Wissensgebiete, so etwa die *Bibliotheca universalis* (1545–1555), ein umfassendes Kompendium medizinischer und literarischer Schriften, das als Ausgangswerk der Bibliographie gilt. Sein *Mithridates* (1555, 21 Bde.) bildet das Fundament der vergleichenden Linguistik und der modernen Philologie. Vor allem aber kompilierte er mit seiner *Historia animalium* das erste illustrierte Werk, welches das gesamte Tierreich behandelt. Das fünfteilige, in vier Folianten zusammengefasste und zwischen 1551 und 1587 in Zürich erschienene Opus enthält rund 4500 Seiten mit hunderten von Holzschnitten, die indes meist aus älteren Schriften kopiert sind. Das Riesenwerk stieß auf derart große Resonanz, dass zahlreiche Übersetzungen erschienen und verschiedene Teile noch lange nach Gessners Tod in vollständiger oder gekürzter Fassung nachgedruckt wurden. Letztlich machte die schiere Breite und Tiefe dieses Unternehmens Gessner bis in die erste Hälfte des 18. Jahrhunderts hinein zur führenden Autorität für Wirbeltiere.

Der 1558 erschienene vierte Teil von Gessners *Historia animalium* trägt den Titel *De Piscium et Aquatilium animantium natura* („Von der Natur der Fische und Wassergeschöpfe"); seine 1297 Seiten sind mit über 900 Holzschnitten illustriert (Abb. 35). Die Schilderungen der Fische und anderen Wassertiere (wie Krebstiere, Weichtiere, Wale und generell alles im Wasser lebende Getier) sind nach den latinisierten Namen alphabetisch geordnet und folgen wie in einer Enzyklopädie einem stets gleichen Schema aus sieben oder acht Untertiteln: Synonyme, Verbreitung, Körpermerkmale, Verhalten, Verwendung als Nahrung und Arznei etc. Gessner greift auf Belon, Salviani und Rondelet zurück, zitiert jedoch auch sämtliche bekannten älteren Autoren; insgesamt konsultierte er mehr als 250 Werke und beruft sich auf Briefwechsel mit – wie es heißt – jedem Naturhistoriker in Europa. Seine Illustrationen sind recht gut – klar, markant und weitgehend akkurat. Die meisten sind, wie bereits erwähnt, anderen Werken entnommen, doch viele andere sind neu und stammen angeblich von Gessner selbst oder wurden unter seiner Aufsicht geschaffen.

Ein weiterer Enzyklopädist, Zeitgenosse Gessners und der drei Ichthyologen, dessen Publikationen jedoch etwas später erschienen (meist postum), ist Ulisse Aldrovandi. Im Jahr 1522 in Bologna als Spross eines bis heute existierenden Adelsgeschlechts geboren, erbte Aldrovandi ein beträchtliches Vermögen. So konnte er eine riesige Sammlung von Pflanzen, Tieren, Fossilien und Mineralien aufbauen, Grundlage einer noch umfassenderen Naturgeschichte als die Gessners. In den Jahren 1548 und 1549 studierte er Philosophie, Medizin und Mathematik in Padua, später auch Rechtswissenschaften, Logik

Par ailleurs, le caractère expérimental des méthodes de Rondelet vaut d'être souligné. Il est par exemple le premier à avoir décrit sur le papier la curieuse technique de la préparation d'une « lanterne » à partir d'un spécimen de baudroie (famille des *Lophius*) fraîchement pêché. L'on retirait l'estomac et l'ensemble des viscères par la bouche, et tendait le corps évidé jusqu'à le rendre presque transparent ; l'enveloppe ainsi produite, une fois séchée, pouvait accueillir une bougie et servir de lanterne. Le résultat de l'opération était, à l'en croire, un horrible spectacle où le poisson apparaissait sous son jour le plus répugnant. Rien d'étonnant à ce que les Italiens nomment la baudroie « diable de mer ». Quoique ce jeu fût apparemment banal du temps de Rondelet, peut-être aussi commun que les citrouilles creuses de notre Halloween, la littérature y fait peu référence. Une exception notable : la description d'un *Lophius piscatorius* publiée en 1880 par Francis Day dans son *Poissons de Grande-Bretagne et d'Irlande* : « On lui donna le nom de *diable-de-mer*, car sa peau, préparée de façon à être transparente, et rendue lumineuse par une bougie placée à l'intérieur, a souvent servi aux gens de faible intelligence à imaginer qu'ils avaient été les témoins d'apparitions. »

Pendant que ces trois grands ichtyologistes s'activaient à préparer leurs manuscrits avant publication – Belon à Paris, Salviani à Rome, Rondelet à Montpellier –, un autre naturaliste de la Renaissance, Conrad Gessner, travaillait à un projet gigantesque : réunir en une série de volumes in-folio tout ce qu'on savait alors du règne animal (ill. 36). Décrit par Georges Cuvier comme le mieux informé des naturalistes du XVIe siècle, Gessner était d'origine germano-helvétique. Né à Zurich en 1516, il obtint son diplôme de médecine à Bâle en 1541 et s'installa peu après dans sa cité natale, où il attira vite l'attention des édiles. En 1554, il fut nommé médecin de la ville et professeur de philosophie et d'histoire naturelle, titres et revenus qui favorisèrent ses nombreux voyages à travers l'Europe, en quête de spécimens. Après avoir résisté à une vague de peste en 1554, il succomba à une deuxième épidémie en 1565. Il avait 49 ans.

Gessner était de ces personnalités intenses et brillantes qui accomplissent beaucoup en très peu de temps. Outre plusieurs dizaines d'ouvrages qui embrassent à peu près tous les aspects de la connaissance humaine – dont la *Bibliotheca universalis* (1545–1555), une importante somme de travaux médicaux et littéraires, considérée comme le point de départ de la bibliographie –, il faut aussi citer son *Mithridates* (1555), vingt et un volumes qui posèrent les fondations de la linguistique et de la philologie moderne. Il réalisa également, on l'a vu, le premier recueil illustré répertoriant l'intégralité de la faune connue, *Historia animalium*. Publiés à Zurich de 1551 à 1587, les cinq chapitres de cette œuvre reliée en quatre grands volumes in-folio comptaient quelque

DES POISSONS MARINS. 20

La peincture du Serpent de mer.

Que le nom de Marsouin ne signifie sinon Porceau de mer, & que le Porc marin ne soit pas le poisson que nous appellõs Marsouin. Chap. XXXII.

POurce que i'auoye au parauant escrit, que ce mot Marsouin rendu en nostre lãgue, ne signifie autre chose qu'vn Porc marin, & qu'il y auoit d'autres poissons en la mer ausquels il conuenoit, il m'a semblé necessaire d'en bailler la peincture, en prouue de ce que i'en ay desia dict. Mais le nom de Porc marin n'ha pas esté constant & arresté a vn seul poisson: car plusieurs ont obtenu ce nom selon diuerses regions: comme est aduenu a Constãtinoble en nommant l'Hippopotamus, que les vns nõmoyẽt le Porc marin, les autres le Bœuf marin. Semblablemẽt Nicander escrit au liures des lãgues, que le Congre, & celuy qu'ils nõmoyẽt Grillus, c'est a dire vne Lotte de mer, estoit appellé Porc marin. Ie le puys aussi prouuer, par ce que Pline a escript du *Mario*, disant ces mots *In Danubio Mario extrahitur, porculo marino simillimus.* Les Veniciẽs

ILL. 26
Pierre Belon: ***Histoire naturelle des estranges poissons marins***, 1551
Sea serpent
Meeresschlange
Serpent de mer
GÖTTINGEN, NIEDERSÄCHSISCHE STAATS- UND UNIVERSITÄTSBIBLIOTHEK

ILL. 27 (RIGHT/RECHTS/À DROITE)
Pierre Belon: ***De aquatilibus***, 1553
The hooked jaws of an Atlantic salmon, *Salmo salar*
Hakenkiefer des Atlantischen Lachses, *Salmo salar*
Les mâchoires crochues d'un saumon de l'Atlantique, *Salmo salar*
GÖTTINGEN, NIEDERSÄCHSISCHE STAATS- UND UNIVERSITÄTSBIBLIOTHEK

translated into other languages and various parts of it were often reprinted in full or in abridged form long after Gessner's death. Overall, the shear breadth and depth of this undertaking made Gessner the chief authority on all vertebrate animals during the rest of the sixteenth and seventeenth centuries, and even into the first half of the eighteenth century.

Part four of Gessner's *Historia animalium*, bearing the title *De Piscium et Aquatilium animantium natura* ("The nature of fishes and aquatic animals") and published in 1558, is itself composed of 1,297 pages and illustrated with over 900 woodcuts (ill. 35). The accounts of fishes and other aquatic animals (including crustaceans, molluscs, cetaceans, and, in general, everything that lives in water) are arranged alphabetically according to their Latinised names, and information about each is given in a precise series of seven or eight subheadings – synonymy, distribution, physical characteristics, behaviour, use as food and medicine, etc. – in true encyclopedic style. While incorporating the information provided by Belon, Salviani, and Rondelet, he quoted as well from all known authors before him, consulting more than 250 works and including correspondence from, it is said, every student of natural history in Europe. His illustrations are quite good – clean, crisp, and for the most part accurate. Most are copied from other works, as mentioned above, but many are new, all drawn, we are told, by either Gessner himself or by an artist under his personal supervision.

Another encyclopedist, a contemporary of Gessner's and the three Renaissance ichthyologists, but whose publications appeared somewhat later, most of them posthumously, is Ulisse Aldrovandi. Born at Bologna in 1522 to a noble family that survives today, Aldrovandi inherited a large fortune, which he used to amass a huge collection of specimens of plants, animals, fossils, and minerals that formed the basis of a natural history even larger than that envisaged by Gessner. During the years 1548 and 1549, he studied philosophy, medicine, and mathematics at Padua, and latter took up law, logic, and the humanities at the University of Bologna, where he graduated as a Doctor of Physic in 1553. In the following year, he was appointed professor of philosophy and logic, and became a lecturer in botany, titles that eventually culminated in a professorship in natural history at the University of Bologna, a position he held until his death in 1605 at the age of 83.

In an autobiography, written in 1586 when he was 64, Aldrovandi wrote that since his early school days he had kept in mind an ancient Greek saying: "Nothing is sweeter than to know all things." Accordingly, and beginning as early as 1550, he devised a plan to publish a gigantic encyclopedia of natural history that would contain a record of all known observations previously made, plus his own first-hand knowledge, and that was to be assembled by an army of correspondents and a large research staff. For the illustrations, he

und Klassische Philologie an der Universität Bologna, wo er 1553 zum Doktor der Arzneikunde promoviert wurde. Im Jahr darauf wurde er zum Professor für Philosophie und Logik und Dozenten für Botanik ernannt, schließlich zum Professor für Naturgeschichte an der Universität Bologna, eine Stellung, die er bis zu seinem Tod 1605 im Alter von 83 Jahren bekleidete.

In seiner 1586 mit 64 Jahren verfassten Autobiographie schreibt Aldrovandi, dass er seit seiner frühen Schulzeit ein altes griechisches Sprichwort beherzige: „Nichts ist süßer, als alle Dinge zu kennen." So plante er bereits ab 1550 eine gigantische naturhistorische Enzyklopädie, die neben allen bekannten früheren Beobachtungen auch sein eigenes, aus erster Hand erworbenes und das von einem Heer von Korrespondenten und zahllosen Hilfskräften zusammengetragene Wissen enthalten sollte. Für die Illustrationen habe ein Maler ganze 30 Jahre lang in seinen Diensten gestanden. Neben weiteren Malern gab es noch ein Team von Zeichnern und Kupferstechern, die allesamt unter seiner peniblen Aufsicht arbeiteten. Endergebnis waren 13 prächtige Folianten mit tausenden von Holzschnitten, die zwischen 1599 und 1688 in Bologna erschienen. Leider erlebte Aldrovandi nur noch die ersten vier Bände, drei über Vögel (1599–1603) und einen über Insekten (1602). Der fünfte, die Fische und Wale behandelnde Band *De piscibus libri V, et de cetis liber unus* erschien erst 1613 und wurde in Teilen anhand von Aldrovandis Aufzeichnungen von dessen Nachfolger an der Universität Bologna, Johannes Cornelius Uterverius, verfasst, unter Mithilfe von Hieronymus Tamburinus. Der den Fischen geltende Teil umfasst 668 Seiten, mit hunderten von Illustra-

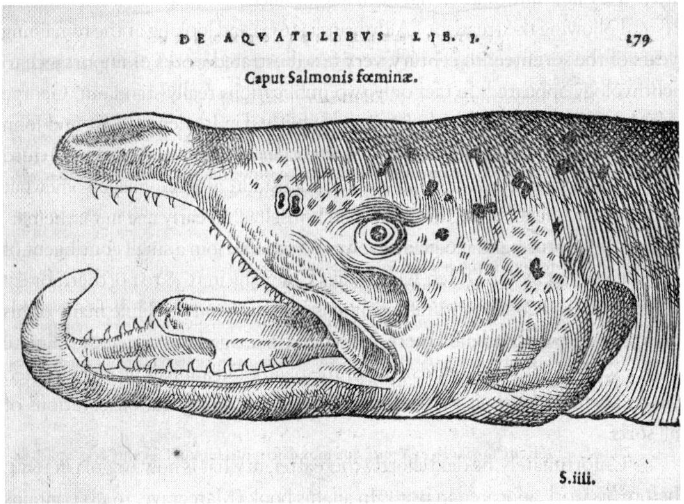

4500 pages, illustrées par des centaines de gravures sur bois, copiées pour la plupart à partir de publications antérieures. Ce travail colossal eut tant de succès qu'il fut souvent traduit dans d'autres langues. Plusieurs chapitres en ont été régulièrement réimprimés, en entier ou sous une forme abrégée, longtemps après la mort de Gessner. Dans l'ensemble, l'ampleur et la profondeur inégalées de son entreprise lui conférèrent une autorité capitale en matière d'animaux vertébrés, de la fin du XVIe siècle à la première moitié du XVIIIe.

Le quatrième chapitre de son *Historia animalium*, intitulé *De Piscium et Aquatilium animantium natura* (« Nature des poissons et animaux aquatiques »), publié en 1558, est composé de 1297 pages et illustré par plus de 900 gravures sur bois (ill. 35). Les notices de poissons, de crustacés, de mollusques, de cétacés, et, globalement, de tout ce qui vit dans l'eau, sont disposées dans l'ordre alphabétique en vertu de leur nom latinisé. L'information relative à chaque espèce est assurée par plusieurs notices précises – synonymie, répartition, caractéristiques physiques, comportements, alimentation et usage médicinal, etc. – dans le plus pur style encyclopédique. Gessner incorpora les articles de Belon, de Salviani et de Rondelet et emprunta également à tous les auteurs qui l'avaient précédé, consultant en l'espèce plus de 250 travaux. Il inséra aussi des notices envoyées, assurait-il, par tous les étudiants en histoire naturelle du continent européen. Ses illustrations sont généralement réussies – léchées, vives et dans leur majorité exactes. Pour la plupart, nous l'avons vu, elles furent copiées à partir de travaux antérieurs, mais il en est beaucoup d'inédites, toutes dessinées, nous est-il dit, par Gessner lui-même ou par un artiste dont il supervisa le travail.

Ulissi Aldrovandi appartient lui aussi à la famille des encyclopédistes, contemporain de Gessner et des trois ichtyologistes de la Renaissance. Dans leur ensemble, ses travaux ne furent publiés qu'un peu plus tard, après sa mort en 1605. Né à Bologne en 1522 dans une famille d'aristocrates, Aldrovandi hérita d'une fortune importante dont il usa pour se constituer une immense collection de spécimens de végétaux, d'animaux, de fossiles et de minéraux qui formèrent les bases d'une histoire naturelle encore plus vaste que celle que Gessner avait entreprise. Au cours des années 1548 et 1549, il étudia la philosophie, la médecine et les mathématiques à Padoue, avant de se lancer dans le droit, la logique et les humanités à l'université de Bologne où il sera nommé docteur en physique en 1553. Désigné professeur de philosophie et de logique l'année suivante, il obtint la chaire de botanique en 1560, distinctions parachevées par un professorat d'histoire naturelle à l'université de Bologne, position qu'il conserva jusqu'à sa mort à 83 ans.

Dans une autobiographie datée de 1586, Aldrovandi confia que jeune écolier déjà, et tout au long de sa vie, il avait gardé à l'esprit un adage grec selon

Ill. 30 (right/rechts/à droite)
Guillaume Rondelet: *Histoire entière des poissons*, French edition of 1558
Page 361 from book XVI
"Sea monster in monk's habit"
„Vom Meeresungeheuer im Mönchsgewand"
« Du monstre marin en habit de Moine »
Göttingen, Niedersächsische Staats- und Universitätsbibliothek

Ill. 28
Ippolito Salviani: *Aquatilium animalium historiae*, 1554–1558
Frontispiece
Washington, D.C., The Library of Congress

Ill. 29
Guillaume Rondelet: *Histoire entière des poissons*, French edition of 1558
Portrait of Guillaume Rondelet (1507–1566)
Portrait von Guillaume Rondelet (1507–1566)
Portrait de Guillaume Rondelet (1507–1566)
Göttingen, Niedersächsische Staats- und Universitätsbibliothek

maintained that he employed one painter for thirty years. There were other artists as well, and a crew of draftsmen and engravers, all of whom worked under his careful supervision. The final result was a series of 13 sumptuous folio volumes, with thousands of woodcut illustrations, published in Bologna from 1599 to 1688. Unfortunately, Aldrovandi lived to see only the first four volumes, namely, three on birds (1599–1603) and one on insects (1602). The fifth volume, *De piscibus libri V, et de cetis liber unus*, on fishes and cetaceans, was not published until 1613, prepared in part from Aldrovandi's notes by his successor at the University of Bologna, Johannes Cornelius Uterverius, and assisted by Hieronymus Tamburinus. The part of this volume that is devoted to fishes consists of 668 pages and includes hundreds of illustrations, many of them borrowed from earlier works, but some new ones not seen before, all roughly engraved on wood (ill. 33). In speaking with specific reference to his contributions to ichthyology, Cuvier was not very kind to Aldrovandi, claiming that he hardly did anything but abridge the work of Gessner. Yet *De piscibus et de cetis* proved to be a popular treatise, reprinted many times – at least ten editions were produced from 1613 to 1644.

Incredibly, within a span of six decades, these five enlightened naturalists of the Renaissance – Belon, Salviani, Rondelet, Gessner, and Aldrovandi – together produced a body of knowledge about fishes that was entirely new. Except for Aristotle's brief comments here and there, often repeated and corrupted by the various ancient Greek and Latin authors that followed, there was nothing before, and, at least with regard to Mediterranean species, very little truly new information has been added since.

Following the treatise of Aldrovandi (1613) and looking at the remaining years of the seventeenth century, very few illustrated works of importance to ichthyology appeared. In fact only two publications really stand out, George Marcgrave's *Historia naturalis Brasiliae*, published in Leiden in 1648, and John Ray and Francis Willughby's *De historia piscium*, which was issued in Oxford in 1686. Marcgrave was born in 1610 in Liebstadt, a small village somewhat south of Dresden. Having distinguished himself at an early age in mathematics, natural history, and medicine, he was selected to join a small contingent of naturalists sent by the Dutch West Indies Company in 1638 to northern Brazil to describe and collect natural specimens of that country. While many of his colleagues grew ill and died there, Marcgrave managed to survive the climate and described with great care many of the plants and animals he encountered there; at the same time, he made astronomical and physical observations of all sorts.

Unfortunately, he died shortly thereafter, in what is now Angola in 1644, before his work appeared in print. In all, his book (Marcgrave, 1648) contains

tionen, die vielfach älteren Werken entlehnt, bisweilen aber auch gänzlich neu sind, allesamt in Form grober Holzschnitte (Abb. 33). Sich speziell auf dessen Beitrag zur Ichthyologie beziehend, urteilte Cuvier nicht sehr freundlich über Aldrovandi, indem er behauptete, dieser habe kaum mehr getan, als Gessners Arbeit zusammenzufassen. Dennoch stieß *De piscibus et de cetis* auf große Resonanz und erlebte zahlreiche Auflagen – zwischen 1613 und 1644 mindestens zehn an der Zahl.

Innerhalb von nur sechs Jahrzehnten schufen diese fünf aufgeklärten Naturforscher der Renaissance – Belon, Salviani, Rondelet, Gessner und Aldrovandi – erstaunlicherweise einen völlig neuen fischkundlichen Wissens-

lequel « rien n'est plus doux que de savoir toutes choses ». En conséquence, et ce dès 1550, il élabora le plan d'une gigantesque encyclopédie d'histoire naturelle qui dresserait l'inventaire de toutes les observations effectuées avant elle, augmentées d'enseignements recueillis de première main. Ce projet devait être assemblé par une légion de correspondants et une solide équipe de recherche. Pour les illustrations, il déclara avoir employé un peintre pendant trente ans. De fait d'autres artistes, ainsi qu'un groupe de dessinateurs et de graveurs, œuvrèrent ensemble sous son attentive vigilance. Le résultat : un recueil de treize somptueux in-folios, comprenant des milliers d'illustrations gravées sur bois, publié à Bologne de 1599 à 1688. Malheureusement Aldrovandi ne survécut pas à la parution des quatre premiers volumes, dont trois s'attachaient aux oiseaux (1599–1603) et l'un aux insectes (1602). Le cinquième, *De piscibus libri V, et de cetis liber unus*, consacré aux poissons et aux cétacés, ne fut pas publié avant 1613, terminé d'après les notes d'Aldrovandi par son successeur à l'université de Bologne, Johannes Cornelius Uterverius, assisté de Hieronymus Tamburinus. La part de ce volume allouée aux poissons est constituée de 668 pages. Elle inclut des centaines d'illustrations, dont nombre empruntées à des travaux antérieurs, et certaines inédites, toutes grossièrement gravées sur bois (ill. 33). Cuvier n'est pas très tendre lorsqu'il évoque la contribution d'Aldrovandi à l'ichtyologie. Il lui reproche de s'être contenté d'utiliser en l'abrégeant le travail de Gessner. Cela n'empêcha pas *De piscibus et de cetis* de rencontrer le succès et d'être réimprimé à maintes reprises – au moins dix fois entre 1613 et 1644.

Cela semble incroyable, mais en l'espace de six décennies, ces cinq naturalistes de la Renaissance – Belon, Salviani, Rondelet, Gessner et Aldrovandi – réussirent à produire ensemble, sur le thème des poissons, un corpus de connaissances entièrement neuf. A l'exception des brèves remarques d'Aristote ça et là, souvent répétées et altérées par les divers auteurs grecs et latins qui suivirent, rien d'approchant n'existait auparavant. Et depuis, en tout cas pour ce qui concerne les espèces de la Méditerranée, fort peu d'informations nouvelles ont pu lui être ajoutées. Après Aldrovandi et son traité (1613), si l'on s'en tient au reste du XVIIe siècle, on ne vit guère apparaître de travaux illustrés franchement significatifs pour l'ichtyologie. En vérité, deux seules publications se dégagent : l'*Historia naturalis Brasiliae* de George Marcgrave, éditée à Leyde (Pays-Bas) en 1648, et *De historia piscium*, de John Ray et Francis Willughby, publié à Oxford en 1686. Marcgrave naquit en 1610 à Liebstadt, un petit village de Saxe à proximité de Dresde. Précocement distingué pour ses aptitudes en mathématiques, en histoire naturelle et en médecine, il fut choisi pour rejoindre en 1638 un petit contingent de naturalistes envoyés au nord du Brésil par la Compagnie néerlandaise des Indes occidentales, afin d'y décrire et d'y recueillir des spécimens naturels locaux. Alors que nombre de ses collè-

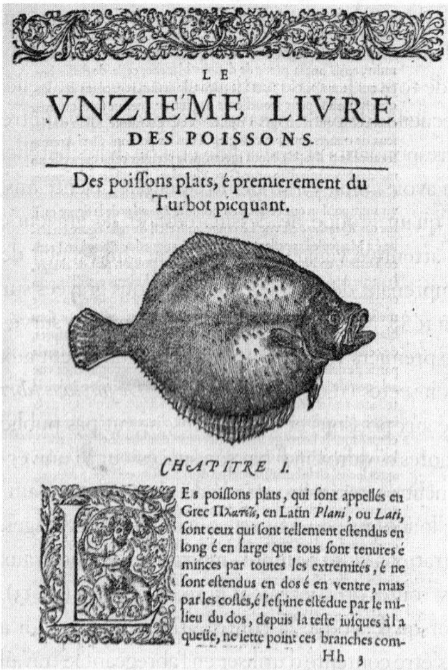

LE

VNZIEME LIVRE

DES POISSONS.

Des poiſſons plats, é premierement du Turbot picquant.

CHAPITRE I.

Es poiſſons plats, qui ſont appellés en Grec Πλατεῖς, en Latin *Plani*, ou *Lati*, ſont ceux qui ſont tellement eſtendus en long é en large que tous ſont tenures é minces par toutes les extremités, é ne ſont eſtendus en dos é en ventre, mais par les coſtés, é l'eſpine eſtẽdue par le milieu du dos, depuis la teſte iuſques à la queüe, ne iette point ces branches com-

Hh 3

Ill. 31
Guillaume Rondelet: ***Histoire entière des poissons***, French edition of 1558
Introductory page of book XI
On flat fish
Des poissons plats
Über Plattfische
Göttingen, Niedersächsische Staats- und Universitätsbibliothek

accounts of about 100 species of fishes, nearly all new to science at the time. For the most part, the descriptions are much better than those of authors that had come before him, and the drawings can be easily identified despite the fact that they are simple woodcuts (ill. 34).

Of Ray and Willughby, Cuvier (1828) wrote that they were "the first to write an ichthyology in which the fishes were clearly described according to nature and classified according to characteristics drawn only from their structure, and in which their natural history was finally rid of all passages from ancient writings – accounts repeated so arbitrarily about the various species by authors in the sixteenth century, so many of which are patently unlikely or unintelligible." Although the title page of *De historia piscium* bears only Willughby's name, compelling evidence indicates that Ray played a major role in its production. Altogether they recognised 420 species, 178 of which they personally examined and described from nature; accounts of the remaining species were taken from the works of earlier authors, making most use of Rondelet and Marcgrave. The illustrations for the book were likewise primarily taken from earlier publications, largely those of Salviani, Rondelet, Marcgrave, and a few other ichthyologists, but a number of them also appear here for the first time.

Thus, with the close of the seventeenth century, marked by not much more than the major contribution of Ray and Willughby (1686), the foundation was laid for the modern classification of fishes. This, indeed, was all of ichthyological significance that was available before Samuel Fallours began his task of recording the fishes of Ambon. His presence came too early to benefit from the great landmark systematic work of Peter Artedi (1738) and the binomial nomenclature of Carl Linnaeus (1758) that soon followed. But isolated as he was on this tiny island, in territory far from Europe, where books were scarce and enlightened thought not yet widespread, it is highly unlikely that he had access to the published works of the Renaissance ichthyologists and of Marcgrave, and Ray and Willughby. It is true that many of the better educated among those of the East India Company stationed far from home took books with them and it is certainly possible that Fallours had access to the works on fishes described above. But knowing full well Fallours's tendency to make multiple copies of drawings, surely we would find examples in his manuscripts of drawings borrowed from others. The fact that we do not, tells us that Fallours worked alone and that his art is entirely original, except for those few drawings he copied from Isaac Johannes Lamotius.

Despite how much we praise Fallours's work today, posterity has not been kind to his drawings as they appear published in Louis Renard's fish book. Very few nineteenth- and twentieth-century authors have had anything

fundus. Mit Ausnahme von Aristoteles' knappen und verstreuten Kommentaren, die von den späteren griechischen und lateinischen Autoren oftmals wiederholt und verfälscht wurden, hatte es vorher einfach nichts gegeben, und zumindest hinsichtlich der mediterranen Spezies waren seitdem nur sehr wenige wirklich neue Informationen hinzugekommen.

Nach Aldrovandis Monographie (1613) erschienen im 17. Jahrhundert nur sehr wenige bedeutende illustrierte Werke zur Ichthyologie. Eigentlich ragen nur zwei Publikationen heraus: Georg Markgrafs *Historia naturalis Brasiliae* (Leiden 1648) und *De historia piscium* (Oxford 1686) von John Ray und Francis Willughby. Markgraf wurde 1610 in Liebstadt, einer kleinen Stadt südlich von Dresden, geboren. Nachdem er sich bereits in jungen Jahren in Mathematik, Naturgeschichte und Medizin ausgezeichnet hatte, wurde er als Mitglied einer kleinen Gruppe von Naturforschern ausgewählt, die 1638 von der Niederländischen Westindienkompanie in den Norden Brasiliens entsandt wurde. Während zahlreiche seiner Kollegen dort erkrankten und den Tod fanden, trotzte Markgraf dem ungesunden Klima und leistete eine penible Beschreibung zahlreicher einheimischer Pflanzen und Tiere; daneben stellte er die unterschiedlichsten astronomischen und physikalischen Beobachtungen an.

Bedauerlicherweise starb er nur kurz darauf, 1644, auf einer Reise im heutigen Angola, noch bevor sein Werk gedruckt wurde. In seinem Buch (1648) schildert Markgraf rund 100 Fischarten, die der Wissenschaft damals fast allesamt unbekannt waren. Die meisten Beschreibungen übertreffen die der älteren Autoren, und die Zeichnungen gestatten eine problemlose Identifizierung, obwohl es sich nur um schlichte Holzschnitte handelt (Abb. 34).

Über Ray und Willughby schrieb Cuvier (1828), sie seien „die ersten Verfasser einer Fischkunde, in der die Fische gemäß der Natur deutlich beschrieben und nach Merkmalen klassifiziert werden, die allein aus ihrem Körperbau abgeleitet sind und in der ihre Naturgeschichte endlich von sämtlichen Passagen aus alten Schriften bereinigt ist – von Schilderungen der einzelnen Spezies, die von den Autoren des 16. Jahrhunderts überaus willkürlich wiederholt wurden und von denen so viele offenkundig unwahrscheinlich oder unverständlich sind." Obgleich das Titelblatt von *De historia piscium* allein Willughbys Namen aufführt, spricht manches dafür, dass Ray maßgeblich an der Entstehung beteiligt war. Von den insgesamt 420 erfassten Spezies haben sie 178 persönlich untersucht und nach der Natur beschrieben; die Beschreibung der restlichen Arten wurde den Werken älterer Autoren entlehnt, vorwiegend Rondelet und Markgraf. Auch die Illustrationen entstammen hauptsächlich älteren Publikationen, speziell denen von Salviani, Rondelet, Markgraf und ein paar weiteren Ichthyologen, doch bei einigen handelt es sich um Erstveröffentlichungen.

gues tombaient malades et mouraient sur place, Marcgrave parvint à survivre au climat et décrivit avec un grand soin les nombreuses espèces végétales et animales qu'il rencontra ; dans le même temps, il se livrait aux observations astronomiques et physiques les plus variées.

Il trouva hélas la mort en 1644 lors d'une expédition en Afrique, sur le territoire de l'actuel Angola, avant que son travail ait été imprimé. Son ouvrage (Marcgrave, 1648) propose la fiche signalétique de près de cent espèces de poissons, presque toutes inconnues de la science d'alors. Les descriptions y sont en général très supérieures à celles des auteurs venus avant lui. Les dessins, pourtant de simples gravures sur bois, sont aisément identifiables (ill. 34).

A propos de Ray et de Willughby, Cuvier écrivit en 1828 qu'ils furent les premiers à proposer une ichtyologie « où les poissons fussent décrits clairement et sur nature, et distribués d'après des caractères tirés uniquement de leur conformation, où leur histoire enfin fût débarrassée de tous ces passages des Anciens, rapportés si arbitrairement aux diverses espèces par les auteurs du XVIe siècle, et dont un si grand nombre sont en eux-mêmes ou invraisemblables, ou inintelligibles ». Bien que la page de titre de *De historia piscium* affiche seulement le nom de Willughby, tout indique que Ray joua un rôle majeur dans sa réalisation. Les deux hommes ont identifié 420 espèces au total, dont 178 qu'ils examinèrent et décrivirent d'après nature ; les articles dédiés aux autres espèces furent empruntés à des travaux précédents, principalement ceux de Rondelet et de Marcgrave. Même procédure pour les illustrations, reproduites d'après des publications antérieures, surtout celles de Salviani, de Rondelet, de Marcgrave et de quelques autres ichtyologistes. Certaines, toutefois, sont inédites.

Ainsi, alors que s'achevait un XVIIe siècle sans apport marquant, sinon la contribution majeure de Ray et de Willughby (1686), les bases de la classification moderne des poissons étaient jetées. De fait il n'exista rien d'autre qui eût de réelle valeur ichtyologique jusqu'à ce que Samuel Fallours n'entame son grand inventaire des poissons de l'île d'Amboine. Une intervention trop précoce, toutefois, pour qu'il pût bénéficier du décisif travail de classification systématique bientôt mené par Peter Artedi (1738) et de la nomenclature binominale de Carl von Linné (1758). Mais isolé comme il l'était sur ce minuscule territoire éloigné de l'Europe, où les livres étaient aussi rares que les esprits éclairés, il est hautement douteux qu'il ait eu accès aux publications des ichtyologistes de la Renaissance, de Marcgrave ou de Ray et Willughby. Les expatriés les mieux instruits de la Compagnie des Indes orientales avaient certes emporté avec eux des livres, et il aurait été concevable, en théorie, que Fallours ait eu connaissance des travaux précédemment évoqués. Mais compte tenu de la propension de Fallours à multiplier les copies, nous devrions à l'évidence avoir trouvé dans ses manuscrits des exemples de dessins empruntés à

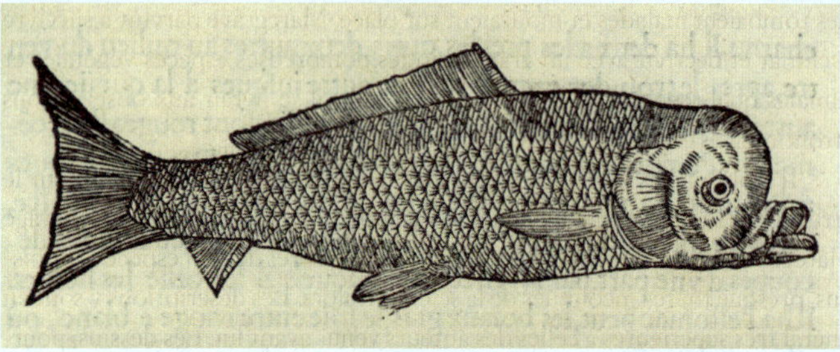

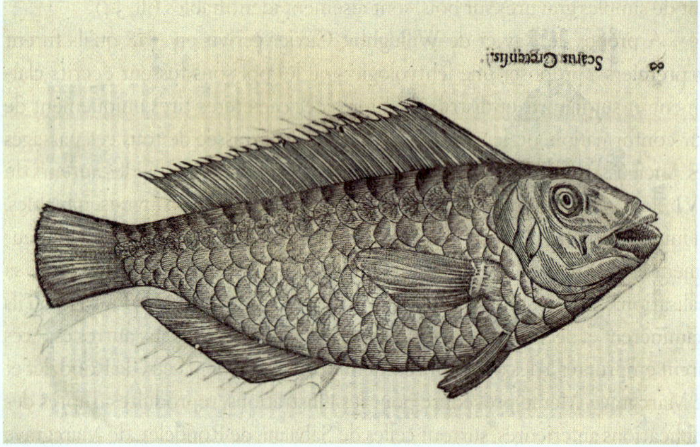

Ill. 32 (top/ganz oben/en haut)
Guillaume Rondelet: ***Histoire entière des poissons***, French edition of 1558, p. 111 (detail)
"De l'estrange espèce de Carpe"
A pug-nosed carp, the earliest published illustration of this abnormality.
Ein mopsköpfiger Karpfen, die älteste veröffentlichte Illustration dieser Missbildung.
La carpe à nez plat, première publication de cette difformité zoologique.
Göttingen, Niedersächsische Staats- und Universitätsbibliothek

Ill. 33 (above/oben/ci-dessus)
Guillaume Aldovrandi: *De piscibus libri V, et de cetis liber unus*, edition of 1638
"Scarus Cretensis"
A parrotfish
Papageifisch
Poisson-perroquet
Göttingen, Niedersächsische Staats- und Universitätsbibliothek

Ill. 34 (right/rechts/à droite)
George Marcgrave: ***Historia naturalis Brasiliae***, Leiden 1648, p. 176 (detail)
"Narinari", an Eagle Ray, genus Myliobatus (family Myliobatidae)
„Narinari", ein Adlerrochen der Gattung Myliobatis aus der Familie Myliobatidae
« Narinari », une raie aigle (de l'espèce: Myliobatis), de la famille des Myliobatidae
Göttingen, Niedersächsische Staats- und Universitätsbibliothek

good to say about their quality and scientific accuracy. An anonymous critic, writing for the *Göttingische Gelehrte Anzeigen* in 1815, described the "picture book of Indian fishes" published by Renard as "barely worth mentioning ...: the drawings are obviously made by unskilled hands, without the supervision of a knowledgeable person, and therefore without accurate observations of the characteristic parts of the animals; they are thrown on the paper with such neglect that they maintain at best only a minor scientific usefulness." Bashford Dean (1923), in his *Bibliography of Fishes*, wrote that Renard's book contains "crudely drawn and barbarously colored figures of ... East Indian Fishes. A few short and defective descriptions are found." Claus Nissen (1951) called the work inadmissible, insufficient, and often fantastic. And finally, in a more recent critique, Peter Dance (1978) concluded that "Renard, who showed how far it is possible to stray from ... the path of scientific rectitude ... may also be forgiven, for even though he utterly fails to instruct, it is a rare gift to be able to amuse."

It is true that Fallours's "curiosities" failed to make a large impact on the advancement of marine zoology; to summarise the quality of his work as a scientific contribution, it is safe to say that not one of his illustrations is a completely accurate representation of any living species. But to stop there would be is unfair. If one ignores colouration and the numerous errors in number and placement of certain anatomical features, and concentrates instead on colour pattern and certain key generic and familial characters (and perhaps applies some zoological intuition), one can associate many of these drawings with existing animals. Of the 415 fishes depicted in Renard's book, 251, or about 60 percent, fall under the category of species, an additional 97 under genus, and another 37 under family (Pietsch, 1984, 1995a). Of the 40 drawings of crustaceans, previously identified by L. B. Holthuis (1959), 24 fall under species, six under genus, and four under family.

Altogether, this indicates that only approximately 10 percent of the total number of 460 illustrations fall into a category that might be referred to as truly fantastical. Thus, to dismiss Fallours's work as having no scientific merit is greatly to underestimate its value. In addition to its historical importance as one of the rarest natural-history books known, as well as the earliest-known work on fishes to be published in colour, Samuel Fallours's *Poissons, ecrevisses et crabes* – through the publication of Louis Renard and, now to an even greater extent, with this reproduction of the Von Bülow manuscript – provides a description of the marine fauna of the East Indies that can be interpreted in light of our present-day knowledge. In doing so, it gives us an intriguing glimpse of what science was like in the late seventeenth and early eighteenth centuries.

Für das ausgehende 17. Jahrhundert ist somit nicht viel mehr zu vermerken als dieser bedeutende Beitrag von Ray und Willughby (1686), womit die Grundlage für die moderne Klassifizierung der Fische gelegt war. Dies war das gesamte fischkundliche Wissen, das zur Verfügung stand, als sich Samuel Fallours der Aufgabe widmete, die Fische von Ambon zu erfassen. Er kam zu früh, um von der bahnbrechenden systematischen Arbeit Peter Artedis (1738) und der Binominalnomenklatur Carl Linnaeus' (1758) profitieren zu können, die bald darauf folgen sollten. Weit entfernt von Europa und auf dieser winzigen Insel isoliert, wo es kaum Bücher gab und aufgeklärtes Denken noch nicht weit verbreitet war, dürfte er mit größter Wahrscheinlichkeit keinen Zugang zu den veröffentlichten ichthyologischen Werken der Renaissance und zu den Schriften von Markgraf sowie Ray und Willughby gehabt haben. Richtig ist, dass viele der gebildeteren Mitglieder der Ostindienkompanie für ihren Aufenthalt fern der Heimat Bücher mitnahmen, weshalb es grundsätzlich nicht auszuschließen ist, dass Fallours Zugang zu den erwähnten Fachbüchern hatte. Da wir aber sehr gut um Fallours' Neigung wissen, zahlreiche Kopien anzufertigen, würden wir in seinen Handschriften sicher auch Beispiele für von anderen entlehnte Zeichnungen finden. Der Umstand, dass dies nicht der Fall ist zeigt uns, dass Fallours auf sich gestellt war und eine vollkommen eigenständige Kunst schuf, ausgenommen jene wenigen Zeichnungen, die er von Isaac Johannes Lamotius kopierte.

Wie sehr man Fallours' Werk heute auch loben mag, die Nachwelt war seinen Zeichnungen, wie sie in dem Fischbuch von Louis Renard veröffentlicht sind, nicht immer wohlgesinnt. Über ihre Qualität und wissenschaftliche Akkuratesse haben nur sehr wenige Autoren des 19. und 20. Jahrhunderts positiv geurteilt. In den *Göttingischen Gelehrten Anzeigen* (1815) bezeichnete ein anonymer Kritiker Renards „Bilderbuch von Indischen Fischen" als „kaum nennenswerth, da die Zeichnungen durchaus von unkundigen Händen, ohne Aufsicht eines Kenners, und folglich ohne genaue Beachtung der characteristischen Theile der Thiere so nachlässig hingeworfen sind, daß sie höchstens nur eine sehr untergeordnete bloß relative wissenschaftliche Brauchbarkeit behalten." In seiner *Bibliography of Fishes* (1923) schrieb Bashford Dean, Renards Buch enthalte „plump gezeichnete und barbarisch kolorierte Abbildungen von ... Fischen aus Ostindien. Es finden sich ein paar knappe, lückenhafte Beschreibungen." Claus Nissen (1951) bezeichnete das Werk als unannehmbar, unzureichend und oft auch grotesk. Und in einer jüngeren Kritik folgerte Peter Dance (1978): „Renard zeigt, wie weit man vom ... Pfad der wissenschaftlichen Redlichkeit abschweifen kann, doch man kann ihm dies nachsehen, denn auch wenn es ihm gänzlich misslingt zu belehren, ist es doch eine seltene Gabe, erheitern zu können."

d'autres. Or ce n'est pas le cas. Cela suffit à nous signifier que Fallours travailla seul, et que son art est entièrement original, à l'exception des quelques dessins recopiés d'après Isaac Johannes Lamotius.

L'éloge que nous prononçons aujourd'hui du travail de Fallours ne compense pas l'ingratitude de la postérité à l'égard de ses dessins, tels qu'ils furent publiés dans l'ouvrage de Louis Renard. Il s'est trouvé fort peu d'auteurs des XIXe et XXe siècles pour saluer leur qualité et leur exactitude scientifique. En 1815, un critique anonyme de la revue scientifique de Göttingen (Allemagne), la *Göttingische Gelehrte Anzeigen* , alla même jusqu'à décrire le « livre d'images sur les poissons des Indes » édité par Renard comme « à peine digne d'être mentionné... : les dessins y sont à l'évidence réalisés par des mains malhabiles, hors de la supervision d'une personne savante, et en conséquence dépourvus des observations exactes des éléments caractéristiques des animaux ; ils sont jetés sur le papier avec tant de négligence qu'ils n'en conservent, au mieux, qu'une utilité scientifique mineure. » Bashford Dean, en 1923, dans sa *Bibliographie des Poissons*, écrivit que le recueil de Renard contenait « des figures grossièrement dessinées et sauvagement coloriées de poissons des Indes orientales. On y trouve quelques descriptions brèves et erronées. » Claus Nissen, en 1951, jugea l'ouvrage inadmissible, insuffisant et souvent fantaisiste. En coup de grâce, dans une critique plus récente (1978), Peter Dance conclut que « Renard, qui a montré à quel point il est possible de s'écarter (...) de la voie de la rigueur scientifique, (...) peut aussi être pardonné, car même s'il échoue totalement à instruire, c'est un don rare que d'être capable d'amuser. »

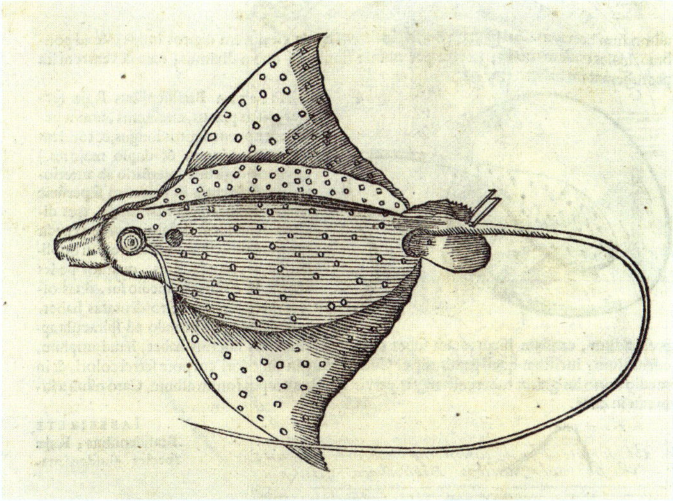

Ill. 35 (right/rechts/à droite)
Conrad Gessner: *De Piscium et Aquatilium animantium natura*, 1558, p. 138
Sea monsters
Seemonster
Monstres marins
Göttingen, Niedersächsische Staats- und Universitätsbibliothek

Ill. 36 (below/unten/en bas)
John Theodore de Bry:
Conrad Gessner (1516–1565)
Engraving
From: Jean Jacques Boissard: *Icones quinquaginta virorum illustrium*, 1599
Göttingen, Niedersächsische Staats- und Universitätsbibliothek

138 De Aquatilibus.

BALAENA ERECTA GRANDEM NAVEM SVBMERGENS.

Videntur & alia quædam cete ex eodem Balænis adnumeranda, quæ ipse simpliciter cete nominat, cum præter magnitudinem balænis præcipuè conuenientem, nullam in se corporis partem raram aut monstrosam habeant. Eiusmodi sunt:

CETVS INGENS, QVEM INCOLAE FARAE INSVLAE ICHthyophagi tempestatibus appulsum, unco comprehensum ferreo, securibus dissecant & partiuntur inter se.

NAVTAE IN DORSA CETORVM, QVAE INSVLAS PVTANT, anchoras figentes sæpe periclitantur. Hos cetos Troluål sua lingua appellant, Germanicè Teüffelwal.

SIMILIS

Richtig ist, dass Fallours' „Kuriositäten" die Meereszoologie nicht sonderlich vorangebracht haben. Um die Qualität seiner Arbeit im Sinne eines wissenschaftlichen Beitrags zusammenfassend zu bewerten, darf man behaupten, dass nicht eine seiner Illustrationen eine vollkommen akkurate Darstellung einer lebenden Spezies verkörpert. Es jedoch dabei zu belassen, wäre nicht fair. Sieht man einmal von der Farbgebung und den vielen Fehlern hinsichtlich Anzahl und Platzierung bestimmter anatomischer Merkmale ab und konzentriert sich stattdessen auf die Farbmuster und gewisse entscheidende Gattungs- und Familienmerkmale (vielleicht mitsamt einem Schuss zoologischer Intuition), so lassen sich viele dieser Zeichnungen mit realen Tieren in Verbindung bringen. Von den 415 bei Renard abgebildeten Fischen können 251 (rund 60 Prozent) einer Spezies zugeordnet werden, weitere 97 einer Gattung und 37 einer Familie (Pietsch 1984, 1995a). Unter den bereits von L. B. Holthuis (1959) identifizierten 40 Zeichnungen von Krebstieren können 24 einer Spezies, sechs einer Gattung und vier einer Familie zugeordnet werden.

Insgesamt bedeutet dies, dass nur rund zehn Prozent der 460 Illustrationen in eine Kategorie fallen, die man als echte Fantasiegebilde bezeichnen könnte. Fallours' Werk als wissenschaftlich bedeutungslos abzutun hieße also, seinen Wert stark zu unterschätzen. Neben seiner historischen Bedeutung als einem der seltensten naturgeschichtlichen Bücher überhaupt und als frühestem in Farbe erschienenem Werk über Fische bietet Samuel Fallours' *Poissons, ecrevisses et crabes* – durch die Publikation von Louis Renard und nun, in noch größerem Maß, mit dieser Reproduktion der von Bülow'schen Handschrift – eine Beschreibung der Meeresfauna Ostindiens, die im Lichte unseres heutigen Wissens interpretiert werden kann. So gewinnen wir einen faszinierenden Einblick in die Naturwissenschaft des ausgehenden 17. und frühen 18. Jahrhunderts.

Il est vrai que les « curiosités » de Fallours eurent peu d'impact sur l'évolution de la zoologie marine. Si l'on veut résumer la qualité de son travail en termes de contribution scientifique, il faut reconnaître qu'il n'y a pas une seule de ses illustrations qui puisse être assimilée à une représentation exacte d'aucune espèce vivante. Mais en rester là serait injuste. Si l'on passe sur la coloration et les fréquentes erreurs de dénombrement et de placement de certaines composantes anatomiques, et si l'on se concentre plutôt sur la typologie des couleurs, sur certains caractères génériques et spécifiques déterminants (et si l'on exerce peut-être aussi son intuition zoologique), il devient alors possible d'associer beaucoup de ces dessins à des animaux existants.

Sur les 415 poissons représentés dans l'ouvrage de Renard, 251, soit près de 60 pour cent, relèvent d'une espèce, 97 d'un genre et 37 autres d'une famille (Pietsch, 1984, 1995a). Sur les 40 dessins de crustacés, précédemment identifiés par L. B. Holthuis en 1959, 24 entrent dans une catégorie d'espèce, six de genre, quatre de famille.

C'est dire qu'au total, près de 10 pour cent seulement des 460 illustrations appartiennent à une catégorie purement fantasmatique. Aussi, dénier à l'œuvre de Fallours tout mérite scientifique revient à sous-estimer largement sa valeur. Son importance historique ne se discute pas – *Poissons, ecrevisses et crabes ...* est l'un des plus rares ouvrages d'histoire naturelle recensés et le plus ancien travail sur les poissons jamais publié en couleur. Grâce à sa diffusion par Louis Renard et grâce, aujourd'hui, à cette reproduction du manuscrit de Von Bülow, il nous permet d'interpréter, à la lumière de nos connaissances contemporaines, une précieuse description de la faune marine des Indes orientales. Il nous offre un aperçu fascinant de ce qu'était la science à la fin du XVIIe siècle et au début du XVIIIe.

Identification of the Species

Die Bestimmung der Arten

L'identification des espèces

Plate 1

Fig. 1 De Grote Taffel Visch, La Grande Table; *Heniochus acuminatus* (Linné, 1758); Long-fin Bannerfish/Gemeiner Wimpelfisch/ Poisson cocher (ou étendard) commun

Fig. 2 Ican Swangi; Scorpaenidae gen. et sp.; Scorpionfish/Drachenkopf, Skorpionfisch/ Poisson scorpion (Rascasse)

Fig. 3 De Spits Neus, Nez pointu; ? *Antigonia* sp.; Boarfish/Eberfisch/ Poisson sanglier

Plate 2

Fig. 4 Salmoniach, Petit Saulmonet; —; Teleost/Knochenfisch/Téléostéen

Fig. 5 Poisson maigre; *Coris gaimard* (Quoy & Gaimard, 1824); Yellowtail Coris/Clown-Junker, Gelbschwanz-Junker/Coris Gaimard à queue jaune

Fig. 6 Perche de Riviere; ? Serranidae gen. et sp.; Grouper/Sägebarsch/Loche

Fig. 7 Ican Bantam; *Xyrichtys pentadactylus* (Linné, 1758); Five-fingered Wrasse/Rottüpfel-Schermesserfisch/Rason ocellé

Fig. 8 Ce poisson n'a pas de nom fixe; *Balistapus undulatus* (Mungo Park, 1797); Undulate Triggerfish/Orangestreifen-Drückerfisch, Gelbschwanz-Drücker/ Baliste ondulé

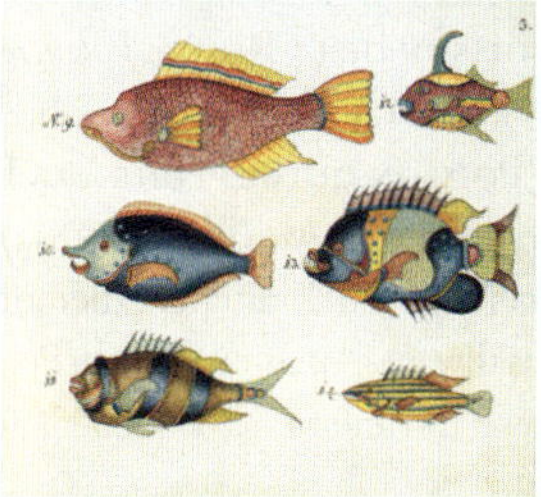

Plate 3

Fig. 9 De Bedrieger, Le trompeur; *Epibulus insidiator* (Pallas, 1770); Sling-jaw Wrasse/Trompeten-Lippfisch, Stülpmaul-Lippfisch, „Erlister"/Labre à long museau (ou Epibule trompeur)

Fig. 10 De Lang neus; *Naso* sp.; Unicornfish/Nasendoktor-Fisch/ Chirurgien (ou Poisson licorne, ou Nason à bordures blanches)

Fig. 11 De bonte Haan; *Amphiprion* sp.; Anemonefish/ Anemonenfisch/Poisson clown rose

Fig. 12 Klip Visch; Balistidae gen. et sp.; Triggerfish/Drückerfisch/Baliste

Fig. 13 Amboneese Visch; *Pomacanthus navarchus* (Cuvier, 1831); Blue-girdled Angelfish/Traum-Kaiserfisch, Blaugürtel-Kaiserfisch/Eventail du Japon (ou Poisson ange amiral ou Trompette du Japon)

Fig. 14 Le Goujon Rayé; *Anyperodon leucogrammicus* (Valenciennes, 1828); Slender Grouper/Spitzkopf-Zackenbarsch/ Mérou à lignes blanches

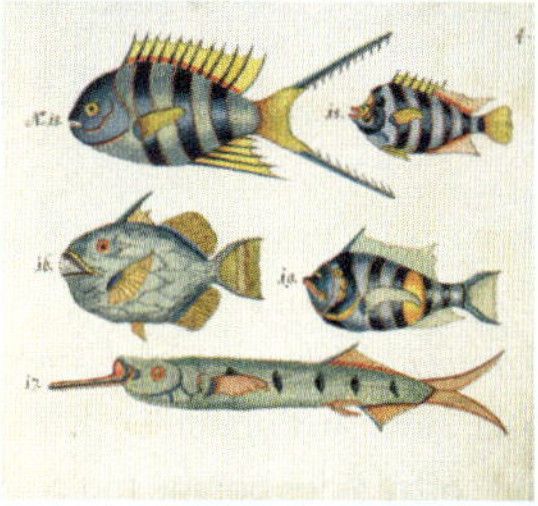

Plate 4

Fig. 15 Harockse Brasem; *Abudefduf sexfasciatus* (Lacepède, 1801); Scissortail Sergeant/Scherenschwanz-Sergeant/ Sergent major à queue en ciseaux

Fig. 16 Poepoe se Boot; *Balistoides viridescens* (Bloch & Schneider, 1801); Titan or Blue-finned Triggerfish/Riesen-Drückerfisch, Grüner Riesen-Drückerfisch/ Baliste olivâtre

Fig. 17 Halve Beck; *Hemiramphus far* (Forsskål, 1775); Black-barred Halfbeak/Gefleckter Halbschnabelhecht, Gefleckter Halbschnäbler/ Demi-bec à barres noires

Fig. 18 Klip-Visch; ? *Abudefduf saxatilis* (Linné, 1758); Sergeant Major/Gestreifter Sergeant, Feldwebelfisch/Sergent major

Fig. 19 Poisson de l'Isle de Lamme; ? *Abudefduf sexfasciatus* (Lacepède, 1801); Scissortail Sergeant/Scherenschwanz-Sergeant/ Sergent major à queue en ciseaux

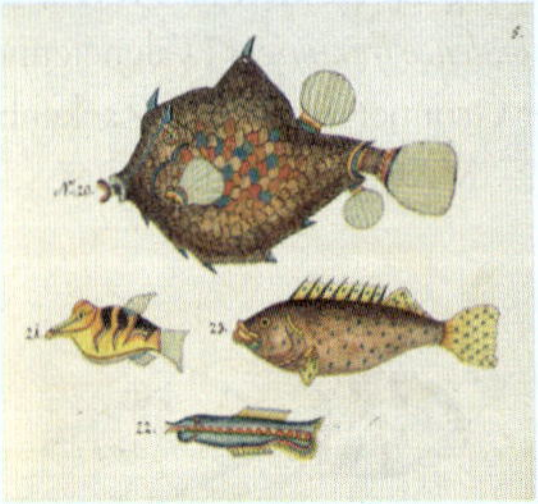

Plate 5

Fig. 20 Coffer Visch;
Tetrosomus gibbosus (Linné, 1758);
Thornback Boxfish/Pyramiden-Kofferfisch/
Poisson coffre à dos bombé (ou épineux)

Fig. 21 Klip-Visch de Kaeyman Rock;
Canthigaster valentini (Bleeker, 1853);
Black-saddled Sharpnose Pufferfish/
Sattel-Spitzkopfkugelfisch, Sattel-Krugfisch/
Canthigaster (ou Bourse) à selle
noire (ou valentini)

Fig. 22 Paradys Vischye;
Labroides dimidiatus (Valenciennes, 1839);
Cleaner Wrasse/Gemeiner Putzerfisch,
Gemeiner Putzer-Lippfisch/Labre
nettoyeur (ou barbier commun)

Fig. 23 Jacob Everse;
Cephalopholis argus (Schneider, 1801);
Peacock Grouper/Pfauen-Zackenbarsch/
Mérou céleste (ou paon)

Plate 6

Fig. 24 La Femelle de n. 20;
Tetrosomus gibbosus (Linné, 1758);
Thornback Boxfish/Pyramiden-Kofferfisch/
Poisson coffre à dos bombé (ou épineux)

Fig. 25 Joly Poisson; Pomacentridae gen. et sp.;
Damselfish/Riffbarsch, Kaiserfisch/Demoiselle

Fig. 26 Zee-Kat;
Lactoria cornuta (Linné, 1758), juvenile;
Longhorn Cowfish/Langhorn-Kofferfisch,
(Gehörnter) Kuh-Kofferfisch/
Poisson vache cornu

Fig. 27 Poisson de la Rique; *Valenciennea* sp.;
Goby/Schläfergrundel/Gobie

Fig. 28 Poisson qui se peche à la Rique;
Amphiprion sebae (Bleeker, 1853);
Seba's Anemonefish/Indischer Anemonenfisch,
Goldschwanz-Anemonenfisch/Poisson
clown (ou anémone) à queue jaune

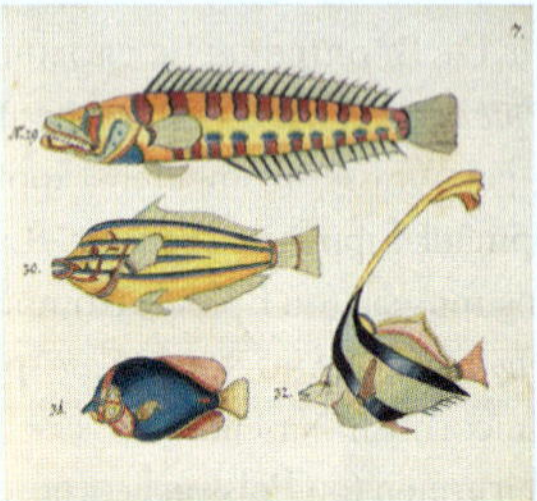

Plate 7

Fig. 29 Bonte Jager; *Parapercis* sp.;
Sandsmelt/Sandbarsch/Perche des sables

Fig. 30 Streepeling, Le Rayé bleu
d'Amboine; *Caesio* sp.; Fusilier/Füsilier/Fusilier

Fig. 31 De Nonne van Ambona;
Chaetodon sp.; Butterflyfish/Falterfisch/
Poisson papillon

Fig. 32 De Vaan-Drager;
Heniochus acuminatus (Linné, 1758);
Long-fin Bannerfish/Gemeiner Wimpelfisch/
Poisson cocher commun

Plate 8

Fig. 33 De Groote Eyländer;
Acanthurus olivaceus (Bloch & Schneider, 1801);
Orange-band Surgeonfish/Achselklappen-
Doktorfisch, Orangefleck-Doktorfisch/
Poisson gendarme

Fig. 34 Zee-Os, Bœuf Marine, le Male;
Heniochus varius (Cuvier, 1829);
Horned Bannerfish/Brauner Wimpelfisch,
Schwarzer Wimpelfisch/Poisson
cocher (ou étendard) à front bossu

Fig. 35 De Springer, Le Sauteur de Louven;
—; Teleost/Knochenfisch/Téléostéen

Fig. 36 De marmerde Klip-Visch;
Labridae gen. et sp.;
Wrasse/Lippfisch/Labre (ou Epibule)

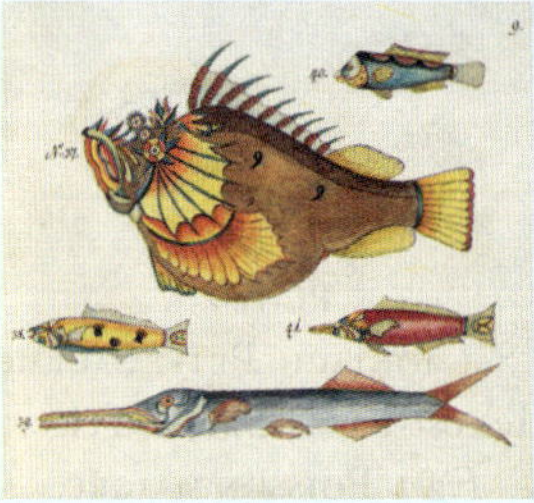

Plate 9

Fig. 37 Duyvels Visch; *Scorpaenopsis
diabolus* (Cuvier, 1829); False Stonefish/
Buckel-Drachenkopf, Falscher Steinfisch/
Poisson cirrheux (ou scorpion diable)

Fig. 38 Ican Cabessa;
Thalassoma sp.; Wrasse/Junker/Labre
Fig. 39 Bartemmer Snock, Brochet de Banda; *Tylosurus* sp.; Needlefish/Hornhecht/Aiguille de mer (ou Orphie)
Fig. 40 Petit Poisson; ? *Parapercis* sp.; Sandsmelt/Sandbarsch/Perche des sables
Fig. 41 Petit Poisson à bec de Canard; *Gomphosus varius* (Lacepède, 1801); Bird Wrasse/Grüner Vogel-Lippfisch/Labre oiseau

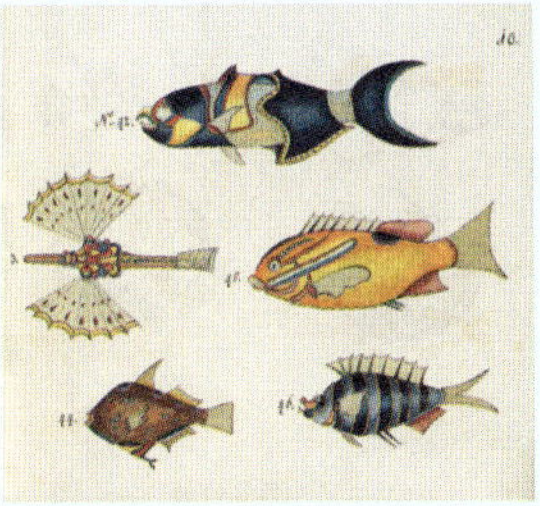

Plate 10

Fig. 42 De Sael Visch;
Thalassoma jansenii (Bleeker, 1856); Jansen's Wrasse/Jansens Junker/Labre de Jansen
Fig. 43 Zee-Drakje, Dragon de Mer; *Eurypegasus draconis* (Linné, 1766); Dragon Seamoth/Zwerg-Flügelrossfisch, Seemotte/Dragon de mer (ou Poisson Pégase)
Fig. 44 Bruyntie van Manire; Balistidae gen. et sp.; Triggerfish/Drückerfisch/Baliste
Fig. 45 Poisson au passage de Baguewael; *Scolopsis bilineata* (Bloch, 1793); Two-lined Monocle Bream/Schärpen-Scheinschnapper/Happeur à deux lignes (Brème)
Fig. 46 Le Piquet Bandé; —; Teleost/Knochenfisch/Téléostéen

Plate 11

Fig. 47 Sans nom; *Cheilinus* sp.; Wrasse/Lippfisch/Labre (Napoléon)
Fig. 48 Schlecht Hooft; —; Teleost/Knochenfisch/Téléostéen
Fig. 49 Diable Cornû; Antennariidae gen. et sp.; Frogfish/Anglerfisch, Fühlerfisch/Antennaire (Poisson crapaud)
Fig. 50 Egel-Visch, Le Herisson, Ican Doriou; *Diodon* sp.; Porcupinefish/Igelfisch/Poisson hérisson
Fig. 51 Pylvisch, La fleche de Hila; ? *Canthigaster* sp.; Sharpnose Pufferfish/Spitzkopf-Kugelfisch/Canthigaster

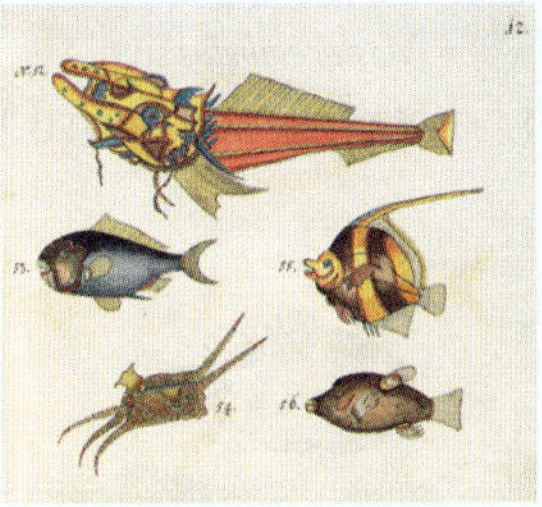

Plate 12

Fig. 52 Kap-Mes, Ican Paringh; *Peristedion* sp.; Armored Sea Robin/Panzerknurrhahn/Malarmat
Fig. 53 Ican Boulan tomtombo; ? Scaridae gen. et sp.; Parrotfish/Papageifisch/Poisson perroquet

Fig. 54 Chat Marin d'Amboine; *Lactoria cornuta* (Linné, 1758), juvenile; Longhorn Cowfish/Langhorn-Kofferfisch, (Gehörnter) Kuh-Kofferfisch/Poisson vache cornu
Fig. 55 Schlecht Hooft; *Heniochus acuminatus* (Linné, 1758); Long-fin Bannerfish/Gemeiner Wimpelfisch/Poisson cocher (ou étendard) commun
Fig. 56 Petit tomtombo; *Canthigaster bennetti* (Bleeker, 1854); Bennett's Sharpnose Pufferfish/Bennetts Spitzkopf-Kugelfisch, Leuchtpunkt-Spitzkopfkugelfisch/Canthigaster de Bennett (ou Bourse de sable)

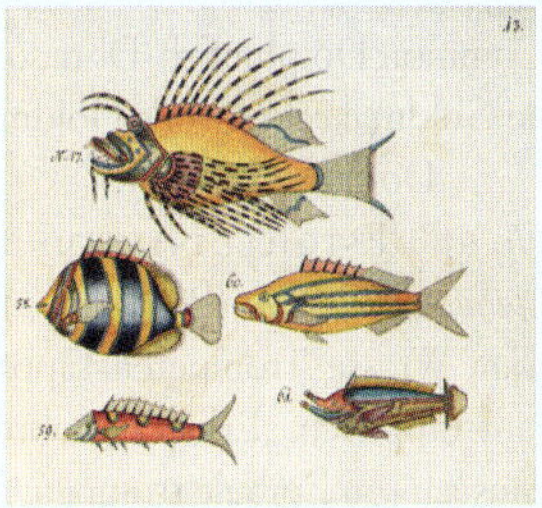

Plate 13

Fig. 57 Sorte d'Ican Swangi; *Pterois antennata* (Bloch, 1787); Spotfin Lionfish/Antennen-Feuerfisch/Poisson scorpion à antennes
Fig. 58 La None bardée d'Amboine; *Pygoplites diacanthus* (Boddaert, 1772); Regal Angelfish/Pfauenaugen-Kaiserfisch/Poisson ange duc (ou Holacanthe duc)
Fig. 59 Rouger Piquet; *Coris gaimard* (Quoy & Gaimard, 1824); Yellowtail Coris/Gelbschwanz-Junker, Clown-Junker/Coris Gaimard à queue jaune
Fig. 60 Le Harang Rayé; *Lutjanus bengalensis* (Bloch, 1790); Bengal Snapper/Bengalen-Schnapper/Vivaneau du Bengale

Fig. 61 Petit poisson; *Gomphosus varius* (Lacepède, 1801); Bird Wrasse/ Grüner Vogel-Lippfisch/Labre oiseau

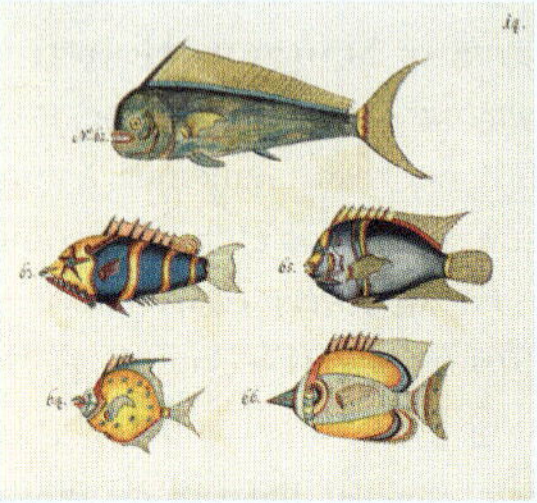

Plate 14

Fig. 62 Drates Vocaris le Male; *Coryphaena hippurus* (Linné, 1758); Common Dolphinfish/Dorado, Gemeine Goldmakrele, Große Goldmakrele/ Dorade coryphène

Fig. 63 L'Estoille d'Amboine; *Epibulus insidiator* (Pallas, 1770); Sling-jaw Wrasse/Trompeten-Lippfisch, Stülpmaul-Lippfisch, „Erlister"/Labre à long museau (ou Epibule trompeur)

Fig. 64 Poisson de la Compagnie des Porte Enseigne; *Heniochus* sp.; Bannerfish/Wimpelfisch/ Poisson cocher (ou étendard)

Fig. 65 Brunet Sanglé de la Rique; Chaetodontidae gen. et sp.; Butterflyfish/Falterfisch/Poisson papillon

Fig. 66 Spits-beck; Chaetodontidae gen. et sp.; Butterflyfish/Falterfisch/Poisson papillon

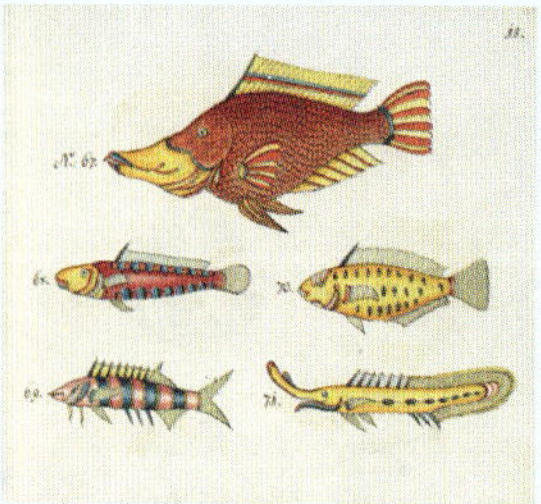

Plate 15

Fig. 67 De Bedrieger; *Epibulus insidiator* (Pallas, 1770); Sling-jaw Wrasse/Trompeten-Lippfisch, Stülpmaul-Lippfisch, „Erlister"/Labre à long museau (ou Epibule trompeur)

Fig. 68 Petit poisson d'Estang; ? *Parapercis* sp.; Sandsmelt/Sandbarsch/Perche des sables

Fig. 69 Poissons tres jolys pour les reservoirs; ? Labridae gen. et sp.; Wrasse/Lippfisch/Labre

Fig. 70 Poisson à l'Escaille de Banda; *Scarus* sp.; Parrotfish/Papageifisch/Poisson perroquet

Fig. 71 Groot Paradys-Visch; *Mastacembelus* sp.; Spiny Eel/Stachelaal/Anguille épineuse

Plate 16

Fig. 72 Pots-Kop; —; Teleost/Knochenfisch/Téléostéen

Fig. 73 Barbot d'Amboine; —; Teleost/Knochenfisch/Téléostéen

Fig. 74 Caffertje, Le Male; *Acanthopagrus bifasciatus* (Forsskål, 1775); Two-bar Seabream/Doppelband-Meerbrasse, Zweiband-Brasse/Pagre à deux bandes

Fig. 75 Papouse Bot; *Pomacanthus imperator* (Bloch, 1787); Emperor Angelfish/Kaiserfisch, Imperator/Poisson ange empereur

Fig. 76 Poisson de plaisir; —; Teleost/Knochenfisch/Téléostéen

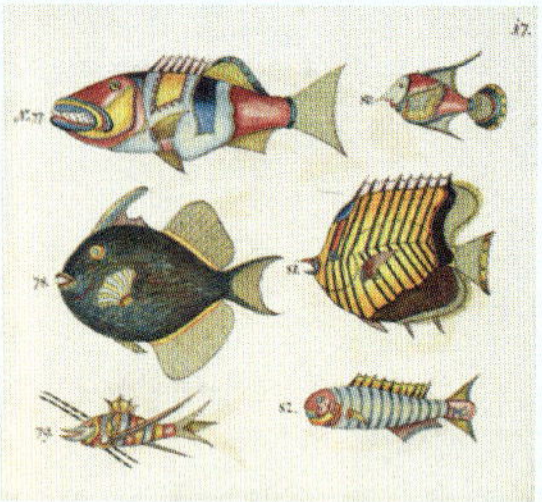

Plate 17

Fig. 77 De Bonte Wolff; *Plectropomus laevis* (Lacepède, 1802); Black-saddled Grouper/ Sattel-Forellenbarsch/Mérou sellé

Fig. 78 Poepoese Bot; *Pseudobalistes flavimarginatus* (Rüppell, 1829); Yellow-margin Triggerfish/Gelbsaum-Drückerfisch, Lagunen-Drückerfisch/ Baliste à marges jaunes

Fig. 79 Kalkoentje; *Pterois* sp.; Lion or Turkey Fish/Feuerfisch/Rascasse

Fig. 80 Poisson de reservoir de Loeven; —; Teleost/Knochenfisch/Téléostéen

Fig. 81 La Princesse barrée; *Chaetodon baronessa* (Cuvier, 1831); Triangular Butterflyfish/Pazifischer Baroness-Falterfisch/Poisson papillon triangulaire

Fig. 82 Le Goujon vert bandé; —; Teleost/Knochenfisch/Téléostéen

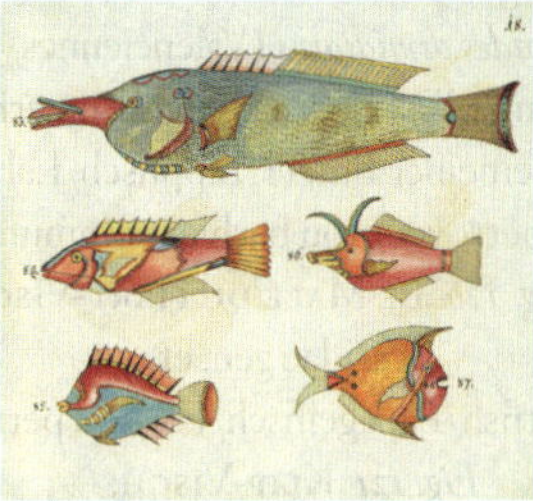

Plate 18

Fig. 83 Snip-Visch; *Gomphosus varius* (Lacepède, 1801); Bird Wrasse/Grüner Vogel-Lippfisch/Labre oiseau

Fig. 84 Schout by nacht; *Bodianus mesothorax* (Bloch & Schneider, 1801); Black-belt Wrasse/Schwarzkeil-Schweinslippfisch/Labre éclipse

Fig. 85 Sans nom; ? *Siganus* sp.; Rabbitfish/Kaninchenfisch, Dachsgesicht/Poisson lapin

Fig. 86 Le Cornu; *Oxymonacanthus longirostris* (Bloch & Schneider, 1801); Long-snouted Filefish/Palettenstachler, Orangepunkt-Feilenfisch/Poisson-lime à taches oranges

Fig. 87 La Poirne, femelle; —; Teleost/Knochenfisch/Téléostéen

Plate 19

Fig. 88 Jacob Everse d'Amboine; *Variola louti* (Forsskål, 1775); Moontail Grouper/Mondsichel-Juwelenbarsch/Mérou croissant de lune (ou Croissant queue jaune, ou Loche caméléon)

Fig. 89 Ican Kalle Koentie; Ariidae gen. et sp.; Sea Catfish/Kreuzwels/Poisson chat marin

Fig. 90 Princesse de Hila; *Chaetodon vagabundus* (Linné, 1758); Vagabond Butterflyfish/Vagabund-Falterfisch/Poisson papillon vagabond

Fig. 91 Sorte de Schel-Visch d'Amboine; *Scomberoides* sp.; Queenfish/Makrele oder Stachelmakrele/Sauteur talang

Fig. 92 Frans mannetje; ? *Tetrosomus gibbosus* (Linné, 1758); Thornback Boxfish/Pyramiden-Kofferfisch/Poisson coffre à dos bombé (ou épineux)

Fig. 93 Strepeling, la femelle; Labridae gen. et sp.; Wrasse/Lippfisch/Labre

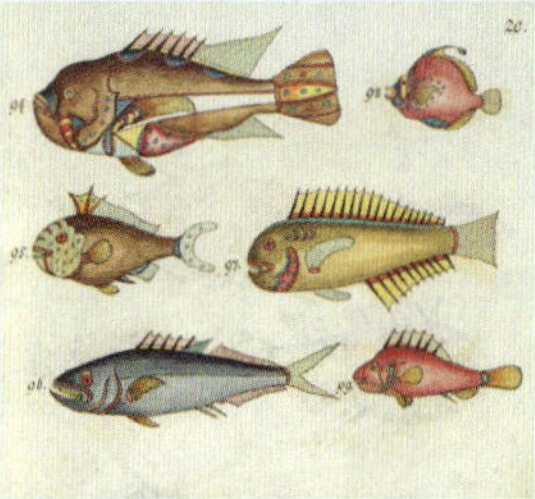

Plate 20

Fig. 94 Le Prince de Ceram; *Macolor niger* (Forsskål, 1775); Black-and-White Snapper/Schwarzer Schnapper, Schwarzweiß-Schnapper/Vivaneau (Perche de minuit)

Fig. 95 Ican Boulan; ? Scaridae gen. et sp.; Parrotfish/Papageifisch/Poisson perroquet

Fig. 96 Kleyn Byter; *Scomberoides* sp.; Queenfish/—/Sauteur talang

Fig. 97 Harder de Amboine; *Xyrichtys pentadactylus* (Linné, 1758); Five-fingered Wrasse/Rottüpfel-Schermesserfisch/Rason ocellé

Fig. 98 Juffertje van Lieven; *Heniochus* sp.; Bannerfish/Wimpelfisch/Poisson cocher

Fig. 99 Goujon Rosé; —; Teleost/Knochenfisch/Téléostéen

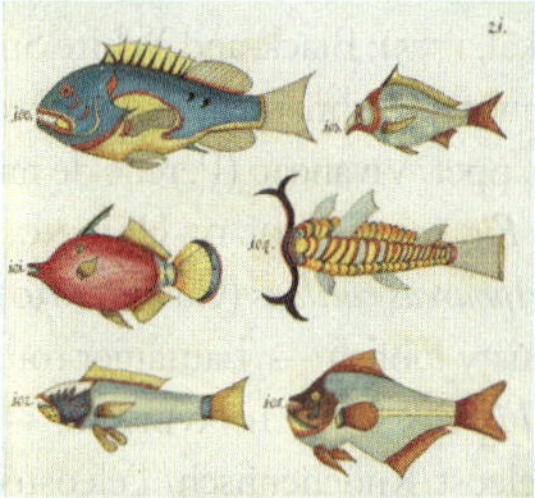

Plate 21

Fig. 100 De Seeramse Visch; *Epinephelus flavocaeruleus* (Lacepède, 1802); Blue-and-Yellow Grouper/Gelbflossen-Zackenbarsch, Orange-Zackenbarsch/Mérou bleu et jaune

Fig. 101 Ican Popoe; Monacanthidae gen. et sp.; Filefish/Feilenfisch/Poisson lime

Fig. 102 Sans nom; ? *Thalassoma lunare* (Linné, 1758); Moon Wrasse/Mondsichel-Junker/Girelle (Labre) paon vert-bleu

Fig. 103 Caffertje; *Acanthopagrus bifasciatus* (Forsskål, 1775); Two-bar Seabream/Doppelband-Meerbrasse, Zweiband-Brasse/Pagre à deux bandes

Fig. 104 Monstre dessiné à Amboine; *Callichthys callichthys* (Linné, 1758); Armoured Catfish/Schwielenwels/Poisson chat

Fig. 105 De Boer d'Amboine; —; Teleost/Knochenfisch/Téléostéen

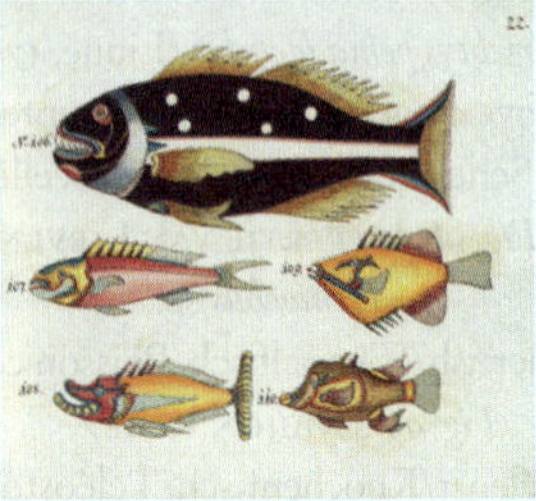

PLATE 22

Fig. 106 DE GROOTE MOOR; *Macolor niger* (Forsskål, 1775); Black-and-White Snapper/ Schwarzer Schnapper, Schwarzweiß-Schnapper/Vivaneau (Perche de minuit)
Fig. 107 ESPECE DE HARANG; *Aphareus rutilans* (Cuvier, 1830); Rusty Jobfish/—/Lantanier rouge
Fig. 108 DE SCHNAVELAAR; —; Teleost/Knochenfisch/Téléostéen
Fig. 109 ICAN PAPOITJE; *Sufflamen bursa* (Bloch & Schneider, 1801); Reef Triggerfish/Bumerang-Drückerfisch, Blasser Drückerfisch, Doppelsichel-Drückerfisch/Baliste carène (ou à ligne blanche)
Fig. 110 ICAN TAMBOUR; *Paraluteres prionurus* (Bleeker, 1851); Saddled Filefish/Mimik-Feilenfisch, Schwarzsattel-Feilenfisch/Monacanthe (Poisson lime) à selle noire

PLATE 23

Fig. 111 ICAN TABULA; ? *Lutjanus decussatus* (Cuvier, 1828); Checkered Snapper/Schachbrett-Schnapper/ Vivaneau damier (Perche)
Fig. 112 POISSON DE HILA; *Thalassoma hardwicke* (Bennett, 1830); Hardwicke's Wrasse/Sechsstreifen-Junker, Hardwickes Junker/Girelle tache d'encre (ou Girelle paon)
Fig. 113 SPEER-VISCH; *Alectis* sp.; Threadfin or Pompano/ Fadenmakrele/Pompaneau (ou Carangue à plumes, ou Poisson cordonnier)
Fig. 114 AND *Fig. 115* DEUX POISSONS INCONNUS, MALE ET FEMELLE; *Acanthurus lineatus* (Linné, 1758); Lined Surgeonfish/Blaustreifen-Doktorfisch/ Poisson chirurgien à bandes bleues
Fig. 116 DE GROENE SUYGER; Acanthuridae gen. et sp.; Surgeonfish/Doktorfisch/Poisson chirurgien

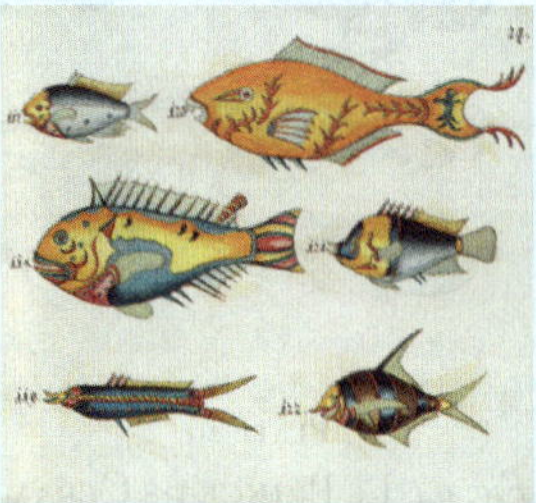

PLATE 24

Fig. 117 KLIP-VISCH; Pomacentridae gen. et sp.; Damselfish/Riffbarsch, Kaiserfisch/Demoiselle
Fig. 118 LE KAKETOU DE HILA; *Epinephelus flavocaeruleus* (Lacepède, 1802); Blue-and-Yellow Grouper/Gelbflossen-Zackenbarsch, Orange-Zackenbarsch/ Mérou bleu et jaune
Fig. 119 L'HIRONDELLE DE MER; *Labroides dimidiatus* (Valenciennes, 1839); Cleaner Wrasse/Gemeiner Putzerfisch, Gemeiner Putzer-Lippfisch/Labre nettoyeur (ou barbier commun)
Fig. 120 LE MALE DU HART-VISCH; Scaridae gen. et sp.; Parrotfish/Papageifisch/Poisson perroquet
Fig. 121 KLIP-VISCH; —; Teleost/Knochenfisch/Téléostéen
Fig. 122 LE COFFERTJE À BANDE; —; Teleost/Knochenfisch/Téléostéen

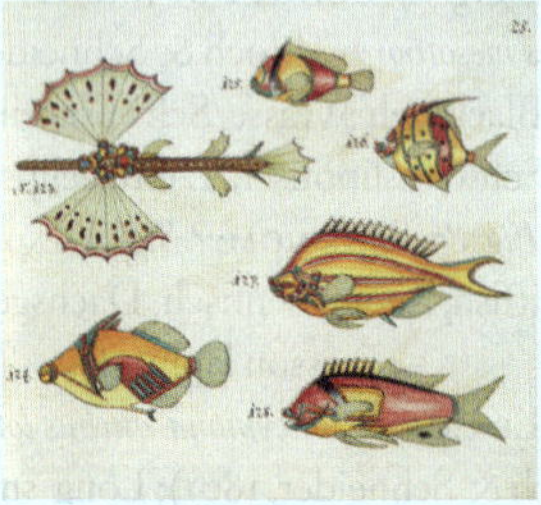

PLATE 25

Fig. 123 ZEE DRACK; *Pegasus* sp.; Seamoth/Flügelrossfisch, Seemotte/ Dragon de mer (ou Poisson Pégase)
Fig. 124 L'INDIEN DE LOEUVE; *Rhinecanthus aculeatus* (Linné, 1758); Humuhumu or White-barred Triggerfish/ Picasso-Drückerfisch/Baliste Picasso clair
Fig. 125 KLIP-VISCH; ? *Amphiprion* sp.; Anemonefish/Anemonenfisch/Poisson clown
Fig. 126 ICAN MATTE, OOG VISCH; ? *Heniochus* sp.; Bannerfish/Wimpelfisch/ Poisson cocher (ou étendard)
Fig. 127 ROOS-VISCH; *Genicanthus lamarck* (Lacepède, 1802); Lamarck's Angelfish/Vierstreifen-Lyrakaiserfisch, Lamarcks Lyrakaiserfisch/ Poisson ange de Lamarck

Fig. 128 Ican Pidou;
Pseudanthias pleurotaenia (Bleeker, 1857);
Blotched Fairy Basslet/Neon-Fahnenbarsch,
Seitenstreifen-Fahnenbarsch/
Barbier (anthias à tache carrée)

Plate 26

Fig. 129 Tomtombo à Escaille;
Canthigaster solandri (Richardson, 1844);
Solander's Sharpnose Pufferfish/Augenfleck-Spitzkopfkugelfisch, Augenfleck-Krugfisch/
Canthigaster (Poisson ballon)

Fig. 130 Sans nom; ? *Thalassoma* sp.;
Wrasse/Junker/Labre

Fig. 131 De Bonte- Haan de la Rique;
Amphiprion sp.; Anemonefish/Anemonenfisch/
Poisson clown rose

Fig. 132 L'Echiquier;
Halichoeres hortulanus (Lacepède, 1801);
Checkerboard Wrasse/Schachbrett-Junker/
Labre (Girelle) échiquier

Fig. 133 Ican St. André; Exocoetidae gen. et sp.;
Flyingfish/Fliegender Fisch/Poisson volant

Fig. 134 Monstre sans nom;
Plotosus lineatus (Thunberg, 1787);
Striped Eel Catfish/Gestreifter Korallenwels/
Poisson chat rayé (ou Balibot rayé)

Fig. 135 Strepeling de la Rique;
Scolopsis lineata (Quoy & Gaimard, 1824);
Striped Monocle Bream/Würfel-Scheinschnapper/Chanidé (Dorade rayée)

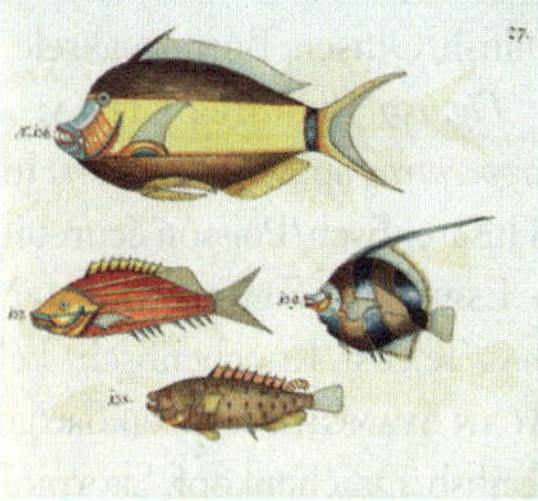

Plate 27

Fig. 136 Sans nom de la Rique;
Acanthurus sp.; Surgeonfish/Doktorfisch/
Poisson chirurgien

Fig. 137 Gout Strepeling van la Rique;
Labridae gen. et sp.; Wrasse/Lippfisch/Labre

Fig. 138 Sans nom; Serranidae gen. et sp.;
Grouper/Sägebarsch/Mérou

Fig. 139 Sans nom; *Heniochus* sp.;
Bannerfish/Wimpelfisch/Poisson cocher
(ou étendard)

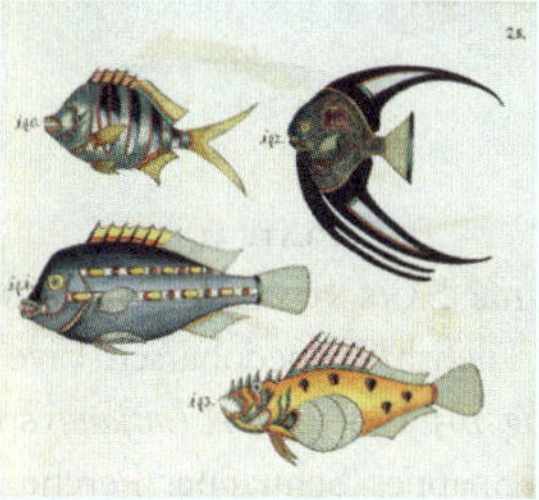

Plate 28

Fig. 140 Perche d'Amboine; —;
Teleost/Knochenfisch/Téléostéen

Fig. 141 Gortz Cabillau;
Plectorhinchus sp.; Sweetlips/Süßlippe/
Diagramme (ou Gaterin)

Fig. 142 Ican Cambing; *Platax* sp.; Spadefish/
Fledermausfisch/Poisson chauve-souris

Fig. 143 Ican Svangi; —;
Teleost/Knochenfisch/Téléostéen

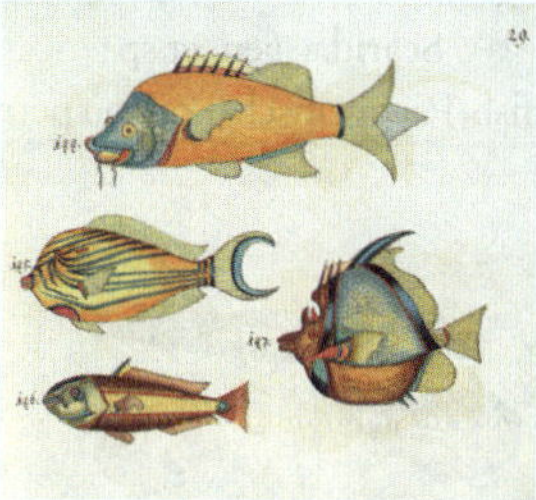

Plate 29

Fig. 144 Drie-Start; —;
Teleost/Knochenfisch/Téléostéen

Fig. 145 Ican Boulan; *Acanthurus lineatus*
(Linné, 1758); Lined Surgeonfish/Blaustreifen-Doktorfisch/Poisson chirurgien rayé

Fig. 146 Sans nom; Labridae gen. et sp.;
Wrasse/Lippfisch/Labre

Fig. 147 Zee Koe van Bourum; *Heniochus varius* (Cuvier, 1829); Horned Bannerfish/
Schwarzer Wimpelfisch, Brauner Wimpelfisch/
Poisson cocher (ou étendard) à front bossu

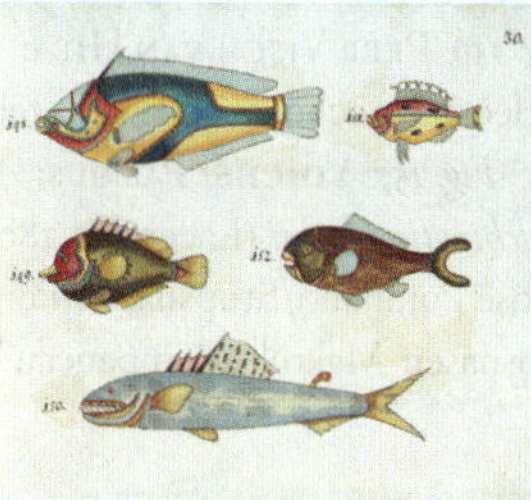

Plate 30

Fig. 148 Sans nom; Labridae gen. et sp.;
Wrasse/Lippfisch/Labre

Fig. 149 Sans nom; —;
Teleost/Knochenfisch/Téléostéen

Fig. 150 Le Chasseur; *Synodus* sp.;
Lizardfish/Eidechsenfisch/Poisson lézard

Fig. 151 Klip-Visch; —;
Teleost/Knochenfisch/Téléostéen

Fig. 152 Poisson à l'Escaille;
Scaridae gen. et sp.;
Parrotfish/Papageifisch/Poisson perroquet

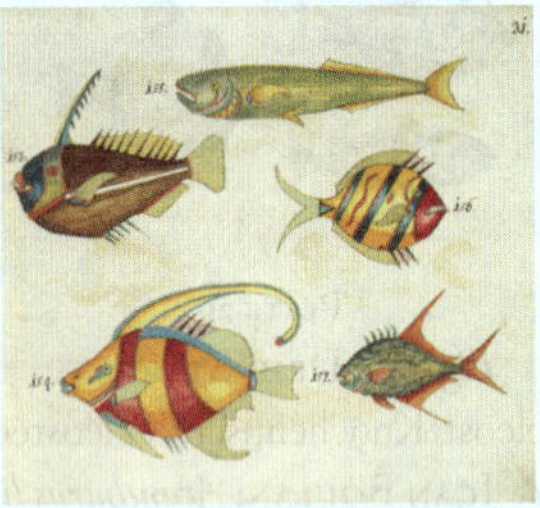

Plate 31

Fig. 153 Speer-Visch;
Monacanthidae gen. et sp.;
Filefish/Feilenfisch/Monacanthe (Poisson lime)

Fig. 154 De Bazaen Visch de la Rique;
? *Heniochus* sp.;
Bannerfish/Wimpelfisch/Poisson cocher (ou étendard)

Fig. 155 Ican-Kap de Hila; —;
Teleost/Knochenfisch/Téléostéen

Fig. 156 Peer Visch van Hila; —;
Teleost/Knochenfisch/Téléostéen

Fig. 157 Voichsi Pampus;
Trachinotus blochii (Lacepède, 1801);
Snubnose Pompano/Stupsnasen-Pompano, Stupsnasen-Makrele/Pompaneau lune

Plate 32

Fig. 158 Ican Porco; *Ruvettus pretiosus* (Cocco, 1829); Oilfish/Ölfisch, Buttermakrele/Rouvet

Fig. 159 Perche de Hila;
? *Sargocentron* sp.; Squirrelfish/Husar, Husarenfisch/Poisson écureuil

Fig. 160 Espece de Sambilang du Monte Rouge; —; Teleost/Knochenfisch/Téléostéen

Fig. 161 Ican Svangi; Scorpaenidae gen. et sp.; Scorpionfish/Drachenkopf, Skorpionfisch/ Poisson scorpion (Rascasse)

Fig. 162 Le petit Dauphin de la Rique; —;
Teleost/Knochenfisch/Téléostéen

Fig. 163 Le Comte de la Rique;
Amphiprion sp.; Anemonefish/Anemonenfisch/ Poisson clown rose

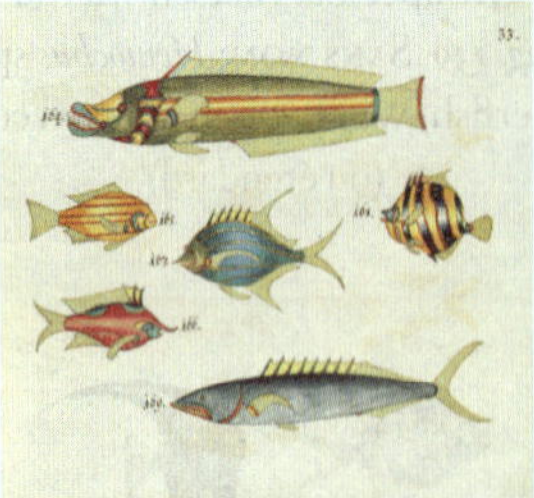

Plate 33

Fig. 164 Sans nom; ? *Malacanthus* sp.;
Tilefish/Torpedobarsch/Vive

Fig. 165 Princesse; *Lutjanus* sp.;
Snapper/Schnapper/Perche

Fig. 166 Comtesse de Caffre; —;
Teleost/Knochenfisch/Téléostéen

Fig. 167 Le Prince de la Rique;
? *Trachinotus* sp.;
Pompano/Pompano, Makrele/Pompaneau

Fig. 168 Klip-Visch; ? *Heniochus* sp.; Annerfish/ Wimpelfisch/Poisson cocher (ou étendard)

Fig. 169 Brochet de la Rique;
Scomberomorus sp.; Spanish Mackerel/Makrele/ Maquereau espagnol

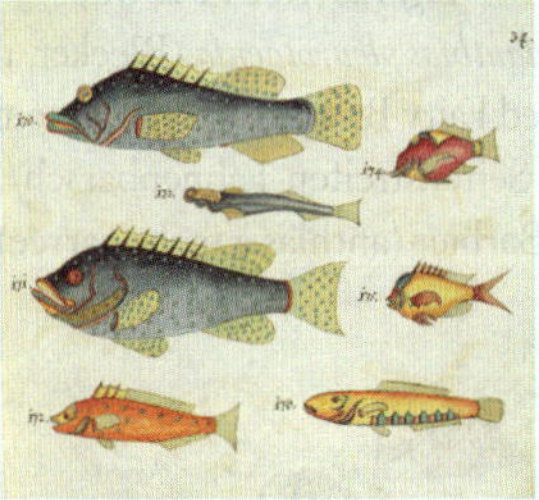

Plate 34

Fig. 170 Jacob Everse, Male; *Cephalopholis argus* (Schneider, 1801); Peacock Grouper/ Pfauen-Zackenbarsch/Mérou céleste (ou paon)

Fig. 171 Jacob Everse, Femelle; *Cephalopholis argus* (Schneider, 1801); Peacock Grouper/ Pfauen-Zackenbarsch/Mérou céleste (ou paon)

Fig. 172 Sans nom; —;
Teleost/Knochenfisch/Téléostéen

Fig. 173 Ican Coupang;
Echeneis naucrates (Linné, 1758);
Sharksucker/Gemeiner oder Gestreifter Schiffshalter, Hai-Schiffshalter/Rémora rayé

Fig. 174 Sans nom; ? *Canthigaster* sp.;
Sharpnose Pufferfish/Spitzkopf-Kugelfisch/ Canthigaster (Bourse de sable)

Fig. 175 Goud Visch; —;
Teleost/Knochenfisch/Téléostéen

Fig. 176 Sans nom; *Parapercis* sp.;
Sandsmelt/Sandbarsch/Perche des sables

Plate 35

Fig. 177 Ican Sanguer; Exocoetidae gen. et sp.; Flyingfish/Fliegender Fisch/Poisson volant
Fig. 178 Sans nom; —; Teleost/Knochenfisch/Téléostéen
Fig. 179 Poisson volant sans corne; —; Teleost/Knochenfisch/Téléostéen
Fig. 180 Sorte de Jacob Everse; *Coris gaimard* (Quoy & Gaimard, 1824); Yellowtail Coris/Gelbschwanz-Junker, Clown-Junker/Coris Gaimard à queue jaune
Fig. 181 Harder; Mugilidae gen. et sp.; Mullet/Meeräsche/Mulet
Fig. 182 Sans nom; ? *Anthias* sp.; Basslet/Fahnenbarsch/Barbier
Fig. 183 Sambilang, femelle; *Plagiotremus rhinorhynchos* (Bleeker, 1852); Sabre-toothed Blenny/Flossenbeißer-Schleimfisch, Blaustreifen-Säbelzahnschleimfisch/Blennie à rayure bleue

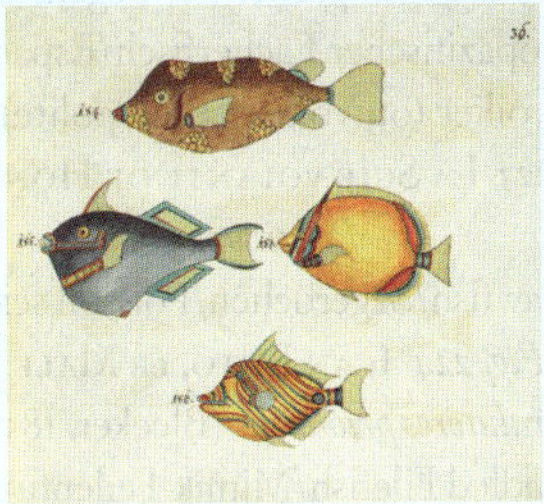

Plate 36

Fig. 184 Sorte de Tomtombo; Tetraodontidae gen. et sp.; Pufferfish/Kugelfisch/Poisson ballon
Fig. 185 Hang Buyck; Balistidae gen. et sp.; Triggerfish/Drückerfisch/Baliste
Fig. 186 Kleen Ost Indisch Vaar; *Balistapus undulatus* (Mungo Park, 1797); Undulate Triggerfish/Orangestreifen-Drückerfisch, Gelbschwanz-Drücker/Baliste ondulé
Fig. 187 Nonnin de Baguewal; Chaetodontidae gen. et sp.; Butterflyfish/Falterfisch/Poisson papillon

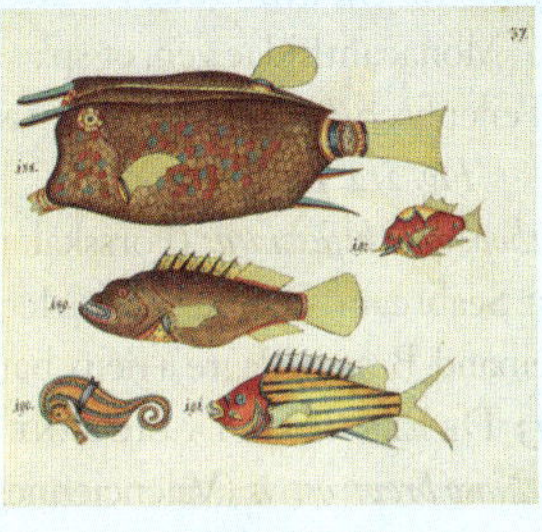

Plate 37

Fig. 188 Ican Tomtombo; *Lactoria cornuta* (Linné, 1758), adult; Longhorn Cowfish/Langhorn-Kofferfisch, (Gehörnter) Kuh-Kofferfisch/Poisson vache cornu
Fig. 189 Jacob Everse; Serranidae gen. et sp.; Grouper/Sägebarsch/Loche
Fig. 190 La femelle du Cheval Marin; *Hippocampus* sp.; Seahorse/Seepferdchen/Hippocampe
Fig. 191 Le Streepeling de Hila; Lutjanidae gen. et sp.; Snapper/Schnapper/Perche
Fig. 192 Klip-Visch; ? *Canthigaster* sp.; Sharpnose Pufferfish/Spitzkopf-Kugelfisch/Canthigaster (Bourse de sable)

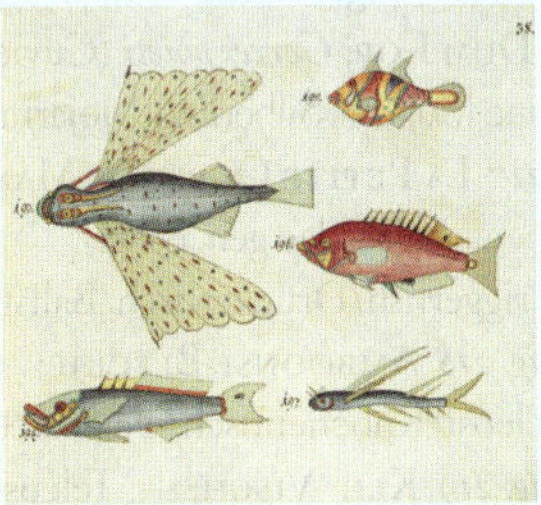

Plate 38

Fig. 193 Poisson volant d'Amboine; *Dactyloptena orientalis* (Cuvier, 1829); Oriental Flying Gurnard/Helm-Knurrhahn/Grondin volant
Fig. 194 Petit brochet de Baguewal; —; Teleost/Knochenfisch/Téléostéen
Fig. 195 Klip-Visch; *Paraluteres prionurus* (Bleeker, 1851); Saddled Filefish/Mimik-Feilenfisch, Schwarzsattel-Feilenfisch/Monacanthe (Poisson lime) à selle noire
Fig. 196 Le poulet d'Amboine; —; Teleost/Knochenfisch/Téléostéen
Fig. 197 Le poisson volant à deux Cornes; —; Teleost/Knochenfisch/Téléostéen

Plate 39

Fig. 198 Harte Visch, la femelle; Scaridae gen. et sp.; Parrotfish/Papageifisch/Poisson perroquet
Fig. 199 Speer-Visch de la Rique; —; Teleost/Knochenfisch/Téléostéen
Fig. 200 Berg-Karper; —; Teleost/Knochenfisch/Téléostéen
Fig. 201 Varkens-Visch van Amboine; *Siganus vulpinus* (Schlegel & Müller, 1844); Foxface/Gelbes Dachsgesicht, Fuchsgesicht/Tête de renard
Fig. 202 L'inconnu de Manipe; —; Teleost/Knochenfisch/Téléostéen

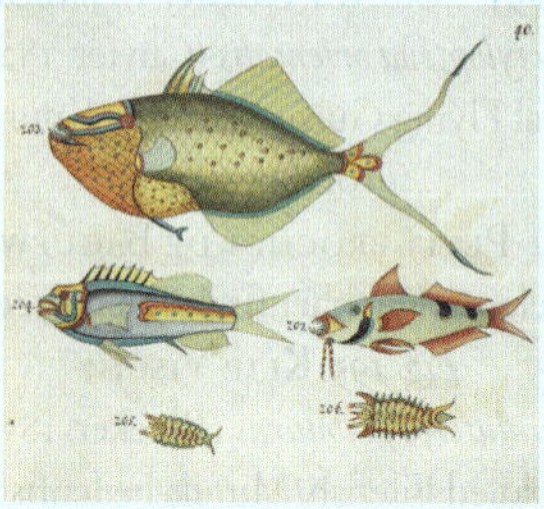

Plate 40

Fig. 203 Ican Radi;
Abalistes stellatus (Lacepède, 1798);
Starry Triggerfish/Sternen-Drückerfisch/
Baliste étoilé (ou radié)
Fig. 204 Le Casuarus de Hila; —;
Teleost/Knochenfisch/Téléostéen
Fig. 205 Zee-Luys, Pou de Mer, la femelle;
Mothocya renardi (Bleeker, 1856);
Renard's Sea-louse/—/Pou de mer de
Renard (Isopode)
Fig. 206 Zee Luys, Pou de Mer, le Male;
Mothocya renardi (Bleeker, 1856);
Renard's Sea-louse/—/Pou de mer de
Renard (Isopode)
Fig. 207 Groene Ridder;
Mullidae gen. et sp.;
Goatfish/Meerbarbe, Seebarbe/Poisson chèvre

Plate 41

Fig. 208 Klip-Visch; Balistidae gen. et sp.;
Triggerfish/Drückerfisch/Baliste
Fig. 209 Voorn d'Amboine; —;
Teleost/Knochenfisch/Téléostéen
Fig. 210 Le Goujon d'Amboine; —;
Teleost/Knochenfisch/Téléostéen
Fig. 211 Le Grand Ours d'Arouka;
Monacanthidae gen. et sp.;
Filefish/Feilenfisch/Monacanthe (Poisson lime)
Fig. 212 Le Laffertje;
Acanthopagrus bifasciatus (Forsskål, 1775);
Two-bar Seabream/Doppelband-Meerbrasse,
Zweiband-Brasse/Pagre à deux bandes
Fig. 213 De Eenhorn, la Licorne de la
Rique; *Naso brevirostris* (Valenciennes, 1835);
Spotted Unicornfish/Schärpen-Nasendoktor,
Langnasendoktor, Einhornfisch/Poisson
Licorne (ou Chirurgien à nez court)

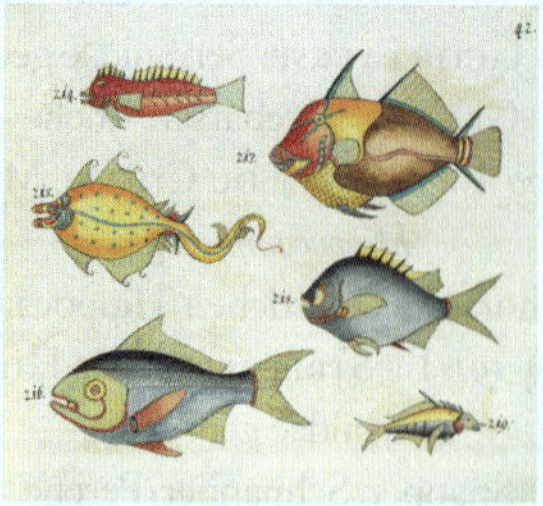

Plate 42

Fig. 214 Root Maantje; Callionymidae gen. et
sp.; Dragonet/Leierfisch/Dragonnet
Fig. 215 Zee Duyvel van Hila; *Pristis* sp.;
Sawfish/Sägerochen/Poisson scie
Fig. 216 Dum Kop; *Gerres poieti* (Cuvier, 1829);
Strongspine Mojarra/Silberling/Mojarra (Gerres)
Fig. 217 La Petite Ourse de Manipe;
Balistidae gen. et sp.;
Triggerfish/Drückerfisch/Baliste
Fig. 218 Amboonse Bleckje; —;
Teleost/Knochenfisch/Téléostéen
Fig. 219 Klip-Visch; —; Teleost/
Knochenfisch/Téléostéen

Plate 43

Fig. 220 Klip Visch;
Oxymonacanthus longirostris
(Bloch & Schneider, 1801);
Long-snouted Filefish/Orangepunkt-
Feilenfisch, Palettenstachler/Monacanthe
(Poisson lime) à taches oranges
Fig. 221 Kleen Blasertie; —;
Teleost/Knochenfisch/Téléostéen
Fig. 222 Zyl-Visch, le Voillier;
Istiophorus platypterus (Shaw & Nodder, 1792);
Sailfish/Indopazifischer Segelfisch,
Indopazifischer Fächerfisch/Espadon
voilier (ou Voilier cosmopolite)
Fig. 223 La Scie volante de Honimo;
Pristis sp.;
Sawfish/Sägerochen/Poisson scie
Fig. 224 Ican Buto, le Male;
Paraluteres prionurus (Bleeker, 1851);
Saddled Filefish/Mimik-Feilenfisch,
Schwarzsattel-Feilenfisch/Monacanthe
(Poisson lime) à selle noire
Fig. 225 Ican Buto, la femelle;
Canthigaster sp.;
Sharpnose Pufferfish/Spitzkopf-Kugelfisch/
Canthigaster à selle (ou valentini)
Fig. 226 Camp Haantje de Bagewal;
Canthigaster valentini (Bleeker, 1853);
Black-saddled Sharpnose/Sattel-Spitzkopf-
kugelfisch, Sattel-Krugfisch/Canthigaster
(ou Bourse) à selle noire (ou valentini)

Plate 44

Fig. 227 Le Bruyn Zee-Duyvel;
Pristis sp.;
Sawfish/Sägerochen/Poisson scie

Fig. 228 Le Diable jeaune;
Pristis sp.; Sawfish/Sägerochen/Poisson scie

Fig. 229 Petite Princesse;
Pomacentridae gen. et sp.;
Damselfish/Riffbarsch, Kaiserfisch/
Demoiselle

Fig. 230 Sambi-lang;
Plagiotremus rhinorhynchos (Bleeker, 1852);
Sabre-toothed Blenny/Flossenbeißer-Schleimfisch, Blaustreifen-Säbelzahnschleimfisch/Blennie à rayure bleue

Fig. 231 Comtesse de Hila;
Chaetodon sp.; Butterflyfish/Falterfisch/
Poisson papillon

Fig. 232 Le Loup de Nasselauwe; —;
Teleost/Knochenfisch/Téléostéen

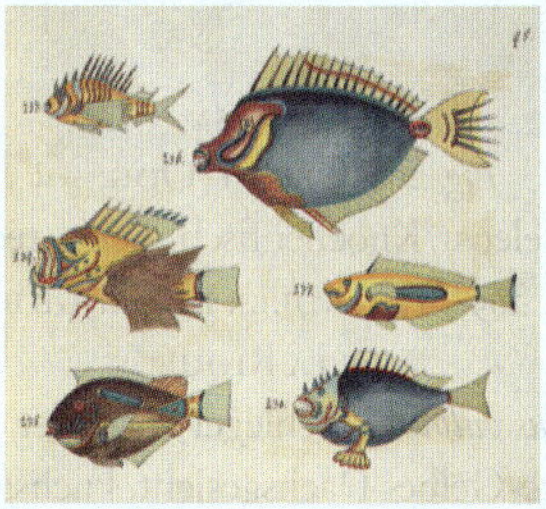

Plate 45

Fig. 233 Ican Svangi;
Dendrochirus zebra (Quoy & Gaimard, 1824);
Zebra Lionfish/Zebra-Zwergfeuerfisch/
Poisson scorpion nain à bandes (ou Poisson lion)

Fig. 234 Ican Svangi; —;
Teleost/Knochenfisch/Téléostéen

Fig. 235 L'Insulaire de la Rique; —;
Teleost/Knochenfisch/Téléostéen

Fig. 236 Le Diable des Mores;
Naso lituratus (Schneider, 1801);
Orange-spine Unicornfish/Nashornfisch, Ungehörnter Hornbader, Gelbklingen-Nasendoktor/Chirurgien à éperons oranges (Nason)

Fig. 237 La petite Princesse d'Amboine;
? Labridae gen. et sp.;
Wrasse/Lippfisch/Labre

Fig. 238 Kikvorst, la Grenouille d'Amboine;
Antennariidae gen. et sp.;
Frogfish/Anglerfisch, Fühlerfisch/
Antennaire (ou Poisson crapaud)

Plate 46

Fig. 239 Le Dromadaire du Mont Rouge;
Cheilinus fasciatus (Bloch, 1791);
Red-breasted Wrasse/Rotbrust-Prachtlippfisch, Gebänderter Lippfisch/Vieille tachetée (Labre)

Fig. 240 La Demoiselle d'Amboine;
Diodon sp.; Porcupinefish/Igelfisch/
Poisson hérisson

Fig. 241 Ican Serbandel, la femelle;
Pomacanthus sexstriatus (Cuvier, 1831);
Six-banded Angelfish/Sechsbinden-Kaiserfisch/
Poisson ange à six bandes

Fig. 242 Klip-Visch, Lange beck;
Siganus vulpinus (Schlegel & Müller, 1844);
Foxface/Gelbes Dachsgesicht, Fuchsgesicht/
Tête de renard

Fig. 243 Le Cheval Marin;
Hippocampus sp.;
Seahorse/Seepferdchen/Hippocampe

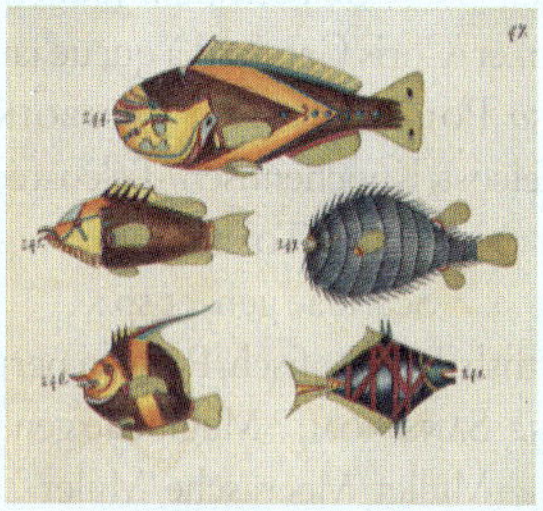

Plate 47

Fig. 244 Kaketou de Hila;
Scaridae gen. et sp.;
Parrotfish/Papageifisch/Poisson perroquet

Fig. 245 Klip-Visch;
Epibulus insidiator (Pallas, 1770);
Sling-jaw Wrasse/Trompeten-Lippfisch, Stülpmaul-Lippfisch, „Erlister"/Labre à long museau (ou Epibule trompeur)

Fig. 246 Bruyn Popoetje;
Heniochus sp.; Bannerfish/Wimpelfisch/Poisson cocher (ou étendard)

Fig. 247 Ican Dourioun, of Ezel-Visch;
Diodon sp.; Porcupinefish/Igelfisch/
Poisson hérisson

Fig. 248 Ican Serbandel, of Cust-Visch, le Male; *Pomacanthus sexstriatus* (Cuvier, 1831);
Six-banded Angelfish/Sechsbinden-Kaiserfisch/
Poisson ange à six bandes

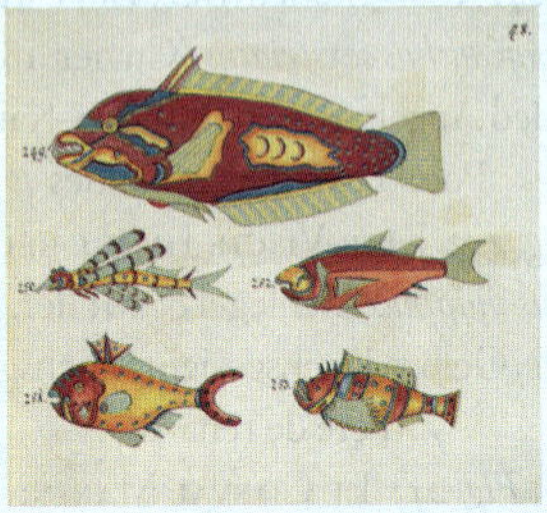

PLATE 48

Fig. 249 LE TURC;
Coris gaimard (Quoy & Gaimard, 1824);
Yellowtail Coris/Gelbschwanz-Junker, Clown-Junker/Coris Gaimard à queue jaune

Fig. 250 POISSON VOLANT D'AMBOINE; —;
Teleost/Knochenfisch/Téléostéen

Fig. 251 TOMTOMBO;
Scaridae gen. et sp.;
Parrotfish/Papageifisch/Poisson perroquet

Fig. 252 SANS NOM; ? Mugilidae gen. et sp.;
Mullet/Meeräsche/Mulet

Fig. 253 ICAN SVANGI; Scorpaenidae gen. et sp.;
Scorpionfish/Drachenkopf, Skorpionfisch/Poisson scorpion (Rascasse)

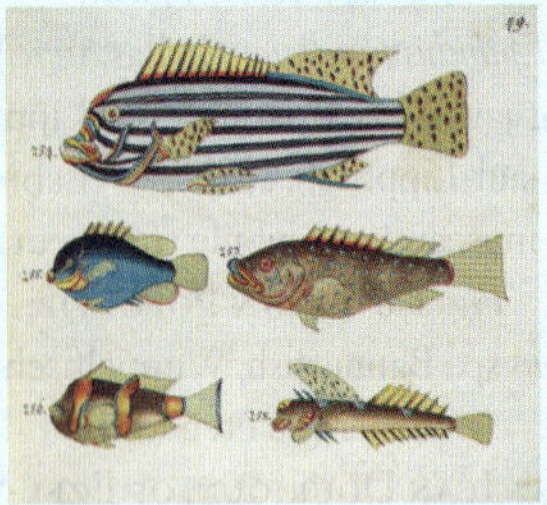

PLATE 49

Fig. 254 LE GRAND TIGNE D'AMBOINE;
Plectorhinchus lineatus (Linné, 1758);
Lined Sweetlips/Diagonal-Süßlippe/Gaterin à bandes diagonales (ou Diagramme, ou Castex à grosses lèvres)

Fig. 255 LA NONE BLEU D'AMBOINE;
? Pomacentridae gen. et sp.;
Damselfish/Riffbarsch, Kaiserfisch/Demoiselle

Fig. 256 KLIP-VISCH; ? *Amphiprion* sp.;
Anemonefish/Anemonenfisch/Poisson clown rose

Fig. 257 JACOB EVERSE; *Cephalopholis* sp.;
Grouper/Zackenbarsch/Mérou

Fig. 258 LE MALE DE N. 312;
Periophthalmus sp.;
Mudskipper/Schlammspringer/Périophtalme (ou Capitaine de boue)

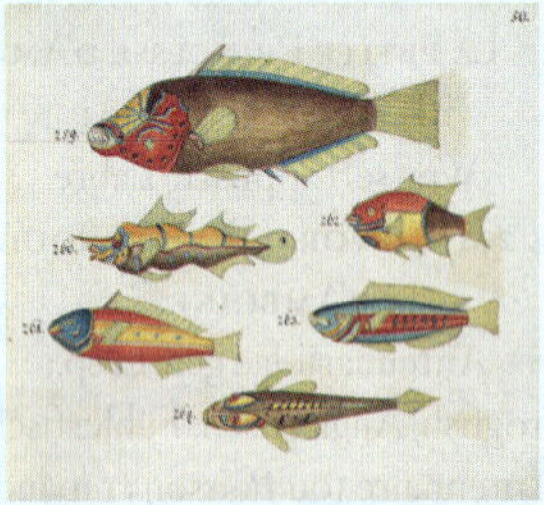

PLATE 50

Fig. 259 LE LOUP D'AMBOINE;
Coris gaimard (Quoy & Gaimard, 1824);
Yellowtail Coris/Gelbschwanz-Junker, Clown-Junker/Coris Gaimard à queue jaune

Fig. 260 POISSON PECHÉ DANS LE CAYMANS-HOOCK; —;
Teleost/Knochenfisch/Téléostéen

Fig. 261 POISSON PRIS ET DESSINÉ À HILA;
? Labridae gen. et sp.; Wrasse/Lippfisch/Labre

Fig. 262 POISSON DE PLAISIR DANS LES ESTANGS;
Centropyge bicolour (Bloch, 1787);
Bicolor Angelfish/Blaugelber Zwergkaiserfisch/Poisson ange nain à deux bandes

Fig. 263 POISSON PRIS ET DESSINÉ À HILA;
? Labridae gen. et sp.; Wrasse/Lippfisch/Labre

Fig. 264 DE SAND KRUYPER;
Gobiidae gen. et sp.; Goby/Grundel/Gobie

PLATE 51

Fig. 265 LE POISSON DE LA LUNE;
Balistoides conspicillum (Bloch & Schneider, 1801);
Clown Triggerfish/Leoparden-Drückerfisch/Baliste clown

Fig. 266 HAROCKSE BRASEM;
Abudefduf sexfasciatus (Lacepède, 1801);
Scissortail Sergeant/Scherenschwanz-Sergeant/Sergent major à queue en ciseaux

Fig. 267 DUCHESSE D'AMBOINE;
Chaetodontidae gen. et sp.;
Butterflyfish/Falterfisch/Poisson papillon

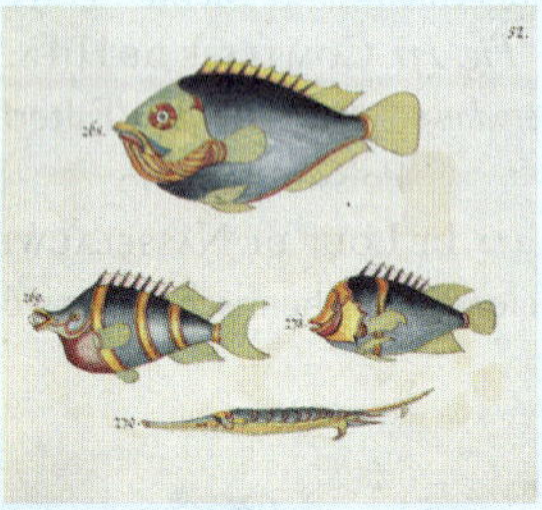

PLATE 52

Fig. 268 GROOT-OOG; —;
Teleost/Knochenfisch/Téléostéen

Fig. 269 GEBANDEER DE LANGE BECK DE LA RIQUE;
Siganus vulpinus (Schlegel & Müller, 1844);
Foxface/Gelbes Dachsgesicht, Fuchsgesicht/Tête de renard

Fig. 270 Ican Piso; *Aeoliscus* sp.;
Razorfish/—/Poisson couteau
Fig. 271 Sans nom; Chaetodontidae gen. et sp.;
Butterflyfish/Falterfisch/Poisson papillon

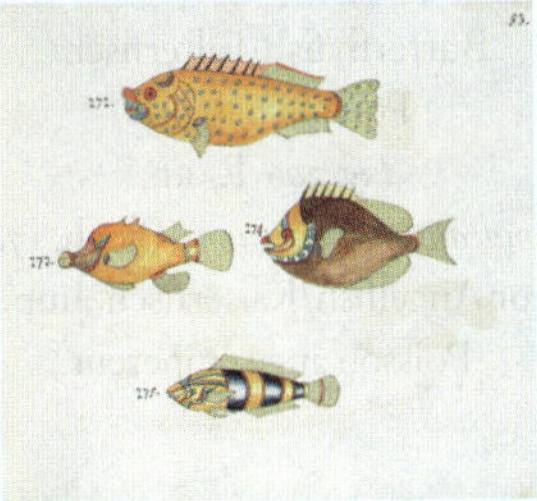

Plate 53

Fig. 272 Jacob Everse; ? *Cephalopholis* sp.;
Grouper/Zackenbarsch/Mérou
Fig. 273 Poisson à l'Escaille de Tortue;
Paraluteres prionurus (Bleeker, 1851); Saddled Filefish/Mimik-Feilenfisch, Schwarzsattel-Feilenfisch/Monacanthe à selle noire
Fig. 274 Le Courtisan d'Amboine; —;
Teleost/Knochenfisch/Téléostéen
Fig. 275 Klip-Visch;
Labridae gen. et sp.; Wrasse/Lippfisch/Labre

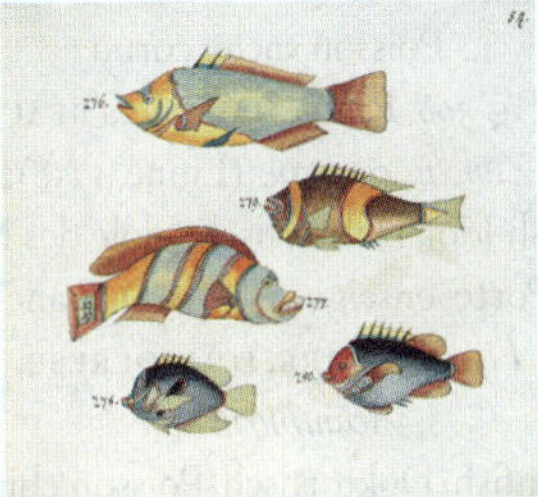

Plate 54

Fig. 276 Dessiné à Hila;
? *Anthias* sp.; Basslet/Fahnenbarsch/Barbier
Fig. 277 Ican Binco; ? Serranidae gen. et sp.;
Grouper/Sägebarsch/Mérou

Fig. 278 Commun à Amboine;
Chaetodontidae gen. et sp.;
Butterflyfish/Falterfisch/Poisson papillon
Fig. 279 Petit Chasseur de Hila;
Amphiprion sp.; Anemonefish/Anemonenfisch/
Poisson clown rose
Fig. 280 Est commun, et bon frit à l'huile;
—; Teleost/Knochenfisch/Téléostéen

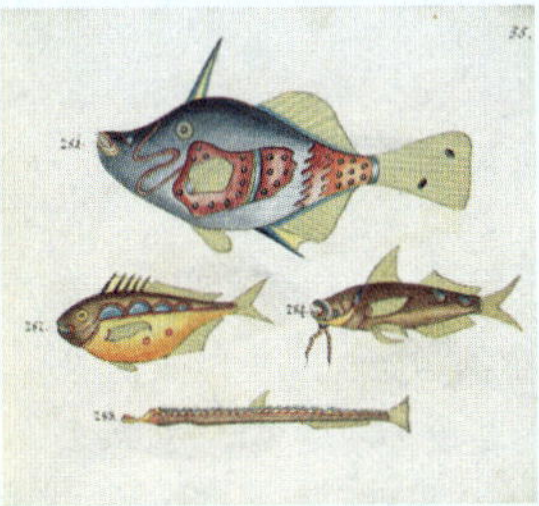

Plate 55

Fig. 281 Speer-Visch de la Rique;
Monacanthidae gen. et sp.;
Filefish/Feilenfisch/Monacanthe
(Poisson lime)
Fig. 282 Sans nom; —;
Teleost/Knochenfisch/Téléostéen
Fig. 283 Fluytertie; *Corythoichthys* sp.; Pipefish/Seenadel/Poisson pipe (ou Poisson aiguille)
Fig. 284 Knevel-bart; ? Mullidae gen. et sp.;
Goatfish/Meerbarbe, Seebarbe/Poisson chèvre

Plate 56

Fig. 285 La Toile, peinte à bandes rouges de la Rique; —;
Regal Angelfish/Poisson ange duc/
Pfauenaugen-Kaiserfisch/
Fig. 286 Ican Svangi; —;
Teleost/Knochenfisch/Téléostéen
Fig. 287 Le tacheté;
? Labridae gen. et sp.;
Wrasse/Lippfisch/Labre
Fig. 288 Le Camus en forme de Schel-Visch;
Pempheris sp.;
Sweeper/Beilbauchfisch/
Poisson hachette (ou balayeur)

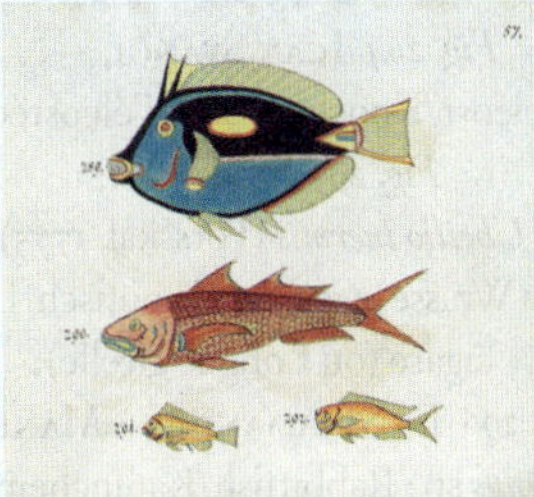

Plate 57

Fig. 289 Bleuet Poupou de la Rique;
Paracanthurus hepatus (Linné, 1766);
Pacific Blue Tang/Paletten-Doktorfisch/
Chirurgien bleu à palette
Fig. 290 Saulmonet;
Aphareus rutilans (Cuvier, 1830);
Rusty Jobfish/Gabelschwanz-Schnapper/
Poisson job (Lantanier rouge)
Fig. 291 Le petit d'Oré;
? *Cheilodactylus* sp.;
Morwong/Morwong/Castanette
Fig. 292 La femelle du petit d'Oré; —;
Teleost/Knochenfisch/Téléostéen

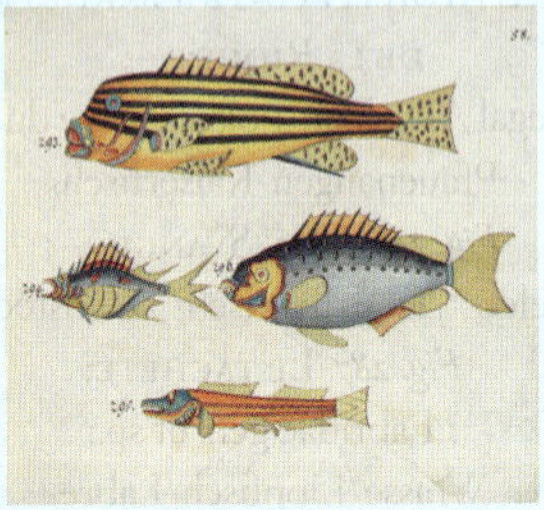

Plate 58

Fig. 293 Le Tigre Jeaune;
Plectorhinchus lineatus (Linné, 1758);
Lined Sweetlips/Diagonal-Süßlippe/
Gaterin à bandes diagonales (ou Diagramme, ou Castex à grosses lèvres)

Fig. 294 Ican Svangi; —;
Teleost/Knochenfisch/Téléostéen

Fig. 295 Sans nom;
? *Cheilio inermis* (Forsskål, 1775);
Cigar Wrasse/Zigarren-Lippfisch/Labre cigare (ou Longue girelle)

Fig. 296 La Salamandre à Manipe;
? *Siganus* sp.; Rabbitfish/Kaninchenfisch, Dachsgesicht/Poisson lapin

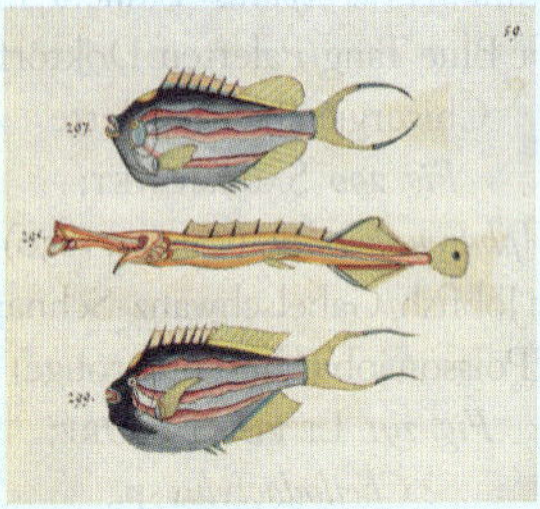

Plate 59

Fig. 297 Quick-Staart, Male;
Genicanthus lamarck (Lacepède, 1802);
Lamarck's Angelfish/Lamarcks Lyrakaiserfisch, Vierstreifen-Lyrakaiserfisch/
Poisson ange de Lamarck

Fig. 298 Le Trompette;
Aulostomus chinensis (Linné, 1766);
Chinese Trumpetfish/Pazifischer Trompetenfisch/Poisson trompette

Fig. 299 Quick-Staart, la femelle;
Genicanthus lamarck (Lacepède, 1802);
Lamarck's Angelfish/Lamarcks Lyrakaiserfisch, Vierstreifen-Lyrakaiserfisch/Poisson ange de Lamarck

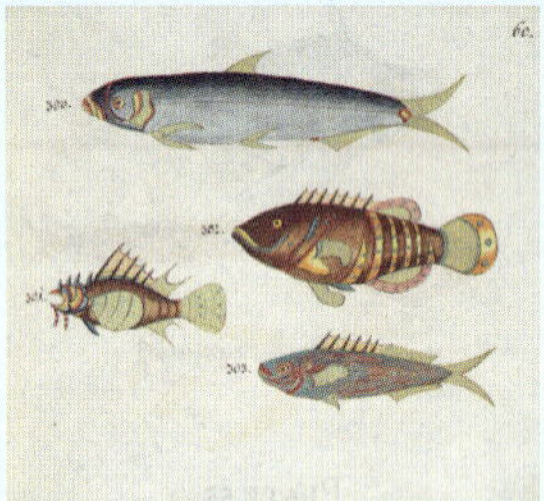

Plate 60

Fig. 300 Harang-pek de Banda;
Clupeidae gen. et sp.; Herring/Hering/Hareng

Fig. 301 Ican Svangi; —; Teleost/
Knochenfisch/Téléostéen

Fig. 302 Jacob Everse;
Cephalopholis argus (Schneider, 1801); Peacock Grouper/Pfauen-Zackenbarsch/Mérou paon

Fig. 303 Lootsy Lootsy; —;
Teleost/Knochenfisch/Téléostéen

Plate 61

Fig. 304 La Toile peinte à la Rique;
Chaetodon ephippium (Cuvier, 1831);
Saddled Butterflyfish/Sattelfleck-Falterfisch/
Poisson papillon à selle noire

Fig. 305 La Blaye d'Amboine;
Chaetodon sp.;
Butterflyfish/Falterfisch/
Poisson papillon

Fig. 306 Rare;
? *Pomacanthus imperator* (Bloch, 1787);
Emperor Angelfish/Kaiserfisch, Imperator/
Poisson ange empereur

Plate 62

Fig. 307 Le Grand Coffre;
Lactoria cornuta (Linné, 1758), adult;
Longhorn Cowfish/Langhorn-Kofferfisch,
(Gehörnter) Kuh-Kofferfisch/
Poisson vache cornu

Fig. 308 Rare, mais tres beau;
Zanclus cornutus (Linné, 1758);
Moorish Idol/Halfterfisch/Idole des Maures
(ou Porte-enseigne cornu ou Tranchoir)

Fig. 309 Rare, d'Alsoerese;
Acanthurus sp.;
Surgeonfish/Doktorfisch/Poisson chirurgien

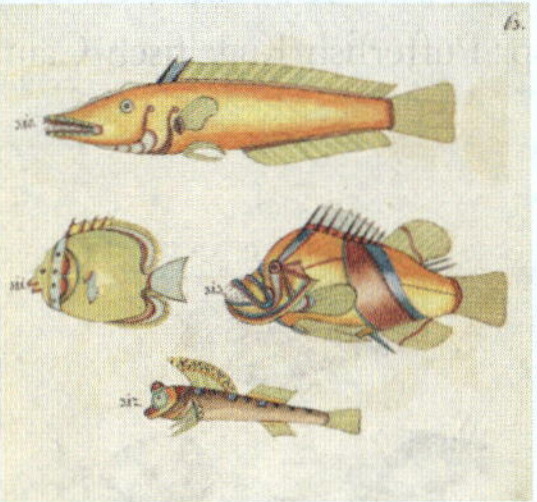

Plate 63

Fig. 310 Le Sprinck d'Or; —;
Teleost/Knochenfisch/Téléostéen

Fig. 311 Nonnan de Bantam; *Chaetodon* sp.;
Butterflyfish/Falterfisch/Poisson papillon

Fig. 312 Rare d'Amboine;
Periophthalmus sp.;
Mudskipper/Schlammspringer/
Périophtalme (ou Capitaine de boue)

Fig. 313 Le Capitaine Espagnol;
? *Cheilinus* sp.; Wrasse/Lippfisch/Labre

Plate 64

Fig. 314 Le Grand Soufleur;
Triodon macropterus (Lesson, 1829);
Three-toothed Pufferfish/Dreizahn-Kugelfisch/
Canthigaster à trois dents

Fig. 315 Poisson de plaisir;
Syngnathoides biaculeatus (Bloch, 1785);
Horned Pipefish/Dreieckige Seenadel,
Doppelenden-Nadelpferdchen/Poisson aiguille
(Syngnathe) alligator (ou triangulaire)

Plate 65

Fig. 316 Le Grand Kaketou; —;
Teleost/Knochenfisch/Téléostéen

Fig. 317 Levre pendante;
? Mullidae gen. et sp.; Goatfish/Meerbarbe,
Seebarbe/Poisson chèvre

Fig. 318 Rare; *Caesio caerulaurea* (Lacepède,
1802); Blue-and-Gold Fusilier/Gelbstreifen-
Füsilier,/Fusilier bleu et jaune

Fig. 319 Salmoniack du Kaymans-hoek;
? *Elagatis bipinnulata* (Quoy & Gaimard, 1824);
Rainbow Runner/Regenbogen-Stachelmakrele,
Regenbogen-Renner/Coureur
arc-en-ciel (ou Comère saumon)

Plate 66

Fig. 320 Poisson à Escaille; *Balistidae*;
Triggerfish/Drückerfisch/Baliste

Fig. 321 Kaketou;
Labridae gen. et sp.; Wrasse/Lippfisch/Labre

Fig. 322 Le poisson d'argent;
Heteropriacanthus cruentatus (Lacepède, 1802);
Glasseye/Glasaugen-Barsch, Glasauge/
Beauclaire de roche (ou Priacanthe œil-de-verre
ou Soleil bâtard ou Laqué noir)

Fig. 323 Rare à Escaille; —;
Teleost/Knochenfisch/Téléostéen

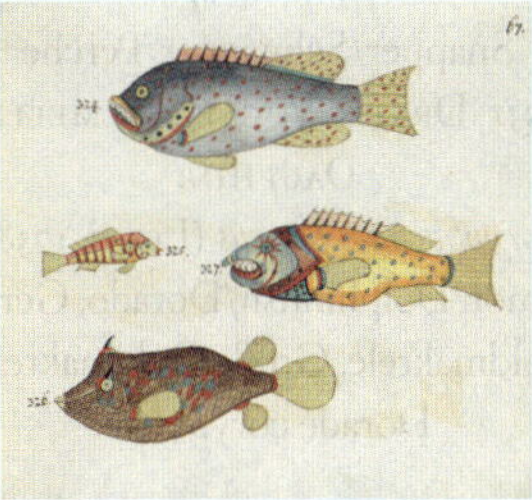

Plate 67

Fig. 324 Jacob Everse;
Cephalopholis sp.;
Grouper/Zackenbarsch/Mérou

Fig. 325 La petite Reyne;
Amblycirrhitus bimacula (Jenkins, 1903);
Two-spot Hawkfish/Zweiflecken-
Korallenwächter/Poisson faucon (ou
Grimpeur des Caraïbes)

Fig. 326 Voyez n. 24; Ostraciidae gen. et sp.;
Cowfish/Kofferfisch/Poisson vache

Fig. 327 Jacob Everse;
? Serranidae gen. et sp.;
Grouper/Sägebarsch/Loche

Plate 68

Fig. 328 Le Feston;
Labridae gen. et sp.;
Wrasse/Lippfisch/Labre
Fig. 329 Le Chapon; —;
Teleost/Knochenfisch/Téléostéen
Fig. 330 La Carpe de Ceram;
Lutjanus sp.;
Snapper/Schnapper/Perche
Fig. 331 Drates Vocaris, femelle du Dauphin;
Coryphaena hippurus (Linné, 1758);
Common Dolphinfish/Dorado, Gemeine Goldmakrele, Große Goldmakrele/ Dorade coryphène

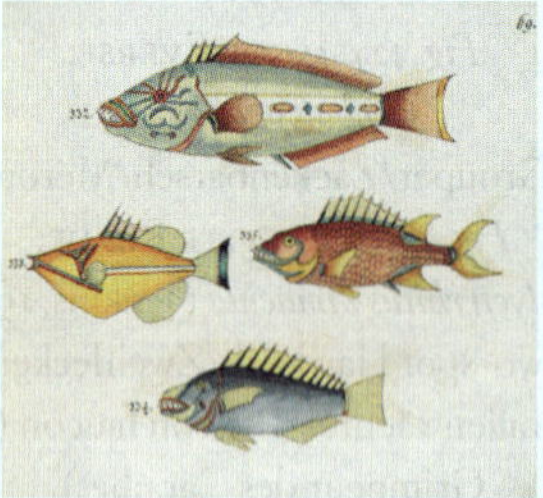

Plate 69
Fig. 332 Le Loupe tacheté;
? *Coris gaimard* (Quoy & Gaimard, 1824);
Yellowtail Coris/Gelbschwanz-Junker, Clown-Junker/Coris Gaimard à queue jaune
Fig. 333 Ican Popoe, la femelle;
Balistidae;
Triggerfish/Drückerfisch/Baliste
Fig. 334 Le Coiq Marin; —;
Teleost/Knochenfisch/Téléostéen
Fig. 335 Perche d'Amboine; —;
Teleost/Knochenfisch/Téléostéen

Plate 70
Fig. 336 Oost Indisch Vaar;
Rhinecanthus verrucosus (Linné, 1758);
Black-bellied Triggerfish/Schwarzbauch-Picassodrücker/Baliste Picasso à bandeau noir
Fig. 337 Le Scieur bandé;
? Monacanthidae gen. et sp.;
Filefish/Feilenfisch/Poisson lime
Fig. 338 La Comtesse d'Amboine;
Pomacanthus navarchus (Cuvier, 1831);
Blue-girdled Angelfish/Traum-Kaiserfisch, Blaugürtel-Kaiserfisch/Eventail du Japon

Plate 71
Fig. 339 Le Chasseur brun;
Lutjanidae gen. et sp.;
Snapper/Schnapper/Perche
Fig. 340 Princesse de Mont Rouge;
Chaetodon sp.; Butterflyfish/Falterfisch/ Poisson papillon
Fig. 341 Goujeon d'Oré; —;
Teleost/Knochenfisch/Téléostéen

Fig. 342 Le petit Soufleur; Tetraodontidae gen. et sp.; Pufferfish/Kugelfisch/Canthigaster

Plate 72
Fig. 343 Le Piquier de Papous;
Rhinecanthus aculeatus (Linné, 1758);
Humuhumu or White-barred Triggerfish/ Picasso-Drückerfisch/Baliste Picasso clair
Fig. 344 La Levre pendante de la Rique;
—; Teleost/Knochenfisch/Téléostéen
Fig. 345 Le Barbu de la Rique;
Mullidae gen. et sp.; Goatfish/Meerbarbe, Seebarbe/Poisson chèvre
Fig. 346 Ican Radi; *Chaetodon* sp.;
Butterflyfish/Falterfisch/Poisson papillon

Plate 73
Fig. 347 Brand Jagertje; *Plectropomus laevis* (Lacepède, 1802); Black-saddled Grouper/ Sattel-Forellenbarsch/Mérou sellé
Fig. 348 Sans nom; Scaridae gen. et sp.;
Parrotfish/Papageifisch/Poisson perroquet

Fig. 349 Goujeon de Mer à Raye jeaune;
? *Sargocentron* sp.; Squirrelfish/Husar,
Husarenfisch/Poisson écureuil
Fig. 350 Poisson dessiné aux trois Freres;
—; Teleost/Knochenfisch/Téléostéen

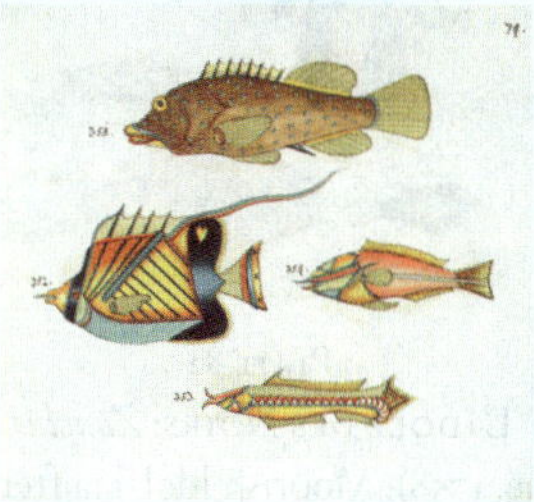

Plate 74

Fig. 351 Jacob Everse; *Cephalopholis* sp.;
Grouper/Zackenbarsch/Mérou
Fig. 352 Le Poisson du Cœur;
Chaetodon auriga (Forsskål, 1775);
Threadfin Butterflyfish/Fähnchen-Falterfisch,
Fahnenfisch/Poisson papillon cocher
Fig. 353 Le Poisson de Paradis;
Labroides dimidiatus (Valenciennes, 1839);
Cleaner Wrasse/Gemeiner Putzerfisch,
Gemeiner Putzer-Lippfisch/Labre nettoyeur
(ou barbier commun)
Fig. 354 Poisson dessiné à Hila;
Labridae gen. et sp.; Wrasse/Lippfisch/Labre

Plate 75

Fig. 355 Le Chasseur de Banda; —;
Teleost/Knochenfisch/Téléostéen
Fig. 356 Nez pointu;
? Chaetodontidae gen. et sp.;
Butterflyfish/Falterfisch/Poisson papillon
Fig. 357 Sans nom; —;
Teleost/Knochenfisch/Téléostéen
Fig. 358 Bec pointu;
Chaetodontidae gen. et sp.;
Butterflyfish/Falterfisch/Poisson papillon

Plate 76

Fig. 359 Brochet d'Amboine;
? *Gempylidae* gen. et sp.;
Snake Mackerel/Schlangenmakrele/Rouvet
Fig. 360 Ican Svangi;
? Scorpaenidae gen. et sp.;
Scorpionfish/Drachenkopf, Skorpionfisch/
Poisson scorpion (Rascasse)
Fig. 361 Orania;
Labridae gen. et sp.;
Wrasse/Lippfisch/Labre
Fig. 362 Fort petit poisson des Rochers;
Centropyge bicolor (Bloch, 1787);
Bicolour Angelfish/Blaugelber Zwerg-
kaiserfisch/Poisson ange nain à deux bandes

Plate 77

Fig. 363 Le Bandeau d'Amboine;
Caesio xanthonota (Bleeker, 1853);
Yellowfin Fusilier/Gelbstirn-Füsilier,
Gelbrücken-Füsilier/Fusilier à dos jaune
Fig. 364 Brunet de Papoe; *Acanthurus nigricans*
(Linné, 1758); Golden-rimmed Surgeonfish/Gold-
rand-Doktorfisch/Chirurgien à joue blanche
Fig. 365 Demy bec, Espece d'Anguille;
Hemiramphus sp.;
Halfbeak/Halbschnabelhecht, Halbschnäbler/
Demi-bec balaou (ou Balaou bleu)
Fig. 366 Voyez n. 24;
Tetrosomus gibbosus (Linné, 1758);
Thornback Boxfish/Pyramiden-Kofferfisch/
Poisson coffre à dos bombé (ou épineux)

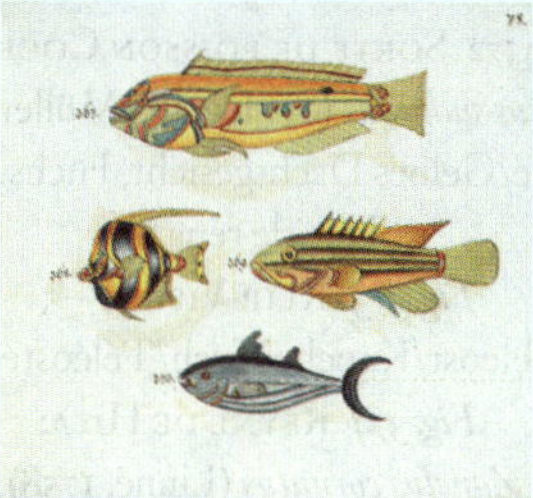

Plate 78

Fig. 367 Le grand Porhüte brodé à
Nasselaw; ? *Coris gaimard* (Quoy & Gaimard,
1824); Yellowtail Coris/Gelbschwanz-Junker,
Clown-Junker/Coris Gaimard à queue jaune

Fig. 368 Poisson des reservoirs de Loeven; *Zanclus cornutus* (Linné, 1758); Moorish Idol/Halfterfisch/Idole des Maures (ou Porte-enseigne cornu ou Tranchoir)
Fig. 369 Sans nom; *Scolopsis bilineata* (Bloch, 1793); Two-lined Monocle Bream/Schärpen-Scheinschnapper/Happeur à deux lignes (Brème)
Fig. 370 Le Sauteur brun; *Katsuwonus pelamis* (Linné, 1758); Skipjack Tuna/Bonito, Echter Bonito/Bonitre à ventre rayé (ou Thon listao)

Plate 79

Fig. 371 Sadel-Visch, le Male; *Thalassoma jansenii* (Bleeker, 1856); Jansen's Wrasse/Jansens Junker/Labre de Jansen
Fig. 372 Sorte de poisson Cochon; ? *Siganus vulpinus* (Schlegel & Müller, 1844); Foxface/Gelbes Dachsgesicht, Fuchsgesicht/Tête de renard
Fig. 373 Klip-Visch; —; Teleost/Knochenfisch/Téléostéen
Fig. 374 Reyne de Hila; *Zanclus cornutus* (Linné, 1758); Moorish Idol/Halfterfisch/Idole des Maures (ou Porte-enseigne cornu ou Tranchoir)

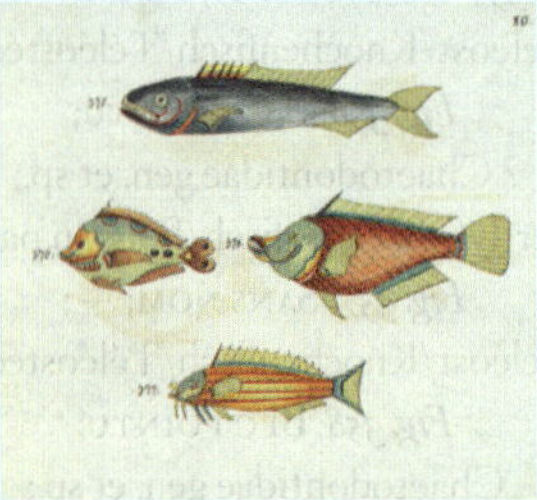

Plate 80

Fig. 375 Le Chasseur des harangs; —; Teleost/Knochenfisch/Téléostéen
Fig. 376 Hart Visch; ? *Naso* sp.; Unicornfish/Nasendoktor-Fisch/Chirurgien (ou Poisson licorne, ou Nason)
Fig. 377 La perche d'Amboine; —; Teleost/Knochenfisch/Téléostéen
Fig. 378 Ican Banda; —; Teleost/Knochenfisch/Téléostéen

Plate 81

Fig. 379 Perkiet-Visch; *Coris gaimard* (Quoy & Gaimard, 1824); Yellowtail Coris/Gelbschwanz-Junker, Clown-Junker/Coris Gaimard à queue jaune
Fig. 380 Le Stomp-Kop; ? *Siganus* sp.; Rabbitfish/Kaninchenfisch, Dachsgesicht/Poisson lapin
Fig. 381 De Hart-Visch; ? *Naso* sp.; Unicornfish/Nasendoktor-Fisch/Chirurgien (ou Poisson licorne, ou Nason)

Fig. 382 Klip-Baars; ? Serranidae gen. et sp.; Grouper/Sägebarsch/Loche

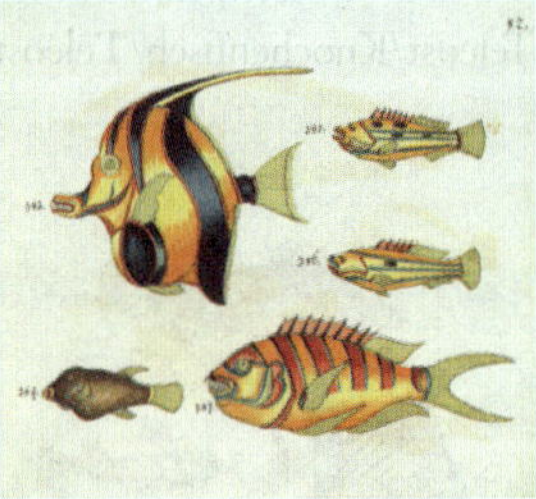

Plate 82

Fig. 383 L'Idole des Noirs; *Zanclus cornutus* (Linné, 1758); Moorish Idol/Halfterfisch/Idole des Maures (ou Porte-enseigne cornu ou Tranchoir)
Fig. 384 Klip-Visch de la Baye Portugaise; *Canthigaster* sp.; Sharpnose Pufferfish/Spitzkopf-Kugelfisch/Canthigaster (Bourse de sable)
Fig. 385 Joly Poisson de la Baye Portugaise; *Stethojulis* sp.; Wrasse/Regenbogen-Junker/Labre
Fig. 386 La femelle du poisson cy dessus; *Stethojulis* sp.; Wrasse/Regenbogen-Junker/Labre
Fig. 387 Bonte Baers; *Pristipomoides zonatus* (Valenciennes, 1830); Oblique-banded Snapper/—/Vivaneau rayé (ou Colas bagnard)

Plate 83

Fig. 388 L'Empereur de Japan; *Pomacanthus*

imperator (Bloch, 1787); Emperor Angelfish/ Kaiserfisch, Imperator/Poisson ange empereur

Plate 84

Fig. 389 Le Babare de 30 livres; *Ulua mentalis* (Cuvier, 1833); Long-rakered Trevally/—/ Carangue démêloir

Plate 85

Fig. 390 Femme de Mer, Syrene; ? *Dugong dugon* (Muller, 1776); Dugong/Meerjungfrau/ Dugong

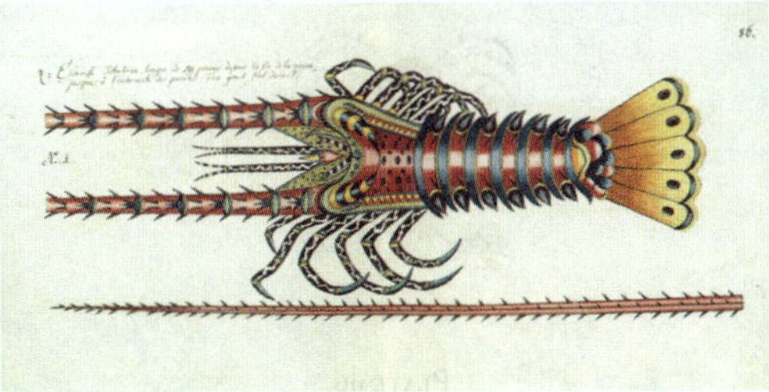

Plate 86

Fig. 1 Escrevisse d'Amboine; *Panulirus ornatus* (Fabricius, 1798); Ornate Spiny Lobster/ Schmuck-Languste/Langouste porcelaine

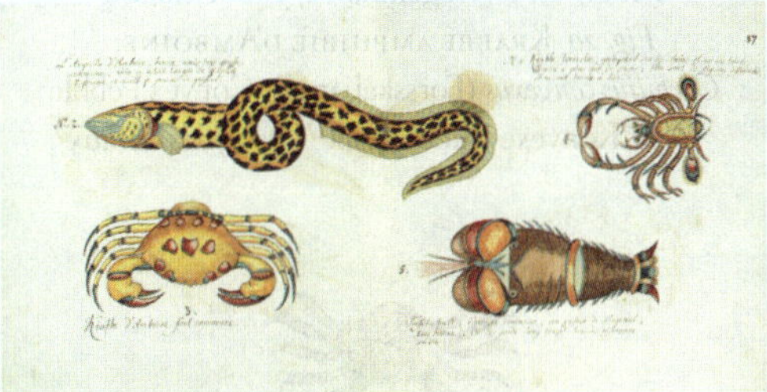

Plate 87

Fig. 2 L'Anguille d'Amboine; —; Anguilliform/Aalähnlicher Fisch/Anguillidé
Fig. 3 Krabbe d'Amboine; *Carpilius maculatus* (Linné, 1758); Spotted Pebble Crab/Gefleckte Kugelkrabbe/Crabe à taches rouges
Fig. 4 Krabbe terrestre; ? *Notopus dorsipes* (Linné, 1758); Frog Crab/—/Crabe sauteur
Fig. 5 Taffel-Kreft; *Parribacus antarcticus* (Lund, 1793); Sculptured Slipper Lobster/ Skulptur-Bärenkrebs/Cigale de mer

Plate 88

Fig. 6 Lokkie Lokkie; *Lysiosquillina maculata* (Fabricius, 1793); Banded Mantis Shrimp/ Gebänderter Fangschreckenkrebs/Squille commune rayée (ou Varo)
Fig. 7 Katjang Roeper; *Portunus sanguinolentus* (Herbst, 1796); Redspot Swimming Crab/ Pazifische Rotpunkt-Schwimmkrabbe/ Crabe nageur (ou Etrille à taches rouges)
Fig. 8 Krabbe terrestre; *Calappa philargius* (Linné, 1758); Box Crab/Schamkrabbe/ Crabe honteux (ou pudibond)

Plate 89

Fig. 9 Espece de Linssuo; *Odontodactylus scyllarus* (Linné, 1758); Peacock Mantis Shrimp/ Bunter Fangschreckenkrebs/Squille multicolore (ou Crevette mante)
Fig. 10 Anguille d'Eau douce d'Amboine; —; Anguilliform/Aalähnlicher Fisch/Anguillidé
Fig. 11 Krabbe de la Lune; Leucosiidae gen. et sp.; Pebble Crab/Kugelkrabbe/Crabe caillou
Fig. 12 Krabbe Du Soleil; —; Crab/Krabbe/Crabe

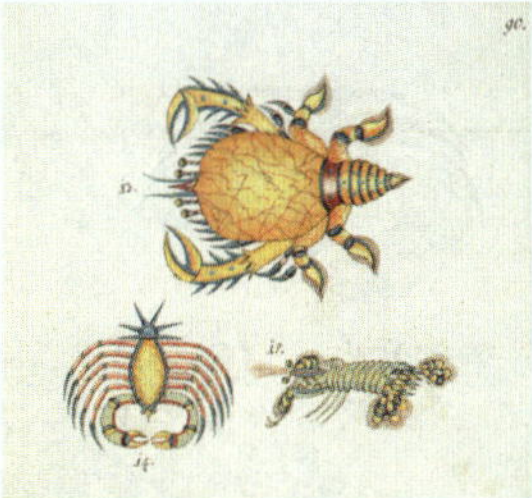

Plate 90

Fig. 13 Krabbe du Roy;
Ranina ranina (Linné, 1758); Red Frog Crab/Spannerkrabbe/Crabe girafe
Fig. 14 Krabbe terrestre; —;
Crab/Krabbe/Crabe
Fig. 15 Petite Escrevisse de table;
Odontodactylus scyllarus (Linné, 1758);
Peacock Mantis Shrimp/
Bunter Fangschreckenkrebs/Squille multicolore (ou Crevette mante)

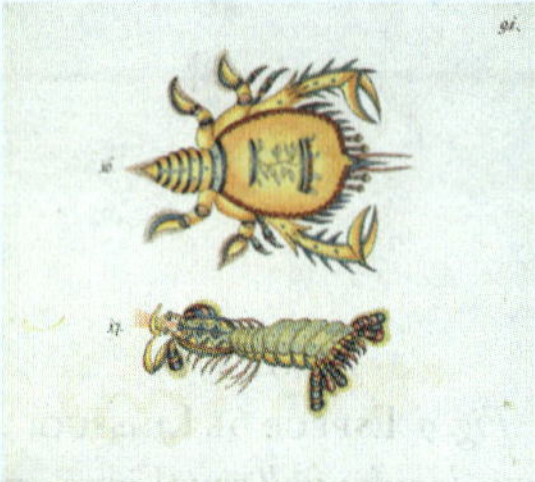

Plate 91

Fig. 16 Krabbe de l'Empereur;
Ranina ranina (Linné, 1758);
Red Frog Crab/Spannerkrabbe/Crabe girafe
Fig. 17 Linquo Lokkie;
Odontodactylus scyllarus (Linné, 1758);
Peacock Mantis Shrimp/
Bunter Fangschreckenkrebs/Squille multicolore (ou Crevette mante)

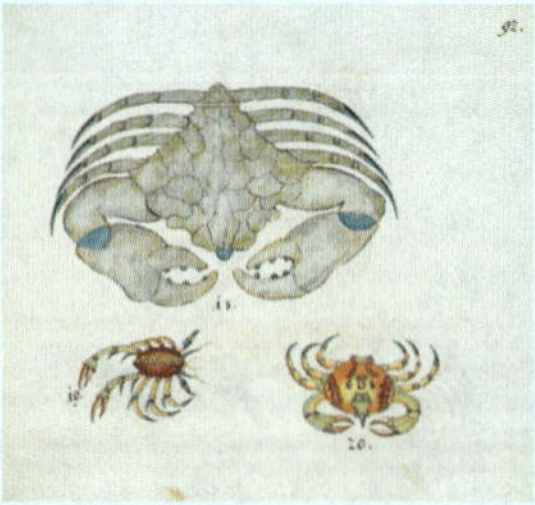

Plate 92

Fig. 18 Steen Krabbe;
Daldorfia horrida (Linné, 1758);
Stone Crab/Steinkrabbe/Crabe pierre
Fig. 19 Krabbe areignée d'Amboine;
Myra fugax (Fabricius, 1798);
Pebble Crab/Kugelkrabbe/Crabe caillou
Fig. 20 Krabbe amphibie d'Amboine;
Carpilius convexus (Forsskål, 1775); Convex Pebble Crab/Konvexe Rundkrabbe/Crabe des coraux

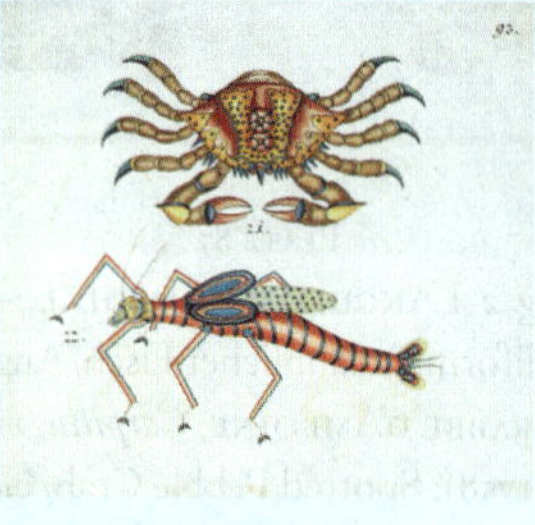

Plate 93

Fig. 21 Krabbe marine d'Nasselau;
Portunidae gen. et sp.;
Swimming Crab/Schwimmkrabbe/Crabe nageur (ou Etrille)
Fig. 22 Femelle de la Sauterelle d'Amboine;
Phasmatodea: *Eurycnema versirubra*;
Giant Winged Walkingstick/Stabschrecke/Grand phasme ailé

Plate 94

Fig. 23 Krabbe de St. Croix;
Charybdis feriata (Linné, 1758);
Coral Crab/Schwimmkrabbe/
Crabe de corail
Fig. 24 Petite Garnelle de table; —;
Shrimp/Garnele/Crevette
Fig. 25 Petite Krabbe de Hibemelan; —;
Crab/Krabbe/Crabe

Plate 95

Fig. 26 Krabbe de la Rique;
Portunus sanguinolentus (Herbst, 1796);
Redspot Swimming Crab/Pazifische Rotpunkt-Schwimmkrabbe/Crabe nageur (ou Etrille à taches rouges)
Fig. 27 Krabbe du Chien; —;
Crab/Krabbe/Crabe
Fig. 28 Krabbe de la Lune;
Leucosiidae gen. et sp.; Pebble Crab/
Kugelkrabbe/Crabe caillou

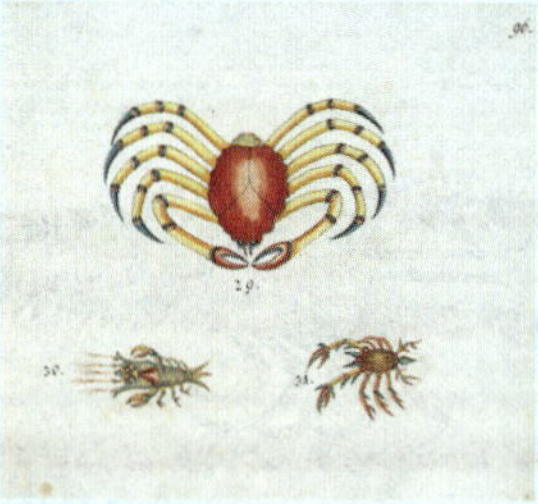

Plate 96

Fig. 29 Krabbe de la Baye Portugaise;
Unknown *Oxyrhyncha*;
Spider Crab/Spinnenkrabbe/Araignée de mer
Fig. 30 Petite Escrevisse terrestre;
Notopus dorsipes (Linné, 1758);
Frog Crab/—/Crabe sauteur
Fig. 31 Krabbe areignée; *Myra fugax* (Fabricius, 1798); Pebble Crab/Kugelkrabbe/Crabe caillou

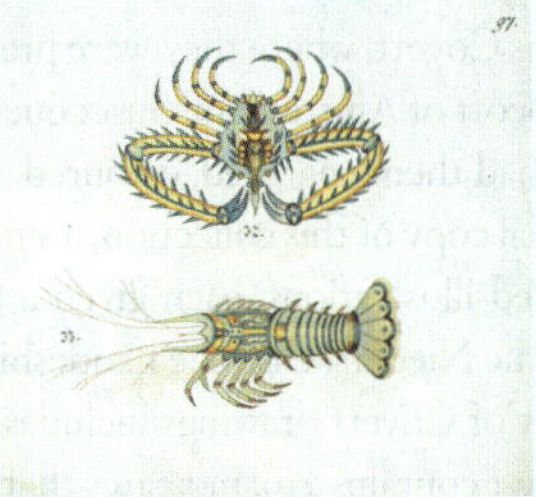

Plate 97
Fig. 32 Krabbe Scorpion;
Parthenope longimana (Linné, 1758);
Parthenop Crab/Ellbogenkrabbe/
Crabe Parthénope
Fig. 33 Escrevisses d'Eau douce d'Amboine;
Panulirus sp.;
Spiny Lobster/Languste/Langouste

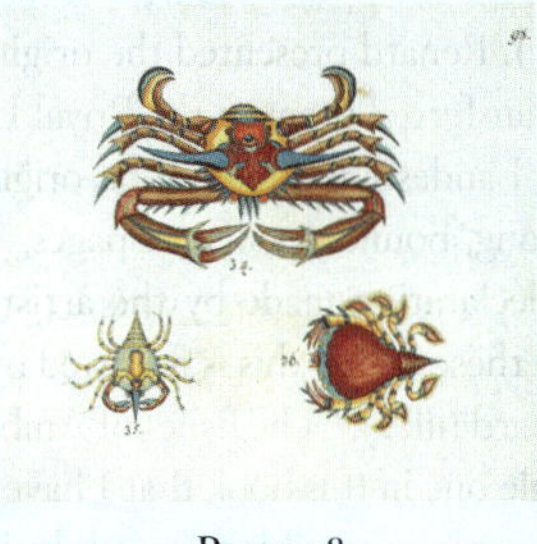

Plate 98
Fig. 34 Katjang Radi d'Amboine;
Portunus pelagicus (Linné, 1758);
Blue Swimming Crab/Blaue Schwimmkrabbe/
Crabe bleu nageur (ou Crabe batailleur)
Fig. 35 Krabbe de la Baye Portugaise; —;
Crab/Krabbe/Crabe
Fig. 36 Krabbe terrestre;
Ranina ranina (Linné, 1758);
Red Frog Crab/Spannerkrabbe/
Crabe girafe

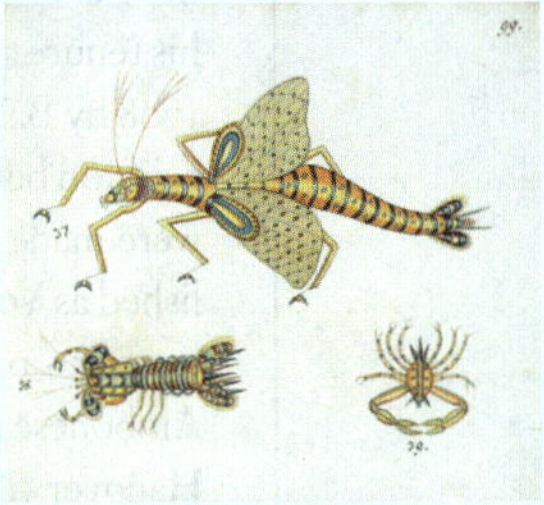

Plate 99
Fig. 37 Sauterelle d'Amboine, Male;
Phasmatodea: *Eurycnema versirubra*;
Giant Winged Walkingstick/Stabschrecke/
Grand phasme ailé
Fig. 38 Petite Escrevisse de table;
? *Pseudosquilla* sp.;
Mantis Shrimp/Speerer/Squille
Fig. 39 Krabbe armoiriée;
Myra fugax (Fabricius, 1798);
Pebble Crab/Kugelkrabbe/Crabe caillou

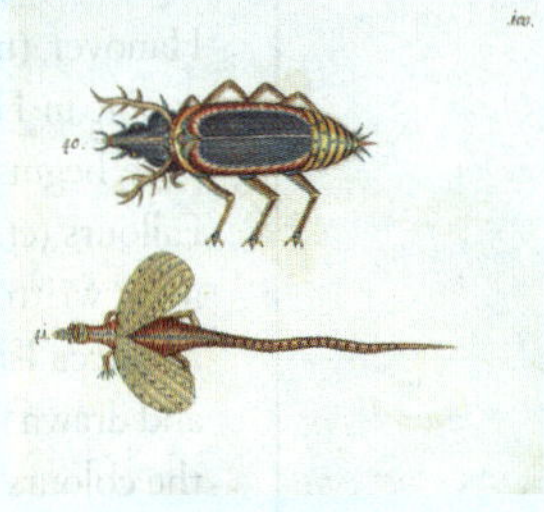

Plate 100
Fig. 40 Escarbot d'Amboine;
Beetle/Käfer/Scarabée
Fig. 41 Couleuvre volante d'Amboine;
Draco volans (Linné, 1758); Flying Dragon/
Flugdrache/Dragon commun volant

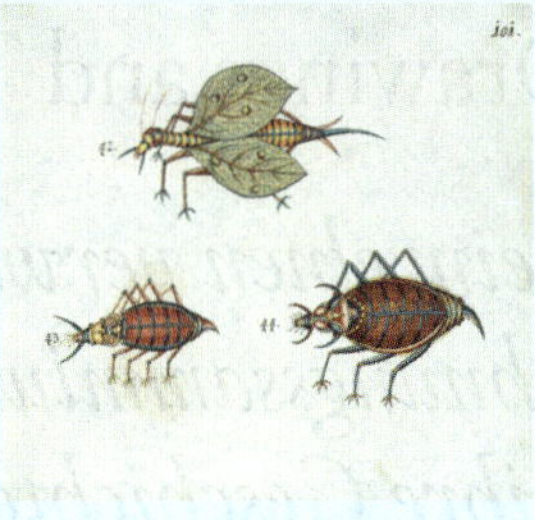

Plate 101
Fig. 42 Chenille volante d'Amboine;
Saltatoria, Tettigoniidae: ? *Ancylecha fenestrata*;
Long-horned grashopper/Langfühlerschrecke/
Mouche serpent
Fig. 43 Hannetons;
Beetle/Käfer/Scarabée
Fig. 44 Groot Hannetons dit Moras; —;
Beetle/Käfer/Scarabée

APPENDIX / ANHANG / APPENDICE

The Various Related Sets of Drawings and Their History

Die einzelnen verwandten Zeichnungssammlungen und ihre Geschichte

Les différents recueils de dessins et leur histoire

Theodore W. Pietsch

The only logical conclusion that can be drawn from the numerous duplicated animal images appearing in various eighteenth-century manuscripts and publications is that there are, or were, several sets of similar drawings, all of which originated on Ambon Island, and which center in some way around the artist Samuel Fallours. The existence, or former existence, of ten of these sets is known:

The Coyett Manuscript

The drawings in the Coyett Manuscript were executed by Isaac Johannes Lamotius (see below) under the directorship of Balthasar Coyett during his tenure as governor of Ambon. They were taken to the Netherlands around 1708 by Balthasar's son, Frederik Julius Coyett, where they were presented as a gift on behalf of his father to a Mr. Scott of Amsterdam. Subsequently, they were made available to Renard, who had them engraved, coloured, and published as Volume I of his book. A partial copy of this collection, a small bound set of 56 pages, including 148 coloured illustrations, each given a Malay or Ambonese name, is presently held by the Niedersächsische Landesbibliothek, Hanover (ill. 1). The fact that this set of Coyett drawings includes only 148 illustrations, whereas Renard's Volume 1 contains 219, indicates that a second Coyett set of some 70 additional drawings must have existed. The whereabouts of this second manuscript, however, as well as the subsequent history of the originals for the Hanover manuscript, is unknown.

The Van der Stel Manuscript

The drawings in the Van der Stel Manuscript were executed by Samuel Fallours during the governorship of Balthasar Coyett's successor, Adriaen van der Stel, who resided in Ambon from 17 January 1706 until his death on 13 October 1720. Fallours took them to the Netherlands in 1713 and, in 1715, gave them to Renard, who is said to have used them for Volume 2 of his book on the fishes of the Moluccas (see below). Renard presented the original drawings to King George I, who in 1716 transferred them to the Royal Library in Hanover (now the Niedersächsische Landesbibliothek). The originals, still extant in Hanover, consist of an oblong, bound set of 108 pages. The first page begins with a translation of a declaration made by the artist, Samuel Fallours (cf. p. 8), that he had painted these fishes; this is followed by a statement written and signed by Louis Renard (ill. 2): "The fishes of Ambon in the Molucca Islands. – There is not a single one in this book that I have not seen and drawn myself from life, except that it is impossible to equal the beauty of the colours of these fishes when alive. I have worked a great number of years to form this collection, having lived for 12 years at Ambon, not counting the

Die Tatsache, dass zahlreiche Tierbildnisse mehrfach in verschiedenen Handschriften und Druckwerken des 18. Jahrhunderts auftauchen, lässt nur eine logische Schlussfolgerung zu: Es gibt oder gab mehrere Sammlungen ähnlicher Zeichnungen, die allesamt auf der Insel Ambon entstanden sind und bei denen der Künstler Samuel Fallours eine zentrale Rolle spielt. Die (einstige) Existenz von zehn dieser Sammlungen ist bekannt.

Das Coyett-Manuskript

Die Zeichnungen des Coyett-Manuskripts wurden von Isaac Johannes Lamotius (siehe unten) unter der Ägide von Balthasar Coyett während dessen Amtszeit als Gouverneur von Ambon geschaffen. Balthasars Sohn Frederik Julius Coyett brachte sie um 1708 in die Niederlande und schenkte sie im Auftrag seines Vaters einem Herrn Scott aus Amsterdam. Später konnte Renard nach den Zeichnungen Kupferstiche anfertigen lassen, die koloriert wurden und als Band 1 seines Buches erschienen. Eine Teilkopie dieser Sammlung – eine kleine Gruppe von 148 farbigen Illustrationen mit jeweils einem malaiischen oder ambonesischen Namen auf 56 zusammengebundenen Seiten – befindet sich im Besitz der Niedersächsischen Landesbibliothek Hannover (Ill. 1). Die Tatsache, dass diese Gruppe lediglich 148 Illustrationen umfasst, Renards Band 1 dagegen 219 enthält, deutet darauf hin, dass eine zweite Coyett-Gruppe mit rund 70 weiteren Zeichnungen existiert haben muss. Der Verbleib dieses zweiten Manuskripts sowie die spätere Geschichte der Vorlagen für die Hannover'sche Handschrift sind unbekannt.

Das Van-der-Stel-Manuskript

Die Zeichnungen des Van-der-Stel-Manuskripts wurden von Samuel Fallours während der Amtszeit von Balthasar Coyetts Nachfolger, Gouverneur Adriaen van der Stel, geschaffen, der vom 17. Januar 1706 bis zu seinem Tod am 13. Oktober 1720 auf Ambon lebte. Fallours brachte seine Zeichnungen 1713 in die Niederlande und übergab sie 1715 Renard, der sie, wie es heißt, für Band 2 seines Buches über die Fische der Molukken (siehe unten) verwendete. Renard machte die Originalzeichnungen König Georg I. zum Geschenk, der sie 1716 in die Königliche Bibliothek zu Hannover (die heutige Niedersächsische Landesbibliothek) verbringen ließ. Die bis heute in Hannover aufbewahrten Originale bestehen aus 108 im Querformat zusammengebundenen Seiten. Die erste Seite beginnt mit der Übersetzung einer Erklärung des Künstlers Samuel Fallours (siehe S. 11, 13), dass er diese Fische gemalt habe. Dem folgt eine von Louis Renard niedergeschriebene und unterzeichnete Darlegung (Ill. 2): „Die Fische von Ambon auf den Molukken-Inseln. – Es gibt keinen einzigen in diesem Buch, den ich nicht selbst gesehen und nach

L'abondance des duplications d'images animales dans différents manuscrits et publications du XVIIIe siècle inspire une seule conclusion logique : il existe, ou il exista, plusieurs recueils ou jeux de dessins similaires, tous créés sur l'île d'Amboine, et qui renvoient d'une façon ou d'une autre à l'artiste Samuel Fallours. On recense l'existence, présente ou passée, de dix de ces recueils.

Le manuscrit de Coyett

C'est Isaac Johannes Lamotius (voir ci-dessous) qui réalisa, sous sa direction, les dessins pour Balthasar Coyett, alors gouverneur d'Amboine. Vers 1708, le fils de Balthasar, Frederik Julius Coyett, emporta ces dessins aux Pays-Bas pour les offrir de la part de son père à M. Scott, à Amsterdam. Renard les eut par la suite à sa disposition : il les fit graver, enluminer et publier en tant que tome 1 de son livre. Une copie partielle de cet ensemble, une petite série reliée de 56 pages regroupant 148 illustrations en couleur, gratifiées d'un nom malais ou amboinais, est aujourd'hui détenue par la Niedersächsische Landesbibliothek à Hanovre (ill. 1). Ce manuscrit de Coyett contient seulement 148 illustrations, alors que le tome 1 de Renard en propose 219, ce qui laisse à penser qu'un deuxième « recueil de Coyett », enrichi de quelque 70 dessins supplémentaires, doit avoir existé. La localisation de ce second manuscrit, de même que l'histoire des originaux du manuscrit de Hanovre, demeurent inconnus.

Le manuscrit de Van der Stel

Samuel Fallours exécuta les dessins du manuscrit de Van der Stel pendant le mandat du successeur de Balthasar Coyett, Adriaen van der Stel, qui résida à Amboine du 17 janvier 1706 jusqu'à sa mort le 13 octobre 1720. Fallours les rapporta aux Pays-Bas en 1713 puis, en 1715, il les remit à Renard qui les aurait utilisés pour le tome 2 de son livre sur les poissons des Moluques (voir plus loin). Renard offrit les dessins originaux au roi George Ier, qui les fit déposer en 1716 à la Bibliothèque royale de Hanovre – aujourd'hui Niedersächsische Landesbibliothek. Les originaux, qui sont toujours à Hanovre, forment un recueil oblong de 108 pages reliées. La première page s'ouvre sur la traduction d'une déclaration de l'artiste, Samuel Fallours (cf. p. 9, 11, 13), dans laquelle il affirme avoir peint ces poissons ; elle est suivie d'une attestation écrite et signée par Louis Renard (ill. 2) : « Les poissons des îles Moluques d'Amboine. – Il n'y en a pas un seul dans ce livre que je n'aie vu et dessiné moi-même d'après nature, excepté qu'il est impossible d'égaler la beauté des couleurs des dits poissons quand on les prend en vie. J'ai travaillé un grand nombre d'années à former ce recueil, ayant résidé douze ans à Amboine, sans compter différents voyages que j'y ai faits devant et après. D'environ 400 poissons que j'ai dessinés, Mr. Valentijn qui était ministre à Amboine m'en a

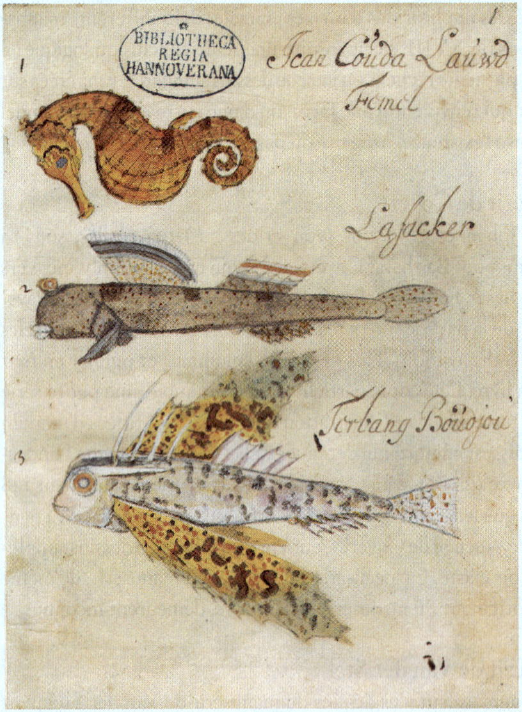

Ill. 1
Coyett Manuscript (Ms. IV, 327), fol. 1r
Hanover, Gottfried Wilhelm Leibniz Bibliothek – Niedersächsische Landesbibliothek

different voyages made before and after. Of the approximate 400 fishes I have drawn, Mr. Valentijn, who was minister at Ambon, brought me a rather large number when he returned from his trips to the churches in the province. Mr. Valentijn, presently minister at Dort [Dordrecht], affirms that there is not a single fish here that he has not seen in life several times and that my original drawings included herewith are very faithful, although drawn with broad outlines, and with colours that are feeble compared with the natural beauty of these fishes (This is the declaration of the painter, Samuel Fallours, whose statement I [Renard] have translated [from the Dutch].) – The undersigned agent of the King of Great Britain at Amsterdam [Renard] states on his word of honor that the fishes drawn in the present volume, from No. 1 to No. 389, inclusively, have been encountered by me in the presence of worthy persons, among whom were captains, as well as officers, returned from the Indies. They have all affirmed on their word of honor that the drawings included herewith conform to the nature of the fishes that they represent, in colour, as well as in shape. In witness thereof, I have signed the present declaration, and written with my own hand on each fish the explanations that I have been able to learn from the person who drew them, as well as from others who have seen them in life or who have kept them up until now dried and also in bottles of wine spirits. In Amsterdam, 20 August 1715. – Louis Renard."

The remaining pages of the Van der Stel Manuscript contain 434 coloured illustrations; the first 389 are devoted to fishes (ill. 3; but include two that depict the isopod *Mothocya renardi*), figure 390 shows the mermaid (ill. 4), and the last 44 figures include 35 crustaceans, six insects (including the two stick-insects that appear in Renard), two eel-like fishes, and a lizard (ill. 5). All the drawings are identified with a Dutch, French, or Malay name and most are accompanied by a short description in French. All of the written material throughout the manuscript is in Renard's hand.

Although it has been said that these drawings were the originals for the engravings that constitute Volume 2 of Renard's book, this is not the case; all evidence indicates that this distinction belongs instead to the Sloane drawings described below.

The Von Bülow Manuscript

When the Van der Stel Manuscript arrived in Hanover, having been sent there by George I in 1716, Baron von Bülow, a prominent citizen of the nearby town of Göttingen, obtained permission from the King to have it copied for his own library. Von Bülow's library subsequently became the foundation for the University Library of Göttingen, now the Niedersächsische Staats- und Universitätsbibliothek, Göttingen, where the Von Bülow Manuscript is presently

der Natur gezeichnet habe, außer dass es unmöglich ist, die Schönheit der Farben zu erreichen, wie sie die lebenden Fische besitzen. Ich habe viele Jahre am Aufbau dieser Sammlung gearbeitet und zwölf Jahre auf Ambon gelebt, abgesehen von verschiedenen Reisen dorthin davor und danach. Von den annähernd 400 Fischen, die ich gezeichnet habe, brachte mir Herr Valentijn, damals Pfarrer auf Ambon, eine recht große Zahl, wenn er von seinen Reisen zu den Kirchen in der Provinz zurückkehrte. Herr Valentijn, derzeit Pfarrer in Dort [Dordrecht], bekräftigt, dass es hier keinen einzigen Fisch gibt, den er nicht mehrmals im lebenden Zustand gesehen hat, und dass meine hier abgebildeten Originalzeichnungen sehr naturgetreu sind, wenngleich mit breiten Strichen gezeichnet und mit Farben, die im Vergleich zu der natürlichen Schönheit dieser Fische schwach sind (Dies ist die Erklärung des Malers Samuel Fallours, dessen Darlegung ich [Renard] übersetzt habe [aus dem Niederländischen].) – Der Unterzeichnete, Bevollmächtigter des Königs von Großbritannien in Amsterdam [Renard], tritt mit seinem Ehrenwort dafür ein, dass er den in diesem Band abgebildeten Fischen, von Nr. 1 bis Nr. 389 einschließlich, in der Anwesenheit ehrenwerter Personen begegnet ist, darunter Kapitäne sowie Beamte, die aus Ostindien zurückgekehrt sind. Sie alle sind mit ihrem Ehrenwort dafür eingetreten, dass die hier abgebildeten Zeichnungen in puncto Farbe wie Gestalt mit der Natur der Fische, die sie darstellen, übereinstimmen. Zum Zeugnis dessen habe ich die vorliegende Erklärung unterzeichnet und mit eigener Hand allen Fischen jene Erläuterungen beigefügt, die ich von der Person, welche sie gezeichnet hat, erfahren konnte, sowie von anderen, die sie lebendig gesehen oder sie bis heute in getrocknetem Zustand oder in Flaschen mit Weingeist aufbewahrt haben. Amsterdam, den 20. August 1715. – Louis Renard.“

Die übrigen Seiten des Van-der-Stel-Manuskripts enthalten 434 farbige Illustrationen; die ersten 389 gelten den Fischen (Ill. 3); zwei zeigen indes die Assel (*Mothocya renardi*), Abb. 390 zeigt die Meerjungfrau (Ill. 4), und die letzten 44 Abbildungen stellen 35 Krebstiere, sechs Insekten (darunter die beiden bei Renard erscheinenden Stabheuschrecken), zwei aalartige Fische und eine Eidechse (Ill. 5) dar. Sämtliche Zeichnungen werden mit einem niederländischen, französischen oder malaiischen Namen identifiziert, und den meisten ist eine Kurzbeschreibung in französischer Sprache beigefügt. Sämtliche Texte tragen die Handschrift Renards.

Lange hieß es, diese Zeichnungen seien die Vorlage für die Kupferstiche gewesen, aus denen Band 2 von Renards Buch besteht. Dies trifft indes nicht zu; vielmehr spricht alles dafür, dass diese Auszeichnung den Zeichnungen des Sloane-Manuskripts (siehe unten) gebührt.

apporté un assez grand nombre lorsqu'il revenait de faire la visite des églises de la Province. Le sieur Valentijn est présentement ministre à Dort [Dordrecht], et il a rendu témoignage qu'il n'y a point ici un seul poisson qu'il n'ait vu en vie plusieurs fois et que mes dessins originaux ci-inclus sont très fidèles quoique dessinés avec des traits grossiers et des couleurs faibles par rapport à la beauté naturelle des dits poissons (c'est la déclaration du peintre Samuel Fallours dont j'ai traduit la parole).

Le Soussigné agent du Roi de la Grande-Bretagne à Amsterdam [Renard] déclare en parole d'honneur que les poissons dessinés dans le présent livre depuis le n° 1 jusqu'au n°389 inclus ont été confrontés par moi, en présence de gens dignes de foi, par devant plusieurs tant capitaines qu'autres officiers revenus des Indes lesquels ont tous affirmé en paroles véritables, que les dessins ci-inclus étaient conformes à la nature des poissons qu'ils représentent, tant pour les couleurs que pour la forme. En témoin de quoi j'ai signé la présente déclaration et écrit moi-même sur chaque poisson les explications que j'en ai pu apprendre tant de celui qui les a dessinés que des autres qu'ils ont vus en vie, ou qui en gardent encore à présent séchés et aussi dans des bouteilles d'esprit de vin. A Amsterdam le 20 août 1715. Louis Renard. »

Les autres pages du manuscrit de Van der Stel contiennent 434 illustrations coloriées ; les 389 premières traitent des poissons (ill. 3 ; sauf deux qui représentent l'isopode *Mothocya renardi*). La figure 390 montre la fameuse sirène (ill. 4). Les 44 dernières pages comprennent 35 crustacés, six insectes (dont les deux phasmes déjà vus chez Renard), deux poissons ressemblant à des anguilles et un lézard (ill. 5). Chaque dessin est identifié par un nom néerlandais, français ou malais et généralement accompagné d'une brève description en français. Tout ce qui est écrit dans le manuscrit est de la main de Renard.

Il a été suggéré que ces dessins étaient les originaux des gravures composant le tome 2 du livre de Renard, mais ce n'est pas le cas ; tout indique que cette distinction revient plutôt au manuscrit de Sloane, évoqué ci-après.

Le manuscrit de Von Bulow

Lorsque les dessins du manuscrit de Van der Stel parvinrent à Hanovre, expédiés par George Ier en 1716, le baron Von Bülow, éminent citoyen de Göttingen, ville voisine, reçut la permission royale de les faire copier pour sa bibliothèque personnelle. La bibliothèque de Von Bülow servit par la suite de fonds originel à la Bibliothèque universitaire de Göttingen, aujourd'hui Niedersächsische Staats- und Universitätsbibliothek Göttingen, où le manuscrit de Von Bülow est toujours hébergé. Il a servi de base à notre publication. Le manuscrit, ici reproduit dans son intégralité, consiste en un recueil oblong de dix, puis de cent-quatre pages reliées. Il s'ouvre par deux lettres de Renard

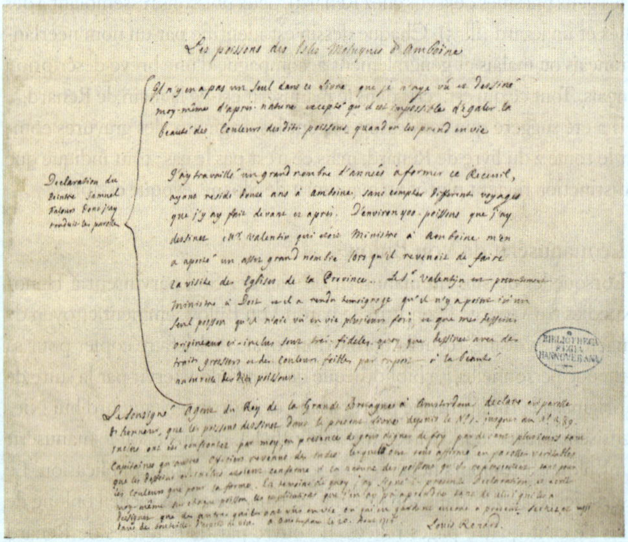
Les poissons des Isles Moluques d'Amboine

Il n'y en a pas un seul dans ce Livre que je n'aye vû et dessiné moy-même d'après nature excepté qu'il est impossible d'égaler la beauté des couleurs des dits poissons quand on les prend en vie.

J'ay travaillé un grand nombre d'années à former ce Recueil, ayant residé douze ans à Amboine, sans compter differents voyages que j'y ay fait devant et après. D'environ 400 poissons que j'ay dessinez Mr. Valentin qui étoit Ministre à Amboine m'en a aporté un assez grand nombre lors qu'il revenoit de faire la visite des Eglises de la Province. Le Sr. Valentyn est presentement Ministre à Dort, et il a rendu temoignage qu'il n'y a point ici un seul poisson qu'il n'aie vû en vie plusieurs fois, et que mes desseins originaux ci-inclus sont très fideles quoy que dessinez avec des traits grossiers et des couleurs foibles par raport à la beauté naturelle des dits poissons.

Declaration du Peintre Samuel Falours dont j'ay traduit les paroles

Le soussigné Agent du Roy de la Grande Bretagne à Amsterdam declare en parole d'honneur, que les poissons dessinez dans le present Livre depuis le No. 1. jusques au No. 2[illegible]9. [illegible] ont été confrontez par moy, en presence de gens dignes de foy par devant plusieurs [illegible] Capitaines et autres Officiers revenus des Indes lesquels ont tous affirmé en paroles veritables que les Desseins ci-inclus etoient conformes à la nature des poissons qu'ils representent, tant pour les couleurs que pour la forme. En temoin de quoy j'ay signé la presente Declaration, et écrit moy-même sur chaque poisson les explications que j'en ay pu aprendre tant de celui qui les a dessignez que des autres qui les ont vûs en vie [illegible] à present [illegible] dans des [illegible]. à Amsterdam le 20. Août 1718.

Louis Renard

Ill. 2
Van der Stel Manuscript (Ms., IV, 326), fol. 1r
Preface/Vorwort/Préface
Louis Renard's signed translation, Dutch to French, of Samuel Fallours's testimony that it was indeed Fallours who painted the fishes of Ambon: the preface to the Van der Stel Manuscript.
Samuel Fallours' Erklärung, die Fische von Ambon eigenhändig gemalt zu haben, in Louis Renards von ihm unterzeichneter Übersetzung vom Niederländischen ins Französische, bildet das Vorwort des Van-der-Stel-Manuskripts.
Traduite du néerlandais au français et contresignée par Louis Renard, l'attestation de Samuel Fallours selon laquelle il a lui-même peint les poissons d'Amboine : c'est la préface au manuscrit de Van der Stel.
Hanover, Gottfried Wilhelm Leibniz Bibliothek – Niedersächsische Landesbibliothek

housed. The manuscript, reproduced here in full, consists of an oblong bound set of 10 plus 104 leaves. It begins with two letters from Renard to Von Bülow (see p. 94–97). The first letter, dated 5 November 1718, is a brief recommendation that Von Bülow purchase a copy of Renard's *Histoire naturelle* ("Natural History"): "I take the liberty of respectfully recommending it to you, as you are a famous connoisseur and patron of great new works." The second letter, dated 19 November 1718, is a detailed explanation of the major differences between the original Van der Stel drawings and what is included in the published *Histoire naturelle*. Von Bülow has asked for more information concerning Renard's "book of fishes from the Indies," being understandably reluctant to buy a copy if it is nothing more than a duplication of his copy of the Van der Stel Manuscript.

The Renard letters are followed by a two-page "Memorial," including a comparison of the illustrations forming the Von Bülow set with those published by Renard, and six additional pages of tables listing equivalent illustration numbers in this set, the Van der Stel set, and Renard's Volume 2 of the "Natural History". Following all this is an "Avertissement" (see facsimile p. 1) signed and dated in Hanover, 7 September 1717, by Von Bülow, which briefly summarizes Renard's preface to the Van der Stel Manuscript (see above), but which, in reference to his duplication of the latter, goes on to say: "I, who have had this book copied at some expense, by the express permission of His Majesty, can say in all truth that I have found all the illustrations to be fair resemblances [of the originals], except for the colours, which in the copy are in effect a little too strong or exaggerated. The painter [of the copies], however, assures me that with time these strong colours will fade and then there will be scarcely any difference." Finally, following these pages of introductory material and preceding a six-page index of animal names, are the paintings, consisting of 101 pages and 434 brightly coloured and remarkably well-copied figures. They are, in fact, much better preserved than the Van der Stel drawings themselves. Von Bülow was certainly correct in his assessment that the colours are more vivid in his copy than in the originals, but he was incorrectly advised about the colours fading with time. In fact, the illustrations as reproduced here seem as fresh and bright as if published yesterday.

The Sloane Manuscript

The existence of this set of drawings, remained unknown until 1985, when it was discovered among the Sloane collections at the Department of Manuscripts of the British Library in London (ill. 6). It consists of an oblong, bound set of 114 pages and 460 coloured drawings that correspond to those appearing in Volume 2 of Renard's fish book. The first 106 pages contain 437 numbered figures, each given a Dutch, French, Malay, or Ambonese name and,

Das Von-Bülow-Manuskript

Nachdem man die Zeichnungen des Van-der-Stel-Manuskripts 1716 auf Geheiß von Georg I. nach Hannover verbracht hatte, erhielt Baron von Bülow, ein prominenter Bürger des nahen Göttingen, die Erlaubnis des Königs, die Zeichnungen für seine Privatbibliothek kopieren zu lassen. Von Bülows Bibliothek wurde später zum Grundstock der Universitätsbibliothek Göttingen, der heutigen Niedersächsischen Staats- und Universitätsbibliothek Göttingen, in der das Von-Bülow-Manuskript heute untergebracht ist. Es bildet die Vorlage für die hier vorgelegte Publikation. Die – hier vollständig abgedruckte – Handschrift im Querformat besteht aus 10 plus 104 zusammengebundenen Blättern. Das Manuskript beginnt mit zwei Briefen von Renard an von Bülow (siehe S. 94–97). Der erste, vom 5. November 1718 datierte Brief ist eine kurz gefasste Empfehlung, von Bülow möge ein Exemplar von Renards *Histoire naturelle* („Naturgeschichte") erstehen: „Ich darf mir erlauben, Euch diese ergebenst zu empfehlen, da Ihr ein berühmter Kenner und Förderer großer neuer Werke seid." Der zweite, am 19. November 1718 verfasste Brief ist eine detaillierte Erläuterung der wichtigsten Unterschiede zwischen den Originalzeichnungen des Van-der-Stel-Manuskripts und den Abbildungen in der gedruckten „Naturgeschichte". Von Bülow hatte nämlich um weitere Informationen über Renards „Buch der Fische von Ostindien" gebeten, da es ihm verständlicherweise widerstrebte, ein Exemplar zu erwerben, falls es nicht mehr darstellte als ein Doppel seiner Kopie des Van-der-Stel-Manuskripts.

Auf die beiden Briefe von Renard folgen ein zweiseitiges „Memorial" mit einem Vergleich der Illustrationen des Von-Bülow-Manuskripts mit den von Renard veröffentlichten Abbildungen sowie sechs Seiten mit Konkordanztabellen, betreffend die Nummern einander entsprechender Abbildungen im Von-Bülow- und Van-der-Stel-Manuskript sowie in Renards Band 2 der „Naturgeschichte". Dem schließt sich ein „Avertissement" (siehe Faksimile S. 1) an, durch von Bülow am 7. September 1717 in Hannover verfasst und von ihm unterzeichnet, das Renards Vorwort zu den Zeichnungen des Van-der-Stel-Manuskripts (siehe oben) kurz zusammenfasst, doch in dem es bezüglich des eigenen Kopierprojekts weiter heißt: „Ich, der ich dieses Buch nach ausdrücklicher Genehmigung Seiner Majestät mit einigem Aufwand habe kopieren lassen, kann wahrhaftig behaupten, dass sämtliche Illustrationen ein gutes Ebenbild [der Originale] darstellen, mit Ausnahme der Farben, die in der Kopie nämlich etwas zu stark oder übertrieben sind. Der Maler [der Kopien] versichert mir indessen, dass diese kräftigen Farben mit der Zeit verblassen werden und es dann kaum einen Unterschied geben wird." Zwischen diesen einleitenden Seiten und einem sechsseitigen Register der Tiernamen finden wir schließlich den 101 Seiten umfassenden Tafelteil mit 434 farbenfrohen und

adressées à Von Bülow (cf. p. 94–97). La première, en date du 5 novembre 1718, recommande brièvement à Von Bülow de faire l'acquisition d'un exemplaire de l'*Histoire naturelle* de Renard :

« Je prends la liberté de vous la recommander respectueusement, vous qui êtes un connaisseur renommé et le protecteur des grandes œuvres nouvelles. »

La seconde lettre, datée du 19 novembre 1718, explique par le menu les principales différences qui distinguent les dessins originaux appartenant à Van der Stel et le contenu imprimé dans l'*Histoire naturelle*. Von Bülow avait demandé à être mieux informé sur le *Livre des Poissons des Indes* de Renard ; il était en effet légitimement réticent à l'idée d'acheter un exemplaire qui n'eût été qu'une duplication de sa propre copie du manuscrit de Van der Stel.

Les lettres de Renard sont suivies d'un « Mémorial » de deux pages, qui compare les illustrations composant le manuscrit de Von Bülow et celles qu'édita Renard. Suivent encore six pages de tables dressant la liste numérotée des dessins analogues dans ce manuscrit, dans le manuscrit de Van der Stel et dans le tome 2 de l'*Histoire naturelle* de Renard. Vient ensuite un « Avertissement » (cf. fac-similé p. 1), signé et daté le 7 septembre 1717 à Hanovre par Von Bülow, qui résume sommairement la préface de Renard au manuscrit de Van der Stel (voir ci-après), mais se réfère aussi à la duplication qu'il en a faite : « Moi, qui ai fait copier ce livre à certain coût, par permission expresse de Sa Majesté, puis dire en toute vérité que j'ai constaté la bonne ressemblance de toutes les illustrations [avec les originaux], à l'exception des couleurs qui sont en fait, dans la copie, un peu trop fortes ou exagérées. Cependant, le peintre [de ces copies] m'assure qu'avec le temps ces couleurs fortes s'estomperont et qu'il n'y aura alors presque aucune différence. »

Enfin, après ces pages liminaires, et précédant six pages d'index des noms d'animaux, commence la série des dessins eux-mêmes, soit 101 pages et 434 figures brillamment coloriées, remarquablement dupliquées – et beaucoup mieux conservées que les dessins appartenant à Van der Stel. Von Bülow avait certainement raison d'évoquer la vivacité des couleurs, plus tranchée dans sa copie que dans les originaux, mais sur l'affadissement présumé de ces mêmes couleurs avec le temps, il se trompait. En réalité, les illustrations telles qu'elles sont ici reproduites semblent aussi fraîches et éclatantes que si elles sortaient de l'imprimerie.

Le manuscrit de Sloane

L'existence de ce jeu de dessins, resta inconnue jusqu'en 1985, date de sa découverte parmi les collections Sloane au département des manuscrits de la British Library à Londres (ill. 6). Il s'agit d'un recueil oblong de 114 pages

with few exceptions, a description in either Dutch or French. The 437 annotated figures are followed by eight additional pages, bound in upside down, bearing 23 figures that are unnumbered and appear without a commentary. As indicated above in connection with the Van der Stel Manuscript, all the written material throughout the Sloane Manuscript is in Renard's hand.

Like the Van der Stel Manuscript, the Sloane set was painted by Samuel Fallours during the governorship of Adriaen van der Stel at Ambon. From correspondence between Renard and Sir Hans Sloane (see below), we know this collection came into Renard's possession sometime prior to the close of 1718, but whether it was taken to the Netherlands in 1715 by Fallours, along with the Van der Stel set, is unknown. In any case, the figures of the two collections, although arranged in a totally different order, are very similar. A detailed, figure-by-figure comparison shows that each of the two sets contains only eight illustrations that are not represented in the other set. In comparing the two manuscripts with Volume 2 of Renard's book, it quickly becomes obvious that it was the Sloane Manuscript that was used by Renard's engraver, rather than the Van der Stel drawings, as has been previously been assumed. With only a few small deviations, and in stark contrast to the Van der Stel collection, the first 183 figures of Renard's Volume 2 appear in the same order as those in the Sloane collection. Careful comparison of equivalent figures shows invariably a much closer similarity between those in Volume 2 and the Sloane set than between the former and the Van der Stel set. The descriptions that accompany the Sloane figures, while being much longer and more detailed than those of the Van der Stel figures, are more similar to the engraved descriptions found in Renard's book. Finally, there are several notes on pages of the Sloane Manuscript that refer specifically to Renard's published version.

That the Sloane drawings were in Renard's possession and subsequently presented to Hans Sloane as a gift for helping to sell copies of the fish book in London, are indicated in a letter written by Renard to Sloane just as the *Histoire naturelle* ("Natural History") was being printed. In this letter, dated 6 ecember 1718 (BM, Sloane Ms. 4045, fol. 160 ff.), Renard writes: "Regarding the originals, from which my plates have been made, my intention was to make for you a princely gift of them, if you will permit a man like me to speak thus to a man of your distinction [illegible] the honor of telling you that the originals contain a third more fishes than are engraved in my plates; and as it is one of the most beautiful [illegible] that has been embellished since the birth of letters, I shall be pleased beyond measure that you are, with [exception of] the Library of the King in Hanover, sole owner of this rare curiosity, it being true that your famous cabinet equals or surpasses in such knowledgeable and rich collections the rarest ones of the greatest princes.

Ill. 3
Van der Stel Manuscript (Ms. IV, 326), fol. 9r
Hanover, Gottfried Wilhelm Leibniz Bibliothek – Niedersächsische Landesbibliothek

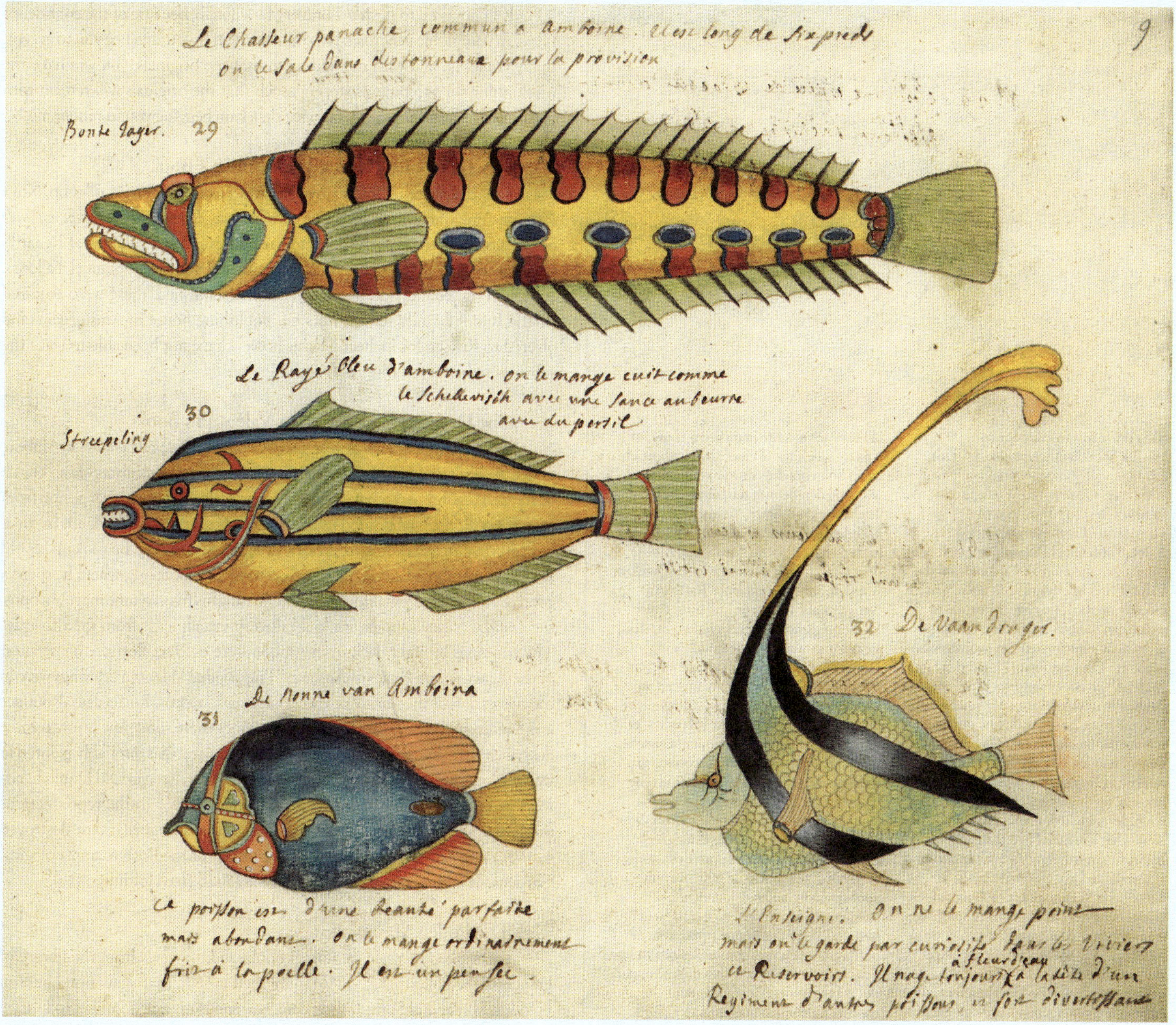

Le Chasseur panache, commun a amboine. Il est long de six pieds
on le sale dans des tonneaux pour la provision
9
Bonte Jager. 29
Le Rayé bleu d'amboine. on le mange cuit comme
le Schelvisch avec une sauce au beurre
avec du persil
30
Streepeling
32 De Vaandrager.
De Nonne van Amboina
31
Ce poisson est d'une beauté parfaite
mais abondant. On le mange ordinairement
frit à la poelle. Il est un peu sec.
L'Enseigne. On ne le mange point
mais on le garde par curiosité dans les Viviers
et Reservoirs. Il nage toujours à fleur d'eau à la tête d'un
Regiment d'autres poissons, et fort divertissant

If I dare even to push my bravery far enough, because of the confidence I have in your noble generosity, it would be to offer you, and beg you to accept, thirty copies ..., and with my adding to that the originals, you will have the whole thing for 250 pounds sterling, such that the originals will remain with you out of recognition for this service that I am begging you to render me."

The Drawings Executed for Ruysch's Book

The drawings published by Hendrik Ruysch in his "Collectio Nova Piscium Amboinensium", part I of his *Theatrum Universale Omnium Animale* published 1718, which correspond to the figures in both volumes of Renard's book, were also painted in Ambon, in all probability by Samuel Fallours. Although the connection has not yet been established, these were acquired by the Rudolph and Gerard Wetstein publishing house in Amsterdam, and offered to Ruysch for inclusion in his book. I have not been able to trace the subsequent history of these drawings.

The Drawings Executed for Valentijn's Book

The Valentijn drawings were also executed by Samuel Fallours in Ambon, under the direction of François Valentijn. Valentijn was a minister of the Dutch Reformed Church at Ambon from 1686 to 1694 (except for a brief period from 1687 to 1688, when he resided in Banda). He left for the Netherlands in 1694, but returned to the Indies in 1706. Between 1707 and 1713, be took up his old position at Ambon. In 1713, he returned to the Netherlands, where he spent a good portion of the remainder of his life writing his five-volume magnum opus, the *Oud en Nieuw Oost-Indiën*, published in installments from 1724 to 1726. The paintings brought back from Ambon were used to illustrate his account of the "Uncommon Fishes of Ambon." The original Valentijn drawings were in the possession of the library of the Zoological Gardens, Rotterdam. Rouffaer and Muller (1902), who examined the drawings there sometime prior to 1902, described them as consisting of 527 coloured illustrations, probably painted in watercolour, and provided with short inscriptions written in Old Dutch handwriting; in general they found them to be far superior to the reproductions in Valentijn's book. Unfortunately, however, these originals were destroyed by fire, along with the greater part of the library of the Rotterdam Zoological Gardens, when that city was bombed in May 1940 (see Holthuis, 1959).

The Pollen Manuscript

Mentioned in a sale catalog of books and drawings from the library of François P.L. Pollen (1842–1886), published in 1887 by the auction house of Frederik Muller and Sons, Amsterdam, is a manuscript of "(Samuel Fallours's)

Ill. 4 (page 80/seite 80/page 80)
Van der Stel Manuscript (Ms. IV, 326), fol. 88r
Hanover, Gottfried Wilhelm Leibniz Bibliothek – Niedersächsische Landesbibliothek
A detail of Samuel Fallours' original painting of the mermaid, taken from the Van der Stel Manuscript. In notes written directly on the folio page, a portion of which can be seen on the left, Fallours gives what appears to be an eye-witness account of the mermaid: "I had this Siren [Syrene] alive for four days in my house at Ambon in a tub of water. My son brought it to me from Bouro where he purchased it from the blacks for two ells of cloth. It died of hunger, not wishing to take any nourishment, neither fishes nor shellfishes, nor mosses or grasses. It did nothing but whimper with little cries [that sounded] somewhat like rats. I had the curiosity to lift its fins in front and in back and [found] it was shaped like a woman."
Detail von Samuel Fallours' Originaldarstellung der Meerjungfrau, aus dem Van-der-Stel-Manuskript. In einer direkt auf das Folioblatt geschriebenen Notiz, die am linken Bildrand sichtbar ist, schildert Fallours die Meerjungfrau, als habe er sie mit eigenen Augen gesehen: „Diese Sirene lebte in meinem Haus auf Ambon vier Tage in einem Wasserbottich. Mein Sohn brachte sie mir von Buru mit, wo er sie den Schwarzen für zwei Ellen Tuch abgekauft hatte. Sie verhungerte, nachdem sie jegliche Nahrung verschmäht hatte, seien es Fische, Muscheln, Moose oder Gräser. Sie gab nur ein leises Quieken von sich, ähnlich dem einer Ratte. Aus Neugier habe ich vorne und hinten ihre Flossen angehoben und [festgestellt, dass] sie geformt war wie eine Frau."
Détail du dessin original de la sirène par Samuel Fallours, issue du manuscrit de Van der Stel. Dans des annotations directement imprimées sur le feuillet, et dont on peut lire une partie sur la gauche, Fallours livre ce qui apparaît comme un témoignage visuel : « J'ai eu cette syrène en vie quatre jours dans ma maison à Amboine dans une cuve pleine d'eau. Mon fils me l'avoir rapportée de Bouro où il l'avait achetée des Noirs pour deux aunes de Drap. Elle mourut de faim, n'ayant voulu prendre aucune nourriture, ni poissons, ni coquillages, ni mousses, ni herbes. Elle ne faisait que gémir avec des petits cris à peu près comme les rats font. J'eus la curiosité de lever ses nageoires par devant et par derrière or elle était conformée comme une femme. »

bemerkenswert gut kopierten Abbildungen. Diese sind in der Tat weit besser erhalten als die Zeichnungen des Van-der-Stel-Manuskripts. Von Bülow hatte sicher Recht mit seiner Behauptung, die Farben seiner Kopie seien lebhafter als die der Originale. Die Zusage, dass die Farben im Lauf der Zeit verblassen würden, trifft allerdings nicht zu. Vielmehr erscheinen die Illustrationen, die wir hier reproduzieren, so kräftig und frisch wie von gestern.

Das Sloane-Manuskript

Dies erst 1985 in den Sloane-Sammlungen der Handschriftenabteilung der British Library in London entdeckte Manuskript (Ill. 6) besteht aus 114 im Querformat zusammengebundenen Seiten und umfasst 460 farbige Zeichnungen, die den Abbildungen in Band 2 von Renards Fischbuch entsprechen. Die ersten 106 Seiten enthalten 437 nummerierte Abbildungen, jeweils mit einem niederländischen, französischen, malaiischen oder ambonesischen Namen und, mit wenigen Ausnahmen, einer Beschreibung in Niederländisch oder Französisch. Auf 106 Seiten mit 437 Abbildungen folgen acht verkehrt herum gebundene Seiten mit 23 nicht nummerierten und unkommentierten Abbildungen. Wie beim Van-der-Stel-Manuskript tragen auch beim Sloane-Manuskript sämtliche Eintragungen die Handschrift Renards.

Ebenso wie die Zeichnungen des Van-der-Stel-Manuskripts wurden auch die des Sloane-Manuskripts von Samuel Fallours während der Amtszeit von Adriaen van der Stel als Gouverneur von Ambon geschaffen. Aus dem Briefwechsel zwischen Renard und Sir Hans Sloane (siehe unten) wissen wir, dass Renard irgendwann vor Ende 1718 in den Besitz dieser Sammlung gelangte, doch ob Fallours sie 1715 zusammen mit der Gruppe von Zeichnungen des Van-der-Stel-Manuskripts in die Niederlande brachte, ist unbekannt. Fest steht jedenfalls die große Ähnlichkeit zwischen den Abbildungen beider Sammlungen, wenngleich sie in ganz unterschiedlicher Reihenfolge angeordnet sind. Ein detaillierter Vergleich der einzelnen Abbildungen ergibt, dass jede der beiden Gruppen lediglich acht Illustrationen enthält, zu denen es in der anderen Gruppe kein Pendant gibt. Vergleicht man die beiden Handschriften mit Band 2 von Renards Buch, so wird rasch deutlich, dass Renards Kupferstecher nicht, wie bislang angenommen, das Van-der-Stel-Manuskript verwendete, sondern vielmehr das Sloane-Manuskript. Abgesehen von ein paar geringfügigen Abweichungen und in auffälligem Kontrast zur Van-der-Stel-Sammlung erscheinen die ersten 183 Abbildungen von Renards Band 2 in derselben Reihenfolge wie diejenigen der Sloane-Sammlung. Ein sorgfältiger Vergleich äquivalenter Abbildungen ergibt durchweg eine weitaus größere Ähnlichkeit der Illustrationen in Renards Band 2 mit den Zeichnungen des Sloane-Manuskripts als mit denen des Van-der-Stel-Manuskripts. Bei Sloane sind die Beschreibungen zu

reliées, où 460 dessins enluminés correspondent à ceux que l'on peut voir dans le tome 2 du livre de Renard. Les 106 premières pages contiennent 437 figures numérotées, chacune s'étant vu attribuer un nom néerlandais, français, malais ou amboinais et, à de rares exceptions près, une notice en néerlandais ou en français. Les 437 figures annotées sont suivies par huit pages additionnelles, reliées à l'envers, comportant vingt-trois figures non numérotées et dépourvues de commentaire. Comme on a déjà pu le constater dans le cas des dessins du manuscrit de Van der Stel, toute la partie manuscrite du recueil de Sloane est de la main de Renard.

Les dessins du manuscrit de Sloane, comme ceux de Van der Stel, ont été peints par Samuel Fallours pendant le mandat de gouverneur d'Adriaen Van der Stel à Amboine. Grâce à une correspondance entre Louis Renard et Sir Hans Sloane (voir ci-dessous), nous savons que le premier entra en possession de ce recueil peu avant la fin de l'année 1718, mais on ignore s'il avait été ou non rapporté aux Pays-Bas par Fallours en 1715, en même temps que la série Van der Stel. Quoiqu'il en soit, les dessins des deux recueils, bien que disposés dans un ordre absolument différent, sont très similaires. Une comparaison minutieuse, un dessin après l'autre, révèle que chacun des deux jeux ne possède que huit illustrations absentes de l'autre jeu. En comparant les deux manuscrits avec le tome 2 du livre de Renard, il apparaît rapidement, comme on avait déjà pu le supposer, que le graveur de Renard utilisa les dessins du manuscrit de Sloane plutôt que ceux du manuscrit de Van der Stel. En dépit de quelques écarts légers, et contrairement au manuscrit de Van der Stel, les 183 premiers dessins du tome 2 de Renard apparaissent dans le même ordre que chez Sloane. Un examen attentif des illustrations équivalentes montre à chaque fois une similitude bien plus grande entre celles qui figurent dans le tome 2 de Renard et le manuscrit de Sloane, qu'entre ces derniers et ceux du manuscrit de Van der Stel. Les descriptions annexées aux dessins du manuscrit de Sloane, quoique beaucoup plus développées et détaillées que chez Van der Stel, évoquent davantage les descriptions gravées rencontrées dans l'ouvrage de Renard. Enfin, plusieurs notes visibles au gré des pages du manuscrit de Sloane renvoient explicitement à la version publiée de Renard. C'est Louis Renard lui-même qui offrit à Hans Sloane les dessins de ce recueil, pour le remercier d'avoir aidé à la vente de son livre à Londres : en atteste une lettre de Renard à Sloane, alors que l'*Histoire naturelle* était sur le point d'être imprimée. Dans ce courrier daté du 6 décembre 1718 (BM, Sloane Ms. 4045, ff. 160–161), Renard écrit : « Pour ce qui regarde les originaux sur lesquels mes planches ont été faites, mon dessein a été de vous en faire un régal si vous permettiez à un homme comme moi de parler ainsi à une figure de votre rang [illisible] l'honneur de vous dire que les originaux contiennent un tiers plus de

Ichthyology of the East Indies. Manuscript from 1700 to 1717, containing approximately 500 illustrations of fishes, crabs, crayfishes, etc., drawn in watercolour and accompanied by a list of names, qualities, and places where they are found. Kept in a portfolio." The manuscript is described further as follows: "IMPORTANT MANUSCRIPT, which in part served Renard for his work: *Poissons, ecrevisses et crabes ... que l'on trouve autour des Moluques, et sur les côtes des Terres Australes* ... ['Fishes, Crayfishes and Crabs, Which are to be Found About the Islands of the Moluccas and on the Coasts of Southern Lands. A Book that has been Worked on for Approximately Thirty Years, etc. Amsterdam, R. & J. Ottens. 1754.'] This work [Renard's] is divided into two volumes; for the first, Renard used the collections that Balthasar Coyett, governor of Ambon and of Banda, had caused to be drawn during his sojourn in the Indies. 'The second volume.' Renard said, '... very interesting for the novelties with which it is replete and for the remarks beside each fish, was based on the collections that Monsieur Van der Stell, present Governor of the Moluccas, had had made of these kinds of fishes by a painter named Samuel Fallours, who brought them to me from the Indies and from which I have chosen 250.' Then Renard adds a letter from Falloux [*sic*] and an attestation

den Abbildungen viel ausführlicher als bei van der Stel, und sie stimmen stärker mit den gestochenen Beschreibungen in Renards Buch überein. Schließlich gibt es auf einzelnen Seiten der Sloane-Handschrift mehrere Anmerkungen, die sich ausdrücklich auf Renards gedruckte Fassung beziehen.

Dass sich die Zeichnungen des Sloane-Manuskripts in Renards Besitz befanden und Hans Sloane später als Dank für seine Unterstützung beim Verkauf des Fischbuchs in London zum Geschenk gemacht wurden, geht aus einem Brief Renards an Sloane hervor, den er verfasste, als seine „Naturgeschichte" gerade gedruckt wurde. In diesem vom 6. Dezember 1718 datierten Brief (BM, Sloane Ms. 4045, Fol. 160 ff.) schreibt Renard: „Hinsichtlich der Originale, nach denen meine Stiche angefertigt wurden, war es meine Absicht, Euch ein fürstliches Geschenk daraus zu bereiten, falls Ihr einem Manne wie mir erlaubt, so zu einem Mann von Euerem Rang zu sprechen [unleserlich] die Ehre, Euch kundzutun, dass die Originale um ein Drittel mehr Fische enthalten, als in meinen Tafeln gestochen sind; und da es sich um eines der prachtvollsten [unleserlich] handelt, die seit der Geburt der Lettern ausgeschmückt wurden, wird es mich über alle Maßen erfreuen, dass Ihr, mit [Ausnahme] der Bibliothek des Königs in Hannover, der einzige Besitzer dieser seltenen Kuriosität seid, zumal es wahr ist, dass Euer berühmtes Kabinett mit solchen kundigen und reichen Sammlungen den seltensten der größten Fürsten gleichkommt oder sie sogar übertrifft. Wenn ich mich im Vertrauen auf Euren Edelmut erkühnen darf, möchte ich Euch dreißig Exemplare zur gefälligen Annahme anbieten ..., und indem ich dem die Originale hinzufüge, werdet Ihr all dies für 250 Pfund Sterling haben, so dass die Originale bei Euch verbleiben werden in Anerkenntnis für diesen Dienst, den ich Euch bitte, mir zu erweisen."

Die Zeichnungen für das Ruysch-Buch

Die von Hendrik Ruysch 1718 für seine „Collectio nova piscium Amboinensium", Teil 1 seiner Publikation *Theatrum universale omnium animale*, verwendeten Zeichnungen entsprechen den Abbildungen in beiden Bänden von Renards Buch und wurden ebenfalls auf Ambon angefertigt, höchstwahrscheinlich von Samuel Fallours. Ein genauer Zusammenhang ist noch nicht gesichert, doch die Zeichnungen wurden von dem Amsterdamer Verlag Rudolph und Gerard Wetstein erworben und Ruysch für sein Buch angeboten. Ihr weiterer Verbleib konnte vom Autor noch nicht eruiert werden.

Die Zeichnungen für das Valentijn-Buch

Diese Zeichnungen wurden unter Anleitung von François Valentijn ebenfalls von Samuel Fallours auf Ambon geschaffen. Valentijn wirkte von 1686 bis 1694 (mit Ausnahme einer kurzen Zeit 1687/1688, in der er in Banda

poissons que de gravés dans mes planches : et comme c'est un des plus beaux [illisible] qui a été embelli depuis la naissance des lettres, je serai heureux au-delà de la mesure que vous soyez avec [l'exception de] la Bibliothèque du Roi à Hanovre, l'unique propriétaire de cette rare curiosité, étant avéré que votre célèbre cabinet égale ou surpasse en de telles collections savantes et riches les plus rares des plus grands princes.

Si j'osais même pousser ma hardiesse assez loin, pour la confiance que j'ai en votre noble générosité, et de vous prier d'agréer trente exemplaires que j'enverrais à mes risques ... pour que la valeur vous en soit payée ou à votre ordre, et que moi ajoutant à cela les originaux, vous auriez le tout pour 250 livres sterlings, en sorte que les originaux vous resteraient pour reconnaissance de ce service, que je vous supplie de me rendre. »

Les dessins pour le livre de Ruysch

Les dessins publiés en 1718 par Hendrik Ruysch dans sa *Collectio nova piscium Amboinensium* correspondent aux dessins des deux volumes du livre de Renard. Ils ont également été peints à Amboine, et selon toute probabilité par Samuel Fallours. Bien que le lien n'ait pas encore été établi, ils furent acquis par la maison d'édition de Rudolph et Gerard Wetstein à Amsterdam, et proposés à Ruysch pour être intégrés à son ouvrage. Je ne suis pas parvenu à retracer le cheminement ultérieur de ces dessins.

Les dessins pour le livre de Valentijn

Les dessins de François Valentijn furent eux aussi exécutés par Samuel Fallours à Amboine, sous la direction même de Valentijn. Ce dernier exerça la charge de pasteur de l'Eglise réformée hollandaise à Amboine entre 1686 et 1694 (à l'exception d'une brève période, de 1687 à 1688, pendant laquelle il résida à Banda). Il repartit pour les Pays-Bas en 1694 mais revint aux Indes en 1706. Entre 1707 et 1713, il reprit ses fonctions antérieures à Amboine. En 1713, il retourna aux Pays-Bas, où il passa une bonne partie du reste de sa vie à écrire son opus majeur en cinq volumes, *L'Inde orientale ancienne et nouvelle*, publié en fascicules entre 1724 et 1726. Les peintures rapportées d'Amboine furent utilisées pour illustrer l'article sur les « Poissons peu communs d'Amboine ». Les dessins originaux furent conservés plus tard à la Bibliothèque du jardin zoologique de Rotterdam. Rouffaer et Muller, qui y étudièrent les dessins avant 1902, les décrivirent cette année-là comme constitués de 527 illustrations coloriées, probablement des aquarelles, accompagnées de brèves descriptions manuscrites en néerlandais ancien ; en général ils les jugèrent de loin supérieurs aux reproductions figurant dans l'ouvrage de Valentijn. Ces originaux furent hélas détruits par le feu, en même temps que la plus grande

N°. 40. Escarbot d'amboine rayé d'or et d'une beauté ou mon peinceau ne peut jamais atteindre. Il y en a beaucoup, ils ont des dents trés dangereux et devorent les fruits

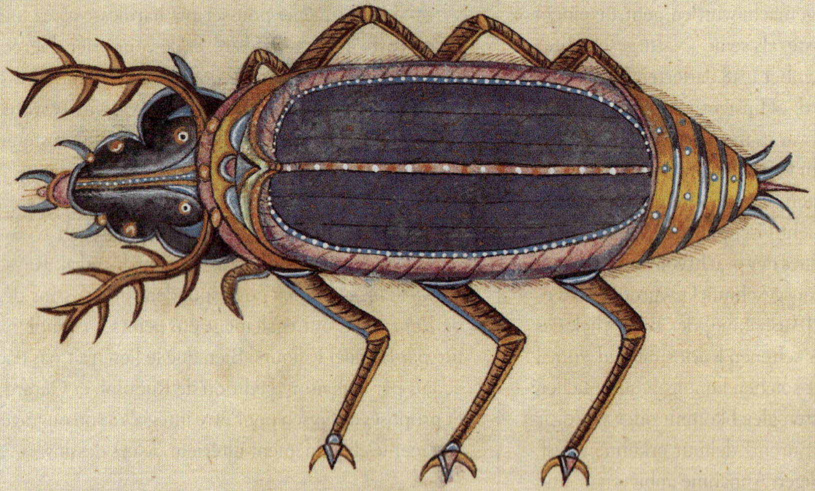

41. Couleuvre volante d'amboine

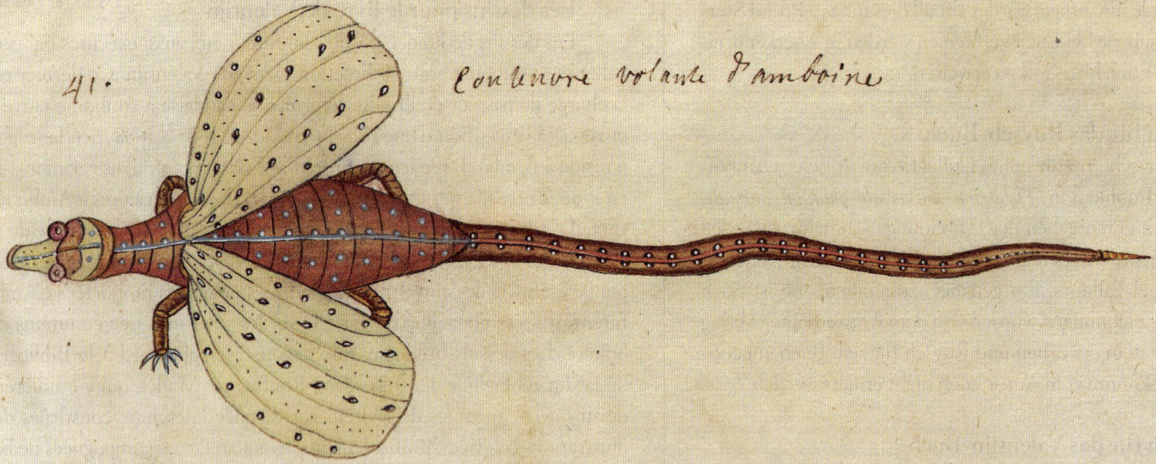

lebte) und erneut von 1707 bis 1713 als Pfarrer der Niederländisch-Reformierten Kirche auf Ambon, um dann wieder in die Niederlande überzusiedeln. Dort verbrachte er einen Großteil seines restlichen Lebens mit der Arbeit an seinem fünfbändigen Hauptwerk *Oud en Nieuw Oost-Indiën*, das zwischen 1724 und 1726 in Lieferungen erschien. Die aus Ambon mitgebrachten Zeichnungen dienten ihm als Vorlage für die Illustrationen seiner Beschreibung der „ungewöhnlichen Fische von Ambon". Die Originale befanden sich später im Besitz der Bibliothek der Zoologischen Gärten Rotterdam. Rouffaer und Muller (1902) analysierten diesen Zeichnungskorpus irgendwann vor 1902. Demnach bestand er aus 527 farbigen, vermutlich mit Aquarellfarben ausgeführten Illustrationen mit kurzen Inschriften von alter Hand; nach ihrer Einschätzung waren die Originale den Reproduktionen in Valentijns Buch in der Regel deutlich überlegen. Bedauerlicherweise verbrannten diese Originale zusammen mit einem größeren Teil der Bibliothek der Zoologischen Gärten Rotterdam, als die Stadt im Mai 1940 bombardiert wurde (siehe Holthuis 1959).

Das Pollen-Manuskript

In einem 1887 vom Auktionshaus Frederik Muller und Söhne in Amsterdam veröffentlichten Katalog der Bücher und Zeichnungen aus der Bibliothek von François P. L. Pollen (1842–1886) findet sich der Posten „(Samuel Fallours), Fischkunde Ostindiens. Handschrift von 1700 bis 1717, mit rund 500 Abbildungen von Fischen, Kurzschwanzkrebsen, Flusskrebsen etc., ausgeführt in Aquarellfarben, mitsamt einer Liste der Namen, Eigenschaften und Verbreitungsgebiete. Mit Aufbewahrungsmappe." Die Handschrift wird wie folgt näher beschrieben: „BEDEUTENDE HANDSCHRIFT, Teile davon nutzte Renard für sein Werk ‚*Poissons, ecrevisses et crabes ... que l'on trouve autour des Moluques, et sur les côtes des Terres Australes* ...' [‚Fische, Krebse und Krabben, wie sie rund um die Molukken-Inseln und an den Küsten südlicher Lande vorkommen. Ein Buch, an dem rund dreißig Jahre gearbeitet wurde etc. Amsterdam, R. & J. Ottens. 1754']. Dieses Werk [Renards] gliedert sich in zwei Bände; für den ersten benutzte Renard die Sammlungen, die Balthasar Coyett, Gouverneur von Ambon und Banda, während seines Aufenthaltes in Ostindien hat zeichnen lassen. ‚Der zweite Band', erklärte Renard, ‚ ... sehr interessant wegen der zahlreichen Neuheiten und der jedem Fisch beigefügten Anmerkungen, basierte auf den Sammlungen, die Monsieur Van der Stell [sic!], derzeitiger Gouverneur der Molukken, von dieser Art von Fischen durch einen Maler namens Samuel Fallours hat anfertigen lassen, welcher sie mir von Ostindien mitbrachte und aus denen ich 250 ausgewählt habe.' Dem fügt Renard einen Brief von Falloux [sic!] hinzu sowie eine Bescheinigung von François Valentijn, dem berühmten Verfasser eines enzyklopädischen

partie de la Bibliothèque du jardin zoologique, lors du bombardement de Rotterdam en mai 1940 (voir Holthuis, 1959).

Le manuscrit de Pollen

Dans le catalogue d'une vente de livres et dessins issus de la bibliothèque de François P. L. Pollen (1842–1886), édité en 1887 par les commissaires priseurs Frederik Muller et Fils, à Amsterdam, on pouvait trouver trace d'une pièce décrite comme suit : « (Samuel Fallours), Ichtyologie des Indes orientales. Manuscrit de 1700 à 1717, contenant approximativement 500 illustrations de poissons, crabes, écrevisses, etc., réalisées à l'aquarelle et accompagnées d'une liste de noms, caractères et lieux où ils se rencontrent. Conservé dans un portfolio. » Puis plus loin : ‹ MANUSCRIT IMPORTANT, qui servit en partie à Renard pour son œuvre : *Poissons, Ecrevisses et Crabes de diverses Couleurs et Figures extraordinaires, que l'on trouve autour des Iles Moluques et sur les Côtes des Terres australes*. Un ouvrage qui a requis approximativement trente années de travail, etc. Amsterdam, R. & J. Ottens. 1754 › Ce travail [celui de Renard] est divisé en deux tomes ; pour le premier, Renard utilisa les collections que Balthasar Coyett, gouverneur d'Amboine et de Banda, avait fait dessiner pendant son séjour aux Indes. ‹ Le second tome ›, dit Renard, ‹ ... très curieux par les nouveautés dont il est rempli et par les remarques qui sont à côté de chaque poisson, a été formé sur des recueils que Monsieur Van der Stell [sic !], présentement Gouverneur des Moluques, a fait faire de ces sortes de poissons par un peintre nommé Samuel Fallours, qui me les a apportés des Indes, et dont j'en ai choisi environ 250. › Puis Renard ajoute une lettre de Falloux [*sic*] et une attestation de François Valentijn, le célèbre auteur d'une œuvre encyclopédique sur « nos Indes », nous informant que Fallours dessina ces poissons d'après nature. Ces lettres sont datées ‹ Amsterdam 1715 › et une ‹ déclaration sur le second tome › de Fallours porte la date de 1718 : les deux dates correspondent à celles de notre manuscrit. Il est vrai que le corps principal du document n'est pas daté, mais cette partie est suivie d'un appendice : ‹ De naamen van de nieuwe vissen dien ick int Jaar 1717 hebbe gekreegen, wat goet is om te eeten ... en op wat voor een kust die gevangen zijn › [‹ Les noms des nouveaux poissons que j'ai reçus en 1717, qui sont comestibles ... et une indication des côtes où ils ont été pêchés ›], puis, à la fin [en néerlandais] : ‹ Les noms des poissons qui me furent adressés cette année, avec la flotte de retour de 1717, par un bon ami et remis par mon fils [ou son fils ?]. › Fallours revint par conséquent avant 1715 des Indes à Amsterdam, où il reçut en 1717 le matériau nécessaire à son supplément.«

Au premier coup d'œil, on pourrait penser que le manuscrit de Pollen n'est rien de plus que le recueil de Valentijn (décrit ci-dessus) qui, jusqu'à sa destruction par le feu en 1940, avait été conservé à la Bibliothèque du jardin

Ill. 5 (page 82/seite 82/page 82)
Van der Stel Manuscript (Ms. IV, 326), fol. 107r
Among the 434 figures of fishes and crustaceans in the Van der Stel Manuscript, there are, in addition to the mermaid, figures of six insects and a lizard. Folio 107 r depicts the "Histerid Beetle of Ambon" (Escarbot d'Amboine): "striped with gold and of such a beauty that my paintbrush can never attain. There are many of them; they have very dangerous teeth and devour fruit." Shown below is the "Flying Snake of Ambon" (Couleuvre volante d'Amboine). The latter is actually a lizard, *Draco volans*, found primarily in the Malay Archipelago, especially on the island of Ceram in the Moluccas.
Unter den 434 Abbildungen von Fischen und Krebstieren im Van-der-Stel-Manuskript finden sich, abgesehen von der Meerjungfrau, sechs Insekten und eine Echse. Folio 107 r zeigt den „Stutzkäfer von Ambon" (Escarbot d'Amboine): „golden gestreift und von einer solchen Schönheit, wie ich sie mit dem Pinsel niemals erreichen kann. Sie sind sehr zahlreich; sie besitzen sehr gefährliche Zähne und verschlingen Früchte." Unten abgebildet ist die „Fliegende Schlange von Ambon" (Couleuvre volante d'Amboine) – in Wahrheit ein Flugdrache (*Draco volans*), der vornehmlich auf dem Malaiischen Archipel und speziell auf der Molukkeninsel Ceram vorkommt.
Parmi les 434 figures de poissons et de crustacés de la série Van der Stel, on relève, à part la sirène, six insectes et un lézard. Folio 107 r représente l'escarbot d'Amboine, « rayé d'or et d'une beauté où mon pinceau ne peut jamais atteindre. Il y en a beaucoup, ils ont des dents très dangereuses et dévorent les fruits. » Au-dessous, la couleuvre volante d'Amboine. Il s'agit en réalité d'un lézard, Draco volans, découvert en Indonésie, sur l'île moluquoise de Seram.
Hanover, Gottfried Wilhelm Leibniz Bibliothek – Niedersächsische Landesbibliothek

from François Valentijn, the famous author of an encyclopedic work on 'our Indies,' informing us that Fallours drew these fishes from nature. These letters are dated 'Amsterdam 1715' and a 'declaration on the second Volume' from Fallours carries the date 1718: both dates correspond to those in our manuscript. The main body of the document offers no date, it is true, but this part is followed by a supplement: 'De naamen van de nieuwe vissen dien ick int Jaar 1717 hebbe gekreegen, wat goet is om te eeten ... en op wat voor een kust die gevangen zijn' (the names of the new fishes that I received in 1717, which are good for eating ... and an indication of the shores where they were caught), and at the end [in Dutch]: 'These are the names of the fishes that were sent to me this year, with the return fleet of 1717, by a good friend and handed to me by my son [or his son?].' Fallours therefore returned from the Indies to Amsterdam before 1715, where in 1717, he received the material for his Supplement.

At first glance, it might seem that the Pollen drawings are nothing more than the Valentijn set (described above), which, until it was destroyed by fire in 1940, had been kept in the library of the Rotterdam Zoological Gardens. But a contradicting factor, one that disproves a connection between Valentijn and Pollen, is provided by Rouffaer and Muller (1902). While commenting further on the Valentijn drawings, they mention that the manuscript had been described earlier in a catalog produced by the International Colonial Exposition held at Amsterdam in 1883 (sec. 1, p. 146, item 54): "A volume containing the original coloured illustrations belonging to the section "Common and uncommon fishes of Ambon" in Valentijn's *Oud- en Nieuw Oost-Indiën,* Vol. 3, Part 1." This represents definitely proof that the Valentijn drawings were already the property of the Rotterdam Zoological Gardens in 1883 and thus they cannot be the collection described in the 1887 sale catalog of the Pollen library (Muller, 1887). The Pollen drawings must then be recognized as yet another set of Fallours's drawings, the history of which subsequent to 1887 is completely unknown. Muller's catalog indicates that the manuscript was sold for 50 guilders at the auction that took place on 21 and 22 January 1887, but does not mention the name of the buyer.

The Von Behr Manuscript

The Von Behr Manuscript, so called because of the presence of a nearly invisible library mark on the first page that reads "Von Behr'sche Bibliothek," remained unknown until October 1984, when it was purchased by the Antiquariaat Junk, an antiquarian bookshop in Amsterdam, from a private collector in Germany (see Pietsch, 1986). Although nothing of the history of the Von Behr Manuscript is known, its origin among the sets of drawings pro-

Werks über ‚unser Ostindien', wonach Fallours diese Fische nach der Natur gezeichnet habe. Diese Schreiben sind mit ‚Amsterdam 1715' datiert, eine von Fallours stammende ‚Erklärung, den zweiten Band betreffend' mit 1718; beide Daten korrespondieren mit denen in unserer Handschrift. Das Hauptdokument ist zwar nicht datiert, doch ihm folgt der Nachtrag ‚De naamen van de niewe vissen dien ick int Jaar 1717 hebbe gekreegen, wat goet is om te eeten ... en op wat voor een kust die gevangen zijn' [‚Die Namen der neuen Fische, die ich 1717 erhielt, welche essbar sind ... und an welcher Küste sie gefangen wurden']. Abschließend heißt es [auf Niederländisch]: ‚Dies sind die Namen der Fische, die mir ein guter Freund dieses Jahr mit der heimkehrenden Flotte von 1717 geschickt und die mir mein [oder sein?] Sohn überreicht hat.' Demnach kehrte Fallours vor 1715 von Ostindien nach Amsterdam zurück, wo er 1717 das Material für seinen Nachtrag erhielt."

Auf den ersten Blick mag es scheinen, dass die Zeichnungen des Pollen-Manuskripts nichts anderes sind als die bereits beschriebene Valentijn-Sammlung (siehe oben), die in der Bibliothek der Zoologischen Gärten Rotterdam aufbewahrt wurde, bis sie 1940 einem Brand zum Opfer fiel. Bei Rouffaer und Muller (1902) stoßen wir indes auf eine Angabe, die eine Verbindung zwischen Valentijn und Pollen widerlegt. Im Zuge ihres näheren Kommentars zu den Zeichnungen der Valentijn-Sammlung erwähnen die Autoren, dass die Handschrift früher schon einmal beschrieben wurde, nämlich in einem Katalog der 1883 in Amsterdam veranstalteten Internationalen Kolonialausstellung (Teil 1, S. 146, Nr. 54): „Ein Band mit den Originalen der farbigen Illustrationen zu der Abteilung ‚Gewöhnliche und ungewöhnliche Fische von Ambon' in Valentijns *Oud en Niew Oost-Indiën*, Bd. 3, Teil 1. – Bibliothek der Zoologischen Gärten Rotterdam." Dies ist der endgültige Beweis dafür, dass sich die Valentijn-Sammlung bereits 1883 im Besitz der Zoologischen Gärten Rotterdam befand und es sich somit nicht um jene Sammlung handeln kann, die 1887 im Auktionskatalog für die Pollen-Bibliothek aufgeführt ist (Muller 1887). Die Zeichnungen des Pollen-Manuskripts sind demnach als noch eine weitere Gruppe von Fallours-Zeichnungen anzusehen, deren Geschichte nach 1887 vollkommen im Dunkeln liegt. Aus Mullers Katalog geht nämlich nur hervor, dass die Handschrift auf der Auktion vom 21. und 22. Januar 1887 für 50 Gulden versteigert wurde, nicht aber, an wen.

Das Von-Behr-Manuskript

Ihre Benennung verdankt diese Sammlung dem nahezu unsichtbaren Stempel „Von Behr'sche Bibliothek" auf der ersten Seite. Entdeckt wurde sie erst im Oktober 1984, als das Amsterdamer Antiquariat Junk B. V. sie von einem privaten Sammler aus Deutschland erwarb (siehe Pietsch 1986). Auch zoologique de Rotterdam. Mais un élément dissonant, qui semble démentir tout lien entre Valentijn et Pollen, nous est fourni par Rouffaer et Muller (en 1902). Dans leur commentaire du recueil de Valentijn, ils mentionnent que sa description figurait déjà dans un catalogue produit par l'Exposition coloniale internationale d'Amsterdam en 1883 (sect. 1, p. 146, item 54) : « Un volume contenant les illustrations coloriées originales appartenant à la section »Poissons communs et peu communs d'Amboine« de *Oud- en Nieuw Oost-Indiën* de Valentijn, vol. 3, partie 1.

Voilà une preuve définitive que les dessins du recueil de Valentijn étaient déjà la propriété du jardin zoologique de Rotterdam en 1883, et ne peuvent, en conséquence, coïncider avec la collection décrite en 1887 dans le catalogue de la vente de la bibliothèque Pollen (Muller, 1887). Dès lors, le jeu de Pollen doit être considéré comme un recueil distinct des dessins de Fallours, recueil dont l'histoire, après 1887, nous est tout à fait inconnue. Le catalogue de Muller stipule que le manuscrit fut vendu pour 50 florins lors des enchères qui se déroulèrent les 21 et 22 janvier 1887. Il ne mentionne pas le nom de son acquéreur.

Le manuscrit de Von Behr

Le manuscrit de Von Behr, ainsi nommé en raison de la présence d'un tampon de bibliothèque presque invisible sur la première page, où l'on peut lire « Von Behr'sche Bibliothek », demeurère ignoré jusqu'en octobre 1984, date de son achat par une librairie d'Amsterdam spécialisée dans les ouvrages anciens (« Antiquariaat Junk »). Le vendeur était un collectionneur privé, habitant l'Allemagne (voir Pietsch, 1986). Bien qu'on ne sache rien de l'histoire du manuscrit de Von Behr, il ne fait aucun doute qu'il prend sa source parmi les recueils de dessins produits par Samuel Fallours à Amboine. Il s'agit d'un document de 80 pages reliées, mesurant 30,5cm x 46,5cm et contenant 391 dessins numérotés qui correspondent aux illustrations rencontrées dans les deux volumes du livre de Renard. Les figures ici ne sont pas plus identifiées que décrites, sauf deux qui représentent le dugong (*Dugong dugon*), et deux autres les isopodes marins (*Mothocya renardi*). Toutes les autres illustrations sont consacrées à des poissons. Le dos de l'ouvrage indique *Original Gemaehilde[n] von Chinesischen Fische* (« Images originales de poissons chinois »).

Si l'on considère que les recueils de Ruysch, de Valentijn et de Pollen sont selon toute vraisemblance perdus, que celui de Von Bülow n'est qu'une copie de celui de Van der Stel, et que ceux de Coyett et de Vlamingh sont l'œuvre d'Isaac Johannes Lamotius (voir ci-dessous), les dessins de Von Behr composent l'un des quatre manuscrits existants clairement et directement attribuables à Samuel Fallours. Les trois autres à partager cette distinction sont le manuscrit de Van der Stel à la Bibliothèque de Hanovre, le manuscrit

Ill. 6
Sloane Manuscript (Ms. 5268), fol. 7
London, British Library

duced by Samuel Fallours in Ambon is unmistakable (ill. 7). It consists of a bound set of 80 pages, measuring 30.5 x 46.5 cm and containing 391 numbered drawings that correspond to figures found in both volumes of Renard's book. The figures are neither identified nor described. Except for two that depict the dugong (*Dugong dugon*), and another two that show the marine isopods (*Mothocya renardi*), all the illustrations are of fishes. The spine of the volume reads *Original Gemaehilde[n] von Chinesischen Fische.*

Because the sets of Ruysch, Valentijn, and Pollen are in all likelihood lost, that of Von Bülow nothing more than a copy of the Van der Stel Manuscript, and those of Coyett and Vlamingh the work of Isaac Johannes Lamotius (see below), the Von Behr drawings constitute one of four extant works clearly and directly attributable to Samuel Fallours, sharing this distinction with the Van der Stel drawings in the Niedersächsische Landesbibliothek in Hanover, the Sloane drawings in the British Library, London, and the Lidth de Jeude drawings (see below), now in private hands. A careful and detailed figure-by-figure comparison of the Von Behr drawings with the sets of figures that appear in the publications of Ruysch and Valentijn clearly refutes the idea that these are simply the missing originals of the illustrations for one or the other of these two books. Valentijn's book contains a large number of crustaceans, two insects (stick-insects), and a mermaid, none of which is present in the Von Behr drawings. Although Ruysch's book does not include crustaceans (other than the two small figures of the marine isopod *Mothocya renardi*), insects, or a mermaid, it does contain at least 103 figures that would not appear to have equivalents in the Von Behr set; the 404 figures of the Ruysch set, on the other hand, include at least 263 that are not represented in the Von Behr Manuscript. Equally improbable is it that the Von Behr Manuscript is a copy of any other existing set of figures. On the contrary, all available evidence indicates that the Von Behr set is unique; although most of the figures have counterparts in one or more of the various related sets of drawings, each equivalent pair obviously originating from the same source, a considerable number of the Von Behr drawings are not found anywhere else.

Lidth de Jeude Manuscript

This set of drawings, containing the bookplate of Theodoor Gerard van Lidth de Jeude (1788–1863), professor of zoology in Utrecht, first came to light in 1997, when it was advertised for sale by the Antiquariaat Junk B. V., Amsterdam (see Pietsch, 2000). It consists of a bound set of 125 folios, containing 456 numbered drawings, equivalent to those used by Renard in Volume 2 of his *Histoire naturelle* ("Natural History"). Of all the known sets of Fallours's drawings, the Lidth de Jeude collection is most similar to the Van der Stel and

wenn über die Geschichte der von Behr'schen Handschrift nichts bekannt ist, umfasst sie doch unverkennbar eine der Gruppen von Zeichnungen, die Samuel Fallours auf Ambon schuf (Ill. 7). Das Werk besteht aus 391 nummerierten Zeichnungen, die Abbildungen in beiden Bänden von Renards Buch entsprechen, auf 80 zusammengebundenen Seiten im Format 30,5 x 46,5 Zentimeter. Die Abbildungen sind weder identifiziert noch kommentiert. Sämtliche Illustrationen zeigen Fische, ausgenommen zwei Darstellungen des Dugong (*Dugong dugon*) und zwei weiteren von Meerasseln (*Mothocya renardi*). Auf dem Buchrücken steht *Original Gemaehilde[n] von Chinesischen Fische*.

Da die von Ruysch und Valentijn genutzten Zeichnungssammlungen und die des Pollen-Manuskripts aller Wahrscheinlichkeit nach nicht mehr existieren und das Bülow-Manuskript nur aus Kopien der Zeichnungen des Van-der-Stel-Manuskripts besteht, und da außerdem die Zeichnungen der Coyett- und der Vlamingh-Sammlung das Werk von Isaac Johannes Lamotius sind (siehe unten), repräsentiert die Von-Behr-Gruppe eines von vier existierenden Werken, die sich Samuel Fallours eindeutig und unmittelbar zuordnen lassen – neben denen des Van-der-Stel-Manuskripts, des Sloane-Manuskripts und des Lidth-de-Jeude-Manuskripts (siehe unten). Ein eingehender Vergleich der Zeichnungen des Von-Behr-Manuskripts mit den Abbildungen in den Publikationen von Ruysch und Valentijn spricht eindeutig gegen die Annahme, dass es sich bei Ersteren um die fehlenden Originale für die Illustrationen eines dieser beiden Bücher handelt. Valentijns Buch enthält viele Krebstiere, zwei Insekten (Stabheuschrecken) und eine Meerjungfrau, die im Von-Behr-Manuskript allesamt nicht vorkommen. Ruyschs Buch präsentiert weder Krebstiere (außer zwei kleinen Abbildungen der Meerassel *Mothocya renardi*) noch Insekten oder eine Meerjungfrau, enthält jedoch mindestens 103 Abbildungen, zu denen es im Von-Behr-Manuskript offensichtlich kein Pendant gibt; andererseits finden sich unter den 404 Abbildungen bei Ruysch wenigstens 263, die bei von Behr nicht vorkommen. Ebenso unwahrscheinlich ist, dass es sich bei der von Behr'schen Handschrift um die Kopie eines anderen bekannten Zeichnungskorpus handelt. Im Gegenteil deuten alle Indizien auf die Einzigartigkeit des Von-Behr-Manuskripts hin. Wenngleich es nämlich für die meisten dortigen Abbildungen in einer oder mehreren der miteinander verwandten Zeichnungsgruppen ein Pendant gibt und die einzelnen äquivalenten Paare offenbar auf dieselbe Quelle zurückgehen, ist eine erhebliche Zahl der von Behr'schen Zeichnungen nirgendwo sonst zu finden.

Das Lidth-de-Jeude-Manuskript

Diese mit dem Exlibris des Utrechter Zoologieprofessors Theodoor Gerard van Lidth de Jeude (1788–1863) versehene Sammlung von Zeichnun-

de Sloane à la British Library de Londres et le manuscrit de Lidth de Jeude (voir ci-dessous), aujourd'hui propriété d'un particulier. Une comparaison méticuleuse et détaillée des illustrations du manuscrit de Von Behr avec les dessins apparaissant dans les publications de Ruysch et de Valentijn réfute clairement la thèse selon laquelle elles en constitueraient ni plus, ni moins les originaux. Le livre de Valentijn présente un grand nombre de crustacés, deux insectes (deux phasmes) et une sirène ; aucun d'entre eux ne figure parmi les dessins de Von Behr. Bien que le livre de Ruysch ne comprenne pas de crustacés (en dehors des deux petites vignettes d'isopodes marins *Mothocya renardi*), ni d'insecte ou de sirène, il inclut 103 dessins au moins qui ne semblent pas avoir d'équivalents chez Von Behr. D'autre part, sur les 404 dessins du manuscrit de Ruysch, il en est au moins 263 à ne pas être représentés dans le document de Von Behr. Il est tout aussi improbable que le manuscrit de Von Behr soit la copie d'un autre. Au contraire, tous les indices disponibles prouvent que le manuscrit de Von Behr est unique ; bien que la plupart des illustrations aient leur double dans une autre série de dessins (au moins), chaque « duo » provenant à l'évidence de la même source, de nombreux dessins figurant dans le manuscrit de Von Behr ne se retrouvent nulle part ailleurs.

Le manuscrit de Lidth de Jeude

Ce jeu de dessins, qui accueille l'ex-libris de Theodoor Gerard van Lidth de Jeude (1788–1863), professeur de zoologie à Utrecht, a été dévoilé pour la première fois en 1997 lors de sa mise en vente par la librairie Antiquariaat Junk B. V. d'Amsterdam (voir Pietsch, 2000). Il s'agit d'un recueil relié de 125 pages, comprenant 456 dessins numérotés, analogues à ceux qu'édita Renard dans le tome 2 de son *Histoire naturelle.* Parmi tous les recueils connus de Fallours, celui de Lidth de Jeude approche plus que d'autres ceux de Van der Stel et de Sloane : un certain nombre d'illustrations présentes dans ces trois documents ne se rencontrent nulle part ailleurs. Le manuscrit de Lidth de Jeude diffère pourtant de ces deux séries, et de toutes les autres séries connues de dessins similaires, à plusieurs titres : il ne dispense ni texte ni annotation d'aucune sorte (une singularité seulement partagée par le manuscrit de Von Behr) ; la disposition des dessins est unique ; un certain nombre de dessins ne se retrouvent nulle part ailleurs ; et il est composé de 456 illustrations numérotées – tous les autres manuscrits connus en contiennent 437 ou moins, à l'exception du manuscrit de Pollen, dont on nous dit qu'il en renferme 500.

Il est impossible de considérer le manuscrit de Lidth de Jeude comme abritant les originaux manquants du manuscrit de Coyett, car ce dernier propose une série d'images radicalement différentes (par exemple, celles qu'employa Renard dans son tome 1). De la même manière, il ne peut s'agir du groupe

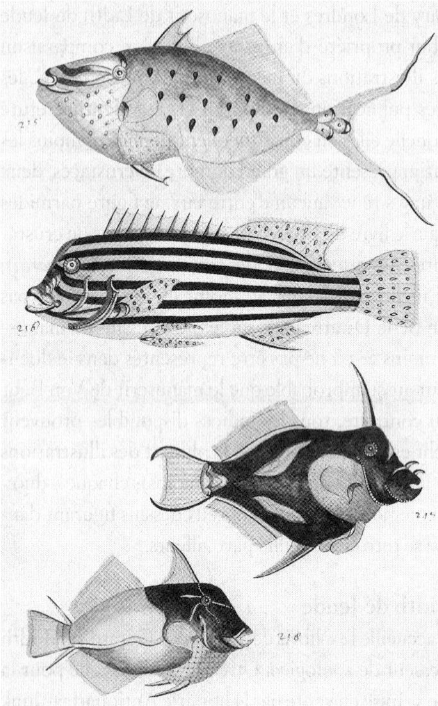

ILL. 7.
Von Behr Manuscript
PRIVATE COLLECTION

Sloane drawings: a number of figures shared by these three manuscripts are not found anywhere else, yet the Lidth de Jeude manuscript differs from these two sets, and from all other known sets of similar drawings, in several ways: it contains no text or annotation of any kind (a feature shared only by the Von Behr set); the arrangement of the figures is unique; it appears to contain a number of figures not found anywhere else; and it contains 456 numbered figures – all other known sets contain 437 or fewer, except for the Pollen drawings, said to contain about 500.

The Lidth de Jeude set cannot be the missing originals of the Coyett drawings because the latter represent a totally different set of images (i. e., those used by Renard in Volume 1 of his book). Likewise, they cannot be the missing Pollen drawings, the latter said to contain approximately 500 illustrations and accompanied by a list of names, qualities, and places where the animals occur. The Lidth de Jeude Manuscript contains only 456 figures and is devoid of annotations of any kind. Clearly they cannot be the missing originals of the illustrations used by Ruysch or Valentijn. The Ruysch and Valentijn publications consist of figures found in both volumes of Renard's publication, whereas, the Lidth de Jeude set contains equivalents of figures found only in Renard's Volume 2. There are numerous drawings represented by Ruysch and Valentijn that are not present in the Lidth de Jeude set and many in the latter not found in the former two. Thus, the Lidth de Jeude drawings must be recognized as a unique set of drawings that constitute one of only four original extant works that can be attributed to Samuel Fallours, sharing this distinction with the Van der Stel drawings in the Niedersächische Landesbibliothek in Hanover, the Sloane drawings in the British Library, London, and the Von Behr drawings, now in private hands.

The Vlamingh Manuscript, with Drawings by Isaac Johannes Lamotius

The Vlamingh drawings, erroneously attributed to Cornelis de Vlamingh by Georges Cuvier in the first volume of his *Histoire naturelle des poissons* of 1828 (see also Pietsch, 1995b), were executed by Isaac Johannes Lamotius, governor of Mauritius from 1677 until 1693, when he was exiled to Banda in the Dutch East Indies for overstepping his authority (Holthuis and Pietsch, 2006). During his stay in Banda, he formed a close friendship with Balthasar Coyett, whom he had met in Mauritius some years earlier. That a good many of the Lamotius's drawings have equivalents in the other sets of related drawings described above is due to the almost certain fact that Samuel Fallours made a number of copies of Lamotius's figures for his own use. The association of these drawings (ill. 8, 9), a bound set of 48 pages and 251 coloured fig-

gen wurde erst 1997 bekannt, als sie von dem Amsterdamer Antiquariat Junk B. V. zum Verkauf angeboten wurde (siehe Pietsch 2000). Sie besteht aus 456 nummerierten Zeichnungen, die den von Renard für Band 2 seiner „Naturgeschichte" verwendeten entsprechen, auf 125 zusammengebundenen Folioseiten. Unter sämtlichen bekannten Sammlungen von Fallours-Zeichnungen besteht die größte Ähnlichkeit zwischen denen von Lith de Jeude, van der Stel und Sloane, denn einige Illustrationen kommen nur in diesen drei Handschriften vor. Dennoch unterscheidet sich die Lith-de-Jeude-Handschrift in mehrfacher Hinsicht von diesen beiden und allen anderen bekannten ähnlichen Sammlungen: Sie enthält weder Text noch Anmerkungen jeglicher Art; die Anordnung der Abbildungen ist einzigartig; einige Illustrationen kommen offenbar nur hier vor; und sie enthält 456 nummerierte Abbildungen – bei allen anderen bekannten Sammlungen sind es höchstens 437, ausgenommen die Pollen-Sammlung mit ihren angeblich rund 500 Abbildungen.

Bei der Lidth-de-Jeude-Sammlung kann es sich nicht um die fehlenden Originale des Coyett-Manuskripts handeln, denn diese repräsentieren einen gänzlich anderen Bildkorpus (nämlich den von Renard für Band 1 seines Buches verwendeten). Ebenso wenig kann es sich um die verloren gegangenen Zeichnungen des Pollen-Manuskripts handeln, da dieses angeblich rund 500 Illustrationen und eine Liste der Namen, Eigenschaften und Verbreitungsgebiete der Tiere beinhaltet. Die Lidth-de-Jeude-Handschrift enthält indes nur 456 Abbildungen und keinerlei Anmerkungen. Und eindeutig kann es sich auch nicht um die fehlenden Vorlagen für die von Ruysch oder Valentijn verwendeten Illustrationen handeln. Die Abbildungen bei Ruysch und Valentijn finden sich nämlich in beiden Bänden von Renard, während das Lidth-de-Jeude-Manuskript lediglich Bildpendants zu Renards Band 2 aufweist. Zahlreiche Zeichnungen bei Ruysch und Valentijn kommen in der Lidth-de-Jeude-Sammlung gar nicht vor und umgekehrt. Somit ist das Lidth-de-Jeude-Manuskript als eigene Zeichnungsgruppe und eines von nur vier existierenden Originalwerken anzusprechen, die Fallours zugeschrieben werden können – neben dem Van-der-Stel-, dem Sloane- und dem Von-Behr-Manuskript.

Das Vlamingh-Manuskript mit Zeichnungen des Isaac Johannes Lamotius

Die Zeichnungen dieser Gruppe, die Georges Cuvier im ersten Band seiner *Histoire naturelle des poissons* (1828) irrtümlich Cornelis de Vlamingh zuschrieb (siehe auch Pietsch 1995b), wurden von Isaac Johannes Lamotius geschaffen; dieser war von 1677 bis 1693 Gouverneur von Mauritius, bis er wegen Amtsmissbrauchs nach Banda in Niederländisch-Ostindien strafversetzt wurde (Holthuis und Pietsch 2006). In Banda entwickelte sich eine enge Freundschaft

de dessins manquants du manuscrit de Pollen, supposé contenir près de 500 illustrations et accompagné d'une liste de noms, de caractères et de lieux où évoluent les animaux en question. Le manuscrit de Lidth de Jeude ne contient que 456 illustrations, sans annotation d'aucune sorte. Il est donc clair qu'on ne tient pas là non plus les originaux manquants des illustrations utilisées par Ruysch ou Valentijn. Les publications de Ruysch et de Valentijn reprennent des illustrations puisées dans les deux volumes du livre de Renard, alors que le manuscrit de Lidth de Jeude abrite des doubles d'illustrations seulement visibles dans le tome 2 de Renard. De nombreux dessins représentés par Ruysch et Valentijn sont absents du manuscrit de Lidth de Jeude, et de nombreux dessins du manuscrit de Lidth de Jeude sont introuvables chez Ruysch et Valentijn. C'est pourquoi la série de Lidth de Jeude peut être considérée comme une série de dessins unique, qui constitue l'une des quatre pièces originales existantes – seulement – pouvant être attribuées à Samuel Fallours. La série de Van der Stel à la Niedersächsische Landesbibliothek à Hanovre, la série de Sloane à la British Library de Londres et la série de Von Behr, passée dans des mains privées, partagent cet honneur.

Le manuscrit de Vlamingh avec des dessins de Isaac Johannes Lamotius

Les dessins de ce recueil, attribuées par erreur à Cornelis de Vlamingh par Georges Cuvier dans le premier volume de son *Histoire naturelle des poissons* en 1828 (voir aussi Pietsch, 1995b), ont été peints par Isaac Johannes Lamotius, gouverneur de l'île Maurice de 1677 à 1693, lors de son exil à Banda, aux Indes orientales néerlandaises – il s'était vu reprocher un abus d'autorité (cf. Holthuis et Pietsch, 2006). Pendant son séjour à Banda, Lamotius noua une étroite amitié avec Balthasar Coyett, qu'il avait rencontré à Maurice quelques années auparavant. Si une bonne partie des dessins de Lamotius possèdent leur alter ego dans les autres manuscrits évoqués ci-dessus, c'est presque certainement parce que Samuel Fallours en réalisa un certain nombre de copies pour son propre usage. L'association de ces dessins – un recueil relié de 48 pages et 251 figures coloriées (ill. 8, 9) – à Cornelis de Vlamingh s'explique par le fait qu'ils furent un moment en sa possession, mais ils se trouvent désormais parmi les collections de la Bibliothèque centrale du Muséum national d'Histoire naturelle, à Paris (Ms. 339).

Interpretation historique

L'interprétation la plus vraisemblable de l'histoire des divers recueils de dessins décrits ci-dessus commence avec Isaac Johannes Lamotius. Lorsqu'il était gouverneur de Maurice entre 1677 et 1693, il manifesta un vif intérêt

Ill. 8
Vlamingh Manuscript (Ms. 339), fol. 20
Drawings by Isaac Johannes Lamotius
Paris, Muséum national d'Histoire naturelle, Bibliothèque Centrale

ures, with Cornelis de Vlamingh stems from the fact that they were once in his possession, but they are now part of the collections of the Bibliothèque Centrale du Muséum national d'Histoire naturelle, Paris (Ms. 339).

Historical Interpretation

The most probable interpretation of the history of the various collections of drawings described above begins with Isaac Johannes Lamotius. While governor of Mauritius from 1677 to 1693, he developed a keen interest in the marine life of the island and began to make coloured drawings, primarily of the fishes encountered along the coast and in shallow off-shore reefs. When he was subsequently exiled to Banda, he lost none of his enthusiasm for his hobby, and there he enlarged his collection considerably. The extent to which he was interested in this work is clearly shown by the fact that, even while on his way from Mauritius to Batavia, where he was to be imprisoned, he still continued to collect and draw fishes (see Holthuis and Pietsch, 2006). During his stay in Banda, Balthasar Coyett, whom he had previously met in Mauritius, was governor of those islands (1694–1701). The fact that an intimate friendship developed between these two men is evident from the fact that Coyett, on being appointed governor of Ambon in 1701, sought to take Lamotius with him.

Coyett's inherent interest in marine animals, which may have been latent and subsequently stimulated by Lamotius, probably induced him to have many of Lamotius's figures copied for his own collection. During his stay in Ambon, Coyett continued his hobby, amassing the collection that was later published as Volume 1 of Renard's book. It is possible that Coyett discovered the artistic abilities of Samuel Fallours and that the latter made paintings of fishes and crustaceans for Coyett between 1703 and 1706, keeping copies for himself. In all probability, Fallours also copied the paintings that Coyett had brought with him from Banda.

After Coyett left Ambon in 1706 and Adriaen van der Stel replaced him, the new governor also proved to be interested in objects of natural history and inevitably also wished to avail himself of Fallours's talents. Valentijn, who arrived in Ambon in 1707 and who must have been the immediate superior of Fallours, had ample opportunity to familiarize himself with the artistic ability of his "Associate Curate" and certainly recruited his aid to obtain paintings of natural-history subjects, especially fishes and crustaceans. Rivalry between Valentijn and Van der Stel was conspicuous when it came to acquiring natural curiosities. In his chapter titled "Uncommon Fishes of Ambon" (1726), Valentijn complained that he "had great difficulty in obtaining those shown here. The more so since Governor Van der Stel also collected them and thus made

mit Balthasar Coyett, dem Lamotius bereits einige Jahre zuvor auf Mauritius begegnet war. Dass sich zu einer stattlichen Anzahl von Lamotius' Zeichnungen in den weiter oben beschriebenen verwandten Zeichnungsgruppen ein Pendant findet, verdankt sich dem Umstand, dass Samuel Fallours mit allergrößter Wahrscheinlichkeit für eigene Zwecke Kopien von Lamotius' Zeichnungen anfertigte. Die Verbindung dieser 251 farbigen Abbildungen auf 48 zusammengebundenen Seiten (Ill. 8, 9) mit de Vlamingh rührt daher, dass sie sich einst in seinem Besitz befanden; heute indes gehören sie zu den Sammlungen der Zentralbibliothek des Muséum national d'Histoire naturelle in Paris (Ms. 339).

Historische Interpretation

Die Geschichte der verschiedenen oben beschriebenen Sammlungen von Zeichnungen beginnt aller Wahrscheinlichkeit nach mit Isaac Johannes Lamotius. Von 1677 bis 1693 als Gouverneur auf Mauritius wirkend, entwickelte er ein reges Interesse für die dort heimischen Meeresorganismen. So begann er, vor allem von den Fischen nahe der Küste und in den seichten Küstenriffen farbige Zeichnungen anzufertigen. Später nach Banda strafversetzt, betrieb er sein Hobby mit unvermindertem Elan fort und konnte seine Sammlung beträchtlich ausbauen. Mit welcher Intensität er dieser Tätigkeit nachging, zeigt die Tatsache, dass er sogar auf der Reise von Mauritius nach Batavia, wo er inhaftiert werden sollte, weiterhin Fische sammelte und zeichnete (siehe Holthuis und Pietsch 2006). Während seines Aufenthalts in Banda war Balthasar Coyett, dem Lamotius bereits zuvor auf Mauritius begegnet war, Gouverneur der Inseln (1694–1701). Wie eng die Freundschaft zwischen den beiden Männern war, zeigt sich daran, dass Coyett sich bemühte, Lamotius mitzunehmen, als er 1701 zum Gouverneur von Ambon ernannt wurde.

Das Coyett eigene Interesse für Meerestiere, das vielleicht zunächst latent vorhanden war und später von Lamotius befördert wurde, dürfte ihn veranlasst haben, viele von Lamotius' Zeichnungen für seine eigene Sammlung kopieren zu lassen. Auf Ambon hielt Coyett an seiner Liebhaberei fest und baute jene Sammlung auf, die später als Band 1 von Renards Buch erschien. Möglich ist, dass Coyett Fallours' Kunstfertigkeit entdeckte und dieser zwischen 1703 und 1706 farbige Zeichnungen von Fischen und Krebstieren für ihn anfertigte, wobei er Kopien für sich behielt. Höchstwahrscheinlich kopierte Fallours auch die Bildnisse, die Coyett von Banda mitgebracht hatte.

Nachdem Coyett Ambon im Jahr 1706 verlassen und Adriaen van der Stel seinen Platz eingenommen hatte, zeigte sich auch der neue Gouverneur an naturgeschichtlichen Objekten interessiert, so dass in ihm unweigerlich der Wunsch keimte, sich Fallours' Talent zunutze zu machen. Valentijn, der 1707 auf Ambon eintraf und Fallours' unmittelbarer Vorgesetzter gewesen

pour la vie marine de l'île et se piqua de réaliser des dessins coloriés, à partir, d'abord, des poissons rencontrés le long de la côte et sur les récifs coralliens. Lorsqu'il fut par la suite exilé à Banda, il cultiva son passe-temps avec un indéfectible enthousiasme et agrandit considérablement sa collection. On mesure à quel point l'entreprise le passionna lorsqu'on apprend que sur le chemin même de Maurice à Batavia, où on allait l'emprisonner, il continua à collecter et à dessiner des poissons (cf. Holthuis et Pietsch, 2006). A Banda, Lamotius retrouva Balthasar Coyett, gouverneur de cet archipel (1694–1701), qu'il avait connu à Maurice. Les deux hommes étaient si liés que Coyett, quand il fut nommé gouverneur d'Amboine en 1701, voulut emmener Lamotius avec lui.

L'intérêt personnel de Coyett pour la faune marine, peut-être latent au départ mais stimulé par Lamotius, le conduisit probablement à faire copier, pour sa collection personnelle, de nombreux dessins de son ami. Pendant son séjour à Amboine, Coyett continua à assouvir sa marotte, rassemblant la collection qui sera publiée plus tard en qualité de tome 1 du livre de Louis Renard. Il est possible que ce soit Coyett qui ait découvert les dispositions artistiques de Samuel Fallours, et que ce dernier ait exécuté à son intention les fameuses peintures de poissons et de crustacés entre 1703 et 1706, conservant des copies pour lui-même. Selon toute probabilité, Fallours dupliqua également les peintures que Coyett avait apportées avec lui de Banda.

Après le départ de Coyett en 1706 et son remplacement à Amboine par Adriaen van der Stel, le nouveau gouverneur se montra lui aussi séduit par l'histoire naturelle et souhaita bien évidemment mettre à profit les talents de Fallours. Valentijn, qui arriva à Amboine en 1707 et fut vraisemblablement le supérieur hiérarchique immédiat de Fallours, eut toute latitude pour se familiariser avec les dons artistiques de son « vicaire associé ». Il fit certainement appel à lui pour se procurer des peintures d'objets du monde naturel, poissons et crustacés plus particulièrement. C'est lors de ces acquisitions de curiosités naturelles que se manifesta la rivalité entre Valentijn et Van der Stel. Dans son chapitre intitulé « Poissons peu communs d'Amboine » (1726), Valentijn se plaint d'avoir eu « grande difficulté à obtenir ce qui est ici montré. D'autant plus depuis que le gouverneur Van der Stel en rassembla également et me rendit de la sorte difficile de poursuivre mon passe-temps, puisqu'il essayait de tout obtenir pour lui-même, sans même payer, car nul n'osait demander à son Excellence de donner quoi que ce fût. »

Afin de continuer à bénéficier de la faveur de ses deux supérieurs (Valentijn et le gouverneur Van der Stel), Samuel Fallours les aida probablement tous deux en leur livrant les dessins de poissons et de crustacés qu'ils souhaitaient. De toute évidence, il réalisa plus d'une copie de chaque dessin et fit peut-être aussi usage, à cet effet, des copies du manuscrit de Coyett. Autre-

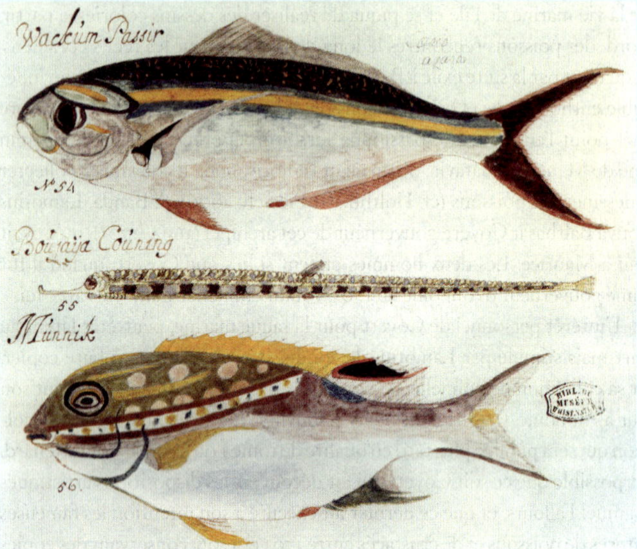

Ill. 9
Vlamingh Manuscript (Ms. 339), fol. 24
Drawings by Isaac Johannes Lamotius
Paris, Muséum national d'Histoire naturelle, Bibliothèque Centrale

it difficult for me to pursue my hobby, since he tried to obtain everything for himself, without even paying, for no one dared to ask his Excellency to give anything."

In order to continue to enjoy the favor of both his immediate superior, Valentijn, and the governor of the island, Van der Stel, Fallours probably assisted both of them by providing paintings of fishes and crustaceans. He obviously made more than one copy of each painting and may also have used the copies of the Coyett drawings for this purpose. Otherwise it is impossible to explain the close similarity of some of the Coyett figures with those in the Van der Stel and Valentijn sets. In addition, it is also likely that Fallours, realizing how well his illustrations were received, resolved to make extra copies to sell or to present as gifts to influential persons. This would explain the large number of sets of these paintings now known to have existed.

The fact that many of the illustrations in the Vlamingh set, which have equivalents in the other sets, are represented in the Coyett collection is another indication that the common link between the Vlamingh drawings, on one hand, and the Valentijn and Van der Stel drawings, on the other, is the Coyett set. Samuel Fallours seems to be the only link between Coyett, Valentijn, and Van der Stel.

In conclusion, the evidence makes it seem fairly certain that the larger part of the published paintings of fishes and crustaceans of the above-mentioned sets of drawings were made by Fallours. Some, of course, are no more than copies, or copies of copies, of those originally executed by Lamotius, while it is also possible that Fallours obtained the services of some of the local inhabitants for the duplication of both his own and other paintings. In some ways it is unfortunate that Fallours's paintings have been available in published form for nearly 300 years, while the greatly superior work of Lamotius has gone unobserved until only very recently (Holthuis and Pietsch, 2006).

sein muss, hatte reichlich Gelegenheit, die künstlerische Ader seines „Hilfspfarrers" kennenzulernen, und bediente sich gewiss auch seiner Hilfe, um in den Besitz von Darstellungen naturgeschichtlicher Sujets, speziell Fische und Krebstiere, zu gelangen. Wenn es um den Erwerb natürlicher Kuriositäten ging, herrschte zwischen Valentijn und van der Stel eine auffällige Rivalität. In seinem Kapitel „Ungewöhnliche Fische von Ambon" (1726) beklagte sich Valentijn über „große Schwierigkeiten, die hier gezeigten zu bekommen. Dies umso mehr, als auch Gouverneur van der Stel diese sammelte und es mir somit erschwerte, meinem Steckenpferd nachzugehen, denn er versuchte alles für sich selbst zu bekommen, sogar ohne zu bezahlen, denn niemand wagte es, seine Exzellenz um einen Obolus zu bitten."

Um auch weiterhin die Gunst sowohl seines unmittelbaren Vorgesetzten Valentijn als auch die des Inselgouverneurs van der Stel zu genießen, dürfte Fallours beiden geholfen haben, indem er sie mit Bildern von Fischen und Krebstieren belieferte. Von jedem Bildnis fertigte er offenbar mehr als nur eine Kopie an und verwandte zu diesem Zweck womöglich auch die Kopien der Zeichnungen der Coyett-Sammlung. Anders ließe sich nämlich die starke Ähnlichkeit zwischen einigen Abbildungen bei Coyett auf der einen und bei van der Stel und Valentijn auf der anderen Seite nicht erklären. Nachdem seine Illustrationen großen Anklang gefunden hatten, wird Fallours womöglich beschlossen haben, zusätzliche Kopien anzufertigen, um diese zu veräußern oder einflussreichen Persönlichkeiten zum Geschenk zu machen. Dies würde die große Zahl jener Zeichnungsgruppen erklären, um deren einstige Existenz wir heute wissen. Die Tatsache, dass zahlreiche Illustrationen der mit Vlamingh in Verbindung gebrachten Gruppe, die in den anderen Gruppen ein Pendant haben, auch in der Coyett-Sammlung vorkommen, ist ein weiterer Hinweis darauf, dass die Coyett-Sammlung das Bindeglied zwischen der Vlamingh-Sammlung einerseits und der Valentijn- sowie der Van-der-Stel-Sammlung andererseits darstellt. Einziges Bindeglied zwischen Coyett, Valentijn und van der Stel ist anscheinend Samuel Fallours.

Abschließend darf man aufgrund der vorliegenden Indizien mit ziemlicher Sicherheit davon ausgehen, dass die publizierten Abbildungen von Fischen und Krebstieren in den erwähnten Sammlungen größtenteils von Fallours stammen. Bei einigen handelt es sich gewiss um nicht mehr als Kopien oder Kopien von Kopien der von Lamotius geschaffenen Bilder; möglich ist auch, dass Fallours Einheimische heranzog, um eigene wie fremde Bildnisse zu vervielfältigen. In mancherlei Hinsicht ist es bedauernswert, dass zwar Fallours' Bilder seit fast 300 Jahren in publizierter Form vorliegen, das weit überlegene Werk von Lamotius jedoch bis in die jüngste Vergangenheit unbeachtet blieb (Holthuis und Pietsch 2006).

ment, comment expliquer l'étroite similitude entre certaines des figures de Coyett et les planches de Van der Stel et de Valentijn ? Il est également probable que Fallours, percevant l'excellent accueil réservé à ses illustrations, se résolut à en réaliser des copies supplémentaires pour les vendre ou les offrir à des personnalités influentes. Ce qui expliquerait que ces séries de dessins aient été si nombreuses à circuler.

Beaucoup d'illustrations, dans le recueil de Vlamingh, ont leur équivalent parmi d'autres recueils, et sont représentées chez Coyett : voilà un autre indice semblant établir que le recueil de Coyett est le maillon commun au recueil de Vlamingh, d'une part, et aux recueils de Valentijn et de Van der Stel d'autre part. Et entre Coyett, Valentijn et Van der Stel, Samuel Fallours semble l'unique connexion possible.

Sur la foi de ces différents indices et éléments, nous pouvons conclure avec une quasi-certitude que la plupart des peintures de poissons et de crustacés appartenant aux recueils successivement évoqués furent effectivement réalisées par Samuel Fallours. Certaines d'entre elles, bien sûr, sont de simples copies, voire des copies de copies, de celles qu'exécuta Lamotius à l'origine. Il est également possible que Fallours ait bénéficié des services de quelques habitants de la région pour la duplication de ses propres peintures, et des autres. A certains égards, il est permis de déplorer que les créations de Fallours aient été accessibles – et éditées – pendant près de trois siècles, alors que le travail de Lamotius, largement supérieur, est resté ignoré jusqu'à une date très récente (Holthuis et Pietsch, 2006).

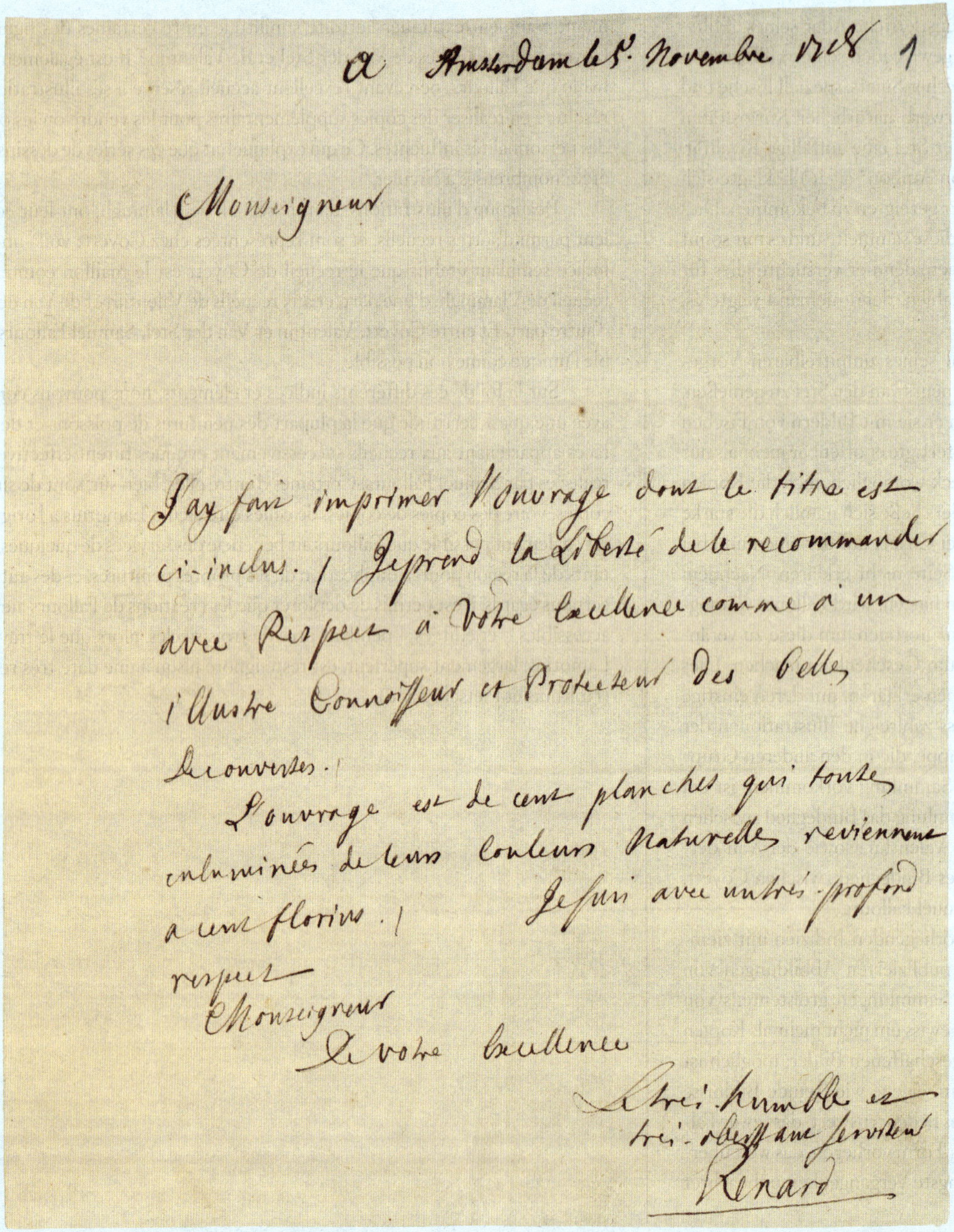

A Amsterdam le 5. Novembre 1718 1

Monseigneur

J'ay fait imprimer l'ouvrage dont le titre est ci-inclus. / Je prend la liberté de le recommander avec Respect à Votre Excellence comme à un l'illustre Connoisseur et Protecteur des Belles Decouvertes. /

L'ouvrage est de cent planches qui toute enluminées de leurs couleurs naturelles reviennent à cent florins. / Je suis avec un trés profond respect

Monseigneur

De votre Excellence

Le trés humble et trés obeissant serviteur

Renard

First letter from
Louis Renard to Van Bülow
5 November 1718
Von Bülow Manuscript, fol. 1r

A Amsterdam le 19. novembre 1718

2

Monsieur

J'ay reçu la lettre que vous m'avez fait l'honneur de m'ecrire le 8. de ce mois, où vous souhaitez des éclaircissements sur le livre des Poissons des Indes. 1. celuy que j'ay imprimé differe de l'exemplaire que j'ay eu l'honneur d'envoyer au Roy, en ceci qu'il est augmenté d'un tome qu'un Magistrat de cette Ville m'a procuré, et qui n'est pas dans le Recueil du Roy jusques a present. 2. Les figures sont partout egalement bien peintes et illuminées comme dans le Recueil sus-mentionné avec cette difference, que le premier Tome que le Roy n'a pas est beaucoup mieux dessiné que le second qui est dans la Bibliotheque Royale

Page 95–97/Seite 95–97/Page 95–97
Second letter from
Louis Renard to Van Bülow
19 November 1718
Von Bülow Manuscript, fol. 2r, 2v, 3r

Le proprietaire des Dessins originaux de ce
Premier Tome m'ayant bien voulu permettre
de les faire Copier : mais n'ayant pas voulu
vendre les dits originaux, pour que je puisse
les envoyer au Roy, ainsi j'en fais faire une
Copie pour Sa Majesté. —/

3. quant aux Descriptions, elles sont plus exactes
dans l'impression que dans le Manuscript du Roy,
parce que depuis trois ans il est arrivé diverses
personnes considerables des Moluques qui
m'ont fort aidé à rectifier tout l'ouvrage.

Voila Monsieur en tout respect ce que
je puis avoir l'honneur de repondre à vos
ordres./ L'ouvrage imprimé et enluminé
consiste en cent planches : et le tout
reviendra à dix pistoles : Je n'en ay fait

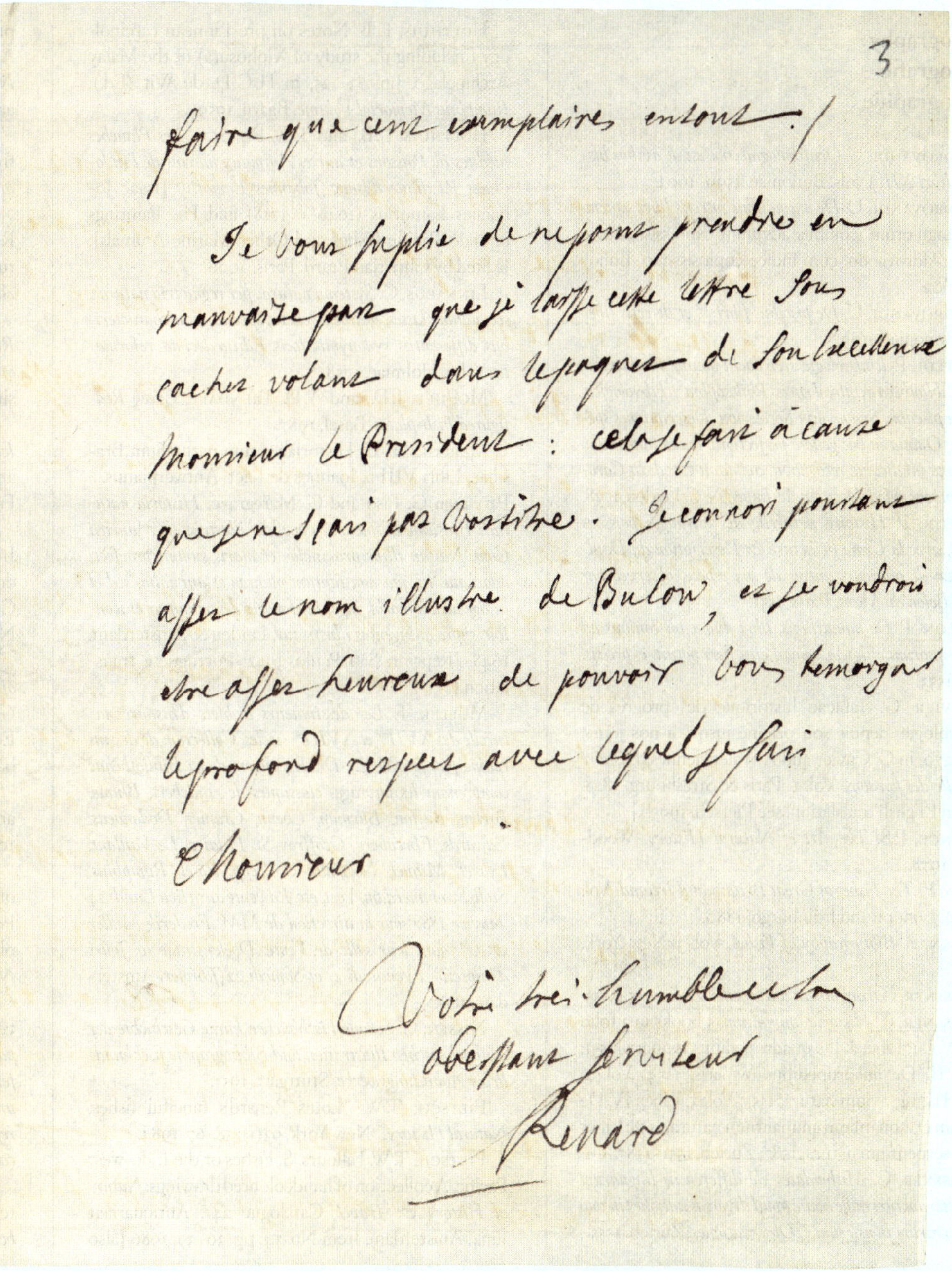

3

faire que cent exemplaires en tout. /

Je vous supplie de ne point prendre en mauvaise part que je laisse cette lettre sous cachet volant dans le paquet de son Excellence Monsieur le President : cela se fait à cause que je ne sçais pas son titre. Je connois pourtant assez le nom illustre de Bulow, et je voudrois être assez heureux de pouvoir vous temoigner le profond respect avec lequel je suis

Monsieur

Votre très humble et très obéissant serviteur

Renard

Bibliography
Bibliografie
Bibliographie

ALDROVANDI, U. *Ornithologiae, hoc est de avibus historiae, libri XII*. 3 vols. Bononiae, 1599–1603.

ALDROVANDI, U. *De animalibus insectis libri septem*: cum singulorum iconibus adviuum expressis, autore Ulysse Aldrovando; cum indice copiosissimo. Bononiae, 1602.

ALDROVANDI, U. *De piscibus libri V, et de cetis liber unus*. Bononiae, 1613.

ARTEDI, P. *Ichthyologia sive opera omnia piscibus scilicet: Bibliotheca ichthyologica. Philosophia ichthyologica. Genera piscium. Synonymia Specierum. Descriptiones specierum. Omnia in hoc genere perfectiora, quam antea ulla. Posthuma vindicavit, recognovit, coaptavit & edidit Carolus Linnaeus, Med. Doct. & Ac. Imper. N. C.* Leiden, 1738.

BELON, P. *Histoire naturelle des estranges poissons marins, avec la Uraie Peincture & Description du Daulphin, & de plusieurs autres de son espèce, observee par Pierre Belon du Mans*. Paris, 1551.

BELON, P. *De aquatilibus, libri duo, cum conibus ad vivam ipsorum effigiem, quoad eius fieri potuit, expressis*. Paris, 1553.

CUVIER, G. Tableau historique des progrès de l'Ichtyologie, depuis son origine jusqu' à nos jours, pp. 1–270, in G. Cuvier and A. Valenciennes, *Histoire naturelle des poissons*. Vol. 1. Paris & Strasbourg, 1828. [For an English translation, see Pietsch, 1995b.]

DANCE, P.S. *The Art of Natural History*. Woodstock, 1978.

DAY, F. *The Fishes of Great Britain and Ireland*. Vol. 1 (of 2). London and Edinburgh, 1880.

DEAN, B. *Bibliography of Fishes*. Vol. 3. New York, 1923.

GESSNER, C. *Bibliotheca universalis*. Zurich, 1545–55.

GESSNER, C. *Historia animalium*. 5 books in 3 folio vols.: Vol. 1, Liber I. De quadrupedibus viviparis, 1551; Liber II. De quadrupedibus oviparis, 1554. Vol. 2, Liber III. De avium natura, 1555. Vol. 3, Liber IV. De Piscium et Aquatilium animantium natura, 1558; Liber V. De serpentium natura, 1587; Zurich, 1551–1587.

GESSNER, C. *Mithridates, de differentiis linguarum tum veterum tum quae hodie apud diversas nationes in toto orbe terrarum in usu sunt ... Observationes*. Zurich, 1555.

HOLTHUIS, L.B. Notes on pre-Linnean carcinology (including the study of Xiphosura) of the Malay Archipelago. pp. 63–125, in H.C.D. de Wit (Ed.), *Rumphius Memorial Volume*. Baarn, 1959.

HOLTHUIS, L.B., and T.W. PIETSCH. *Les Planches inédites de Poissons et autres Animaux marins de l'Indo-Ouest Pacifique d'Isaac Johannes Lamotius* [Isaac Johannes Lamotius (1646–*c.* 1718) and His Paintings of Indo-Pacific Fishes and Other Marine Animals]. Edited by Christian Érard. Paris, 2006.

LINNAEUS, C. *Systema naturae per regna tria naturae, secundum classes, ordines, genera, species, cum characteribus, differentiis, synonymis, locis. Editio decima, reformata*. Vol. 1. Holmiae, 1758.

MCPHEE, I.D., and A.D. TRENDALL. *Greek Red-figured Fish-plates*. Basel, 1987.

MARCGRAVE, G. Historiae rerum naturalium Brasiliae, Libri VIII ... Ioannes de Laet, Antwerpianus.... Part 2, in G. Piso and G. Marcgrave, *Historia naturalis Brasiliae auspicio et beneficio illustriss. I. Mauritii Com. Nassau illius provinciae et maris summi praefecti adornata. In qua non tantum plantae et animalia, sed et indigenarum morbi, ingenia et mores describuntur et iconibus supra quingentas illustratur*. Leiden & Amsterdam, 1648. [Reprint: São Paulo, 1942; Portuguese translation.]

MULLER, F. *Les dessinateurs d'objets d'histoire naturelle des XVIIme et XVIIIme siècles. Collection de dessins réunie par feu M. Le Dr. P.... suivie de sa Bibliothèque comprenant les ouvrages classiques de Audebert, Blume, Brehm, Buffon, Burman, Chenu, Cramer, Dodonaeus, Edwards, Ehrenberg, Geoffroy St. Hilaire, Le Vaillant, Lyonet, Miquel, Nozeman & Sepp, Rösel, Rumphius, Stoll, Swammerdam, Voet, etc. La vente aura lieu Lundi 24 Janvier 1887 sous la direction de MM. Frederik Muller & Cie. dans leur salle de Vente, Doelenstraat 10. Jours d'inspections Vendredi 21 et Samedi 22 Janvier*. Amsterdam, 1887.

NISSEN, C. *Schöne Fischbücher, kurze Geschichte der ichthyologischen Illustration und Bibliographie fischkundlicher Abbildungswerke*. Stuttgart, 1951.

PIETSCH, T.W. "Louis Renard's fanciful fishes. *Natural History*," New York, 93(1): 58–67, 1984.

PIETSCH, T.W. Fallours, S. Fishes of the Indo-west Pacific. A collection of handcoloured drawings. *Natural History & Travel*, Catalogue 241, Antiquariaat Junk, Amsterdam, Item No. 74, pp. 36–39, 1986 [also published in *Natural History & Travel*, Catalogue 252, Antiquariaat Junk, Item No. 87, pp. 43–47, 1988; and *Natural History & Travel*, Catalogue 256, Antiquariaat Junk, Item No. 328, 1990].

PIETSCH, T.W. Samuel Fallours and his "sirenne" from the province of Ambon. *Archives of Natural History*, 18(1):1–25, 1991.

PIETSCH, T.W. On the three editions of Louis Renard's Poissons, écrevisses et crabes: Histoire naturelle des plus rares curiositez de la Mer des Indes. *Archives of Natural History*, 20(1):49–68, 1993.

PIETSCH, T.W. *Fishes, Crayfishes, and Crabs: Louis Renard and His Natural History of the Rarest Curiosities of the Seas of the Indies*. Vol. 1, Commentary; Vol. 2, Facsimile. Baltimore, MD, 1995a.

PIETSCH, T.W. *Historical Portrait of the Progress of Ichthyology, from Its Origins to Our Own Time*. Edited and annotated by T.W. Pietsch, translated from the French by A.J. Simpson. Baltimore, MD, 1995b.

PIETSCH, T.W. Fallours, S. Album of paintings of Indo-Pacific tropical fish and crustaceans [the Lidth de Jeude Manuscript]. *Natural History & Travel*, Catalogue 279, Antiquariaat Junk, Amsterdam, Item No. 51, pp. 103–105, 2000.

PIETSCH, T.W. *A Mermaid in the Tub: A Specimen of MvB Sirenne, a New Family of Type-Faces by Alan Greene, Inspired by Engraved Letterforms in a Rare Book*. Edited by Mark van Bronkhorst and E. M. Ginger. Albany, California, 2008.

PIETSCH, T.W., and L.B. HOLTHUIS. Lamotius and his marine marvels. *Natural History*, New York, 101(10):34–39, 1992.

PIETSCH, T.W., and D.M. RUBIANO. On the date of publication of the first edition of Louis Renard's Poissons, ecrevisses et crabes: Histoire naturelle des plus rares curiositez de la Mer des Indes. *Archives of Natural History*, 15(1):63–71, 1988.

PRÉVOST, A.F. *Histoire générale des voyages, ou Nouvelle collection de toutes les relations de voyages par mer et par terre, qui ont été publiées jusqu' à présent dans les différentes langues de toutes les nations connues ... pour former un système complet d'histoire et de geographie moderne, qui representera l'état actuel de toutes les nations: enrichie de cartes géographiques....* 25 vols. The Hague, 1746–1780.

PRÉVOST, A.F. Natuurlyke Historie van het Oostelyk Indie in het gemeen, in A.F. Prévost, *Historische beschryving der reizen, of nieuwe en volkome verzameling*

